Flash 动画制作案例教程

张振球　主编

北京理工大学出版社
BEIJING INSTITUTE OF TECHNOLOGY PRESS

内容简介

本书从Flash基础知识起步，全面系统地探索Flash各种类型的动画，从最基本的概念讲起，理实结合、任务引领、步步深入。

全书共分为6个项目，包括两大部分：第一部分侧重于Flash技术细节，包括图形编辑与绘制、各种类型动画的制作、ActionScript脚本等；第二部分侧重于综合项目实践，帮助读者累积Flash的开发实战经验。本书内容采用知识+实例的方式，通过任务这条主线，一步步引导读者实施Flash动画制作。

本书适用于所有动画设计师、网站设计师以及动画开发人员，全书力求用通俗的语言、简洁的结构、系统的内容与读者一起探索Flash技术。

图书在版编目（CIP）数据

Flash动画制作案例教程 / 张振球主编. —北京：北京理工大学出版社，2017.1
ISBN 978-7-5682-3582-2

Ⅰ.①F… Ⅱ.①张… Ⅲ.①动画制作软件-高等学校-教材 Ⅳ.①TP391.41

中国版本图书馆CIP数据核字（2016）第323627号

出版发行 / 北京理工大学出版社有限责任公司
社　　址 / 北京市海淀区中关村南大街5号
邮　　编 / 100081
电　　话 / （010）68914775（总编室）
（010）82562903（教材售后服务热线）
（010）68948351（其他图书服务热线）
网　　址 / http：//www.bitpress.com.cn
经　　销 / 全国各地新华书店
印　　刷 / 北京国马印刷厂
开　　本 / 787毫米×1092毫米 1/16
印　　张 / 14.25
字　　数 / 335千字
版　　次 / 2017年1月第1版 2017年1月第1次印刷
定　　价 / 42.00元

责任编辑 / 王玲玲
文案编辑 / 王玲玲
责任校对 / 周瑞红
责任印制 / 李志强

图书出现印装质量问题，请拨打售后服务热线，本社负责调换

前　言

在网络动画软件竞争日益激烈的今天，Flash 动画之所以能够成为风靡全球的动画格式，与其鲜明的特点密不可分。Flash 动画短小精悍，表现力强；内置的 ActionScript 语言使它交互性强；流式技术且存储容量较小，适合网络传播；制作成本相对较低。

目前不计其数的 Flash 作品不仅在网络上运用，也逐步扩展到手机、电视、电影等众多领域。从技术角度来看，Flash 动画主要用于以下几个方面。

（1）网页设计。很多网站上的引导页（一般是欢迎页面）、广告、Logo（站标，网站的标志）和 Banner（网页横幅广告）都是 Flash 动画。

（2）贺卡、MV、短片等网络动画。祝福贺卡、新闻事件、故事短片、宣传短片等运用 Flash 动画的形式表达出来，往往会给观看者留下深刻的印象。

（3）交互游戏。个人或公司等团体利用 Flash 开发精美的交互游戏。

（4）教学课件。Flash 制作的教学课件大都图文并茂，声像俱全，还可以增加交互功能，从而使教学活动变得更加丰富多彩、生动形象。

因此，本书将从 Flash 最基础的知识起步，全面、系统地探索 Flash 各种类型的动画，将最常用的 Flash 技术汇总到一起，全面弥补读者在动画创作中的欠缺，加快其学习 Flash 的进程，从而使其逐渐达到 Flash 专家的水平。

读者对象

全书从最基本的概念讲起，理实结合，步步深入，因此，即使你是完全的新手，对于 Flash 没有任何制作经验，也完全可以看懂本书，按照书中讲解，结合案例文件，提高自己的 Flash 制作水平。如果你已经有 Flash 制作的初级经验了，但还不是专家，那么你能够从本书获得最大的收益。本书充满了实用的经验技术和示例，可以帮助你精通 Flash 技术。

本书专注于 Flash 制作技术，系统、全面是本书的特色，因此，本书适用于所有动画设计师、网站设计师以及动画开发人员。全书力求用通俗的语言、简洁的结构、系统的内容与读者一起探索 Flash 技术。

全书结构

全书共分为 6 个项目，包括两大部分：第一部分侧重于 Flash 技术细节，全面、系统地讲解 Flash 技术的方方面面，包括图形编辑与绘制、各种类型动画的制作、ActionScript 脚本等；第二部分侧重于综合项目解析，帮助读者累积 Flash 的开发实战经验。本书内容采用知识+实例的方式，通过任务这条主线，一步步引导读者实施 Flash 动画制作。

项目 1，侧重于宏观上对 Flash 的认识，通过简单的 Flash 动画制作实例，帮助读者初识 Flash 制作过程，为后面的学习奠定思想基础。

项目 2，主要侧重于图形的绘制与编辑，通过任务实施，重点介绍选择、矩形、线条、颜料桶、变形等工具的使用，为进行 Flash 创作打下美工基础。

项目 3，介绍 Flash CS6 平台下可以创作的基本动画，包括逐帧动画、补间动画、传统补间动画、形状补间动画、遮罩动画、引导层动画和骨骼动画等。这是整本书的重点内容。

项目 4，介绍 ActionScript 3.0 脚本方面的知识，并进行较为简单的脚本控制。突出介绍脚本对于图片、视频和声音的操作与控制。

项目 5 和项目 6 介绍了 Flash 动画的综合实例，力求帮助读者体验不同类型的 Flash 动画开发的一般步骤和方法。在实例中，重在介绍 Flash 的构思和开发方法，并对其中的一些技术难点展开讲解。

通过阅读本书，读者能够获得全新的 Flash 动画制作知识、全新的 Flash 设计思考方式，能够创建更具有创造性、高效性、表现力强的 Flash 动画。

致谢

为了给读者贡献一本高质量的 Flash 技术专著，很多人为此提供了各种直接或间接的帮助。特别要感谢艺术设计系张亚老师给予我美术和艺术设计方面的指导和建议；感谢信息技术系的同事，是他们承担了更多的工作，才使我能有更多的写作时间。

编　者

项目任务与知识技能的对应说明

项目名称	任务名称	对应知识技能	详细说明
项目1 认识Flash 动画设计	1.1 欢迎来到 Flash 大家庭	1.1 Flash 动画创建过程	Flash 概述、基本操作、图形元件、常见动画形式等
	1.2 多个“小方变小圆”动画	1.2 元件、实例	图形元件、按钮元件、图层、帧等
项目2 图形的绘制与编辑	2.1 立体五角星绘制	2.1 常见绘图工具	矩形工具、椭圆工具、钢笔工具、线条工具等
	2.2 绘制卡通人物	2.2 颜色填充、其他工具	颜色面板、变形工具等其他工具
项目3 基本动画	3.1 老太太跳舞	3.1 逐帧动画	帧、关键帧、图层、逐帧动画
	3.2 制作旋转的风车	3.2 传统补间动画	传统补间、影片剪辑元件
	3.3 制作 Loading 下载条效果	3.3 形状补间动画	形状补间、脚本初识、图形与形状
	3.4 丛林射飞镖	3.4 补间动画	补间动画、属性关键帧
	3.5 《衩头凤·红酥手》文字动画	3.5 遮罩动画	遮罩动画原理、遮罩动画的创建、脚本控制
	3.6 漫天飞舞的蝴蝶	3.6 引导层动画	引导层动画、引导线、影片剪辑
	3.7 人物行走动画	3.7 骨骼动画	骨骼动画、骨骼动画属性、创建骨骼
项目4 ActionScript 3.0 脚本应用	4.1 取余运算器	4.1 ActionScript 基础	常量、变量、数据类型、运算符、表达式、选择结构、循环结构、函数、事件初识、动态文本、输入文本
	4.2 制作 MP3 播放器	4.2 ActionScript 声音控制	事件与事件处理、声音文件的脚本控制、鼠标事件
项目5 个人 Flash 网页的实现	5.1～5.4 个人 Flash 网页	5.1～5.4 按钮元件、影片剪辑、文件加载、全屏显示等脚本控制	
项目6 网页中的 Flash 动画	6.1～6.4 网页中的 Flash 动画	6.1～6.4 基本动画制作、HTML 中插入动画文件	

目　录

项目 1

认识 Flash 动画设计

Flash，英文原意为闪光、闪烁。在网络盛行的今天，Flash 已经成为一个新的专有名词，并出现在互联网的各个领域，成为网络世界的重要表现形式。Flash 主要用于网页设计和多媒体的制作，其优秀的互动编辑功能，可以将文字、图片、音乐和影片剪辑等融汇在一起，制作出精美的动画，并逐渐成为交互式矢量动画的标准。

本项目就是通过两个具体的 Flash 任务，结合实例示范，带领大家慢慢进入 Flash 动画设计的世界，感受 Flash 动画创作的魅力。

任务 1.1　欢迎来到 Flash 大家庭

任务描述

文字动画在网站上应用非常广泛，例如，用于网站的广告标题、网站 Logo、网站宣传等。本次任务将通过一个较为简单的文字动画实例，介绍用 Flash CS6 创建动画的基本过程。

本任务的动画效果是，随着播放的进行，文字“欢迎来到 Flash 大家庭”字体变得越来越大，也越来越清晰，如图 1-1-1 所示。

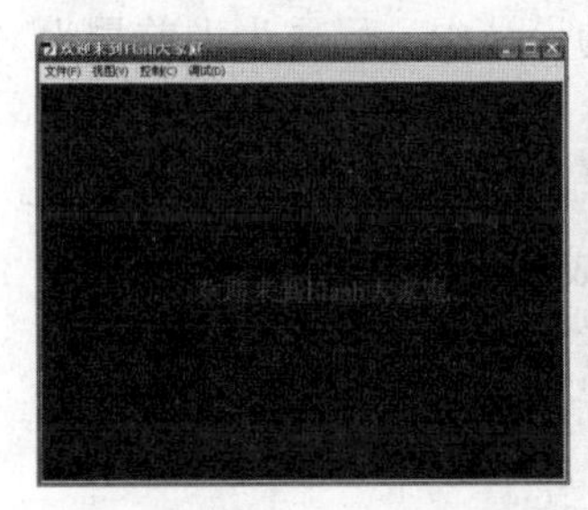

Flash 效果扫一扫

图 1-1-1 “欢迎来到 Flash 大家庭”效果图

任务“欢迎来到 Flash 大家庭”动画制作的要点归纳总结见表 1-1-1。其中的重点在于图形元件的创建和传统补间动画的设置。

表 1-1-1　任务实施要点

序号	重要步骤	具 体 实 现	备　注
1	Flash 文档设置	① 文档大小设置 ② 背景颜色设置 ③ 帧频设置	文档设置的修改可以随时进行，但一般放在第一步

续表

序号	重要步骤	具 体 实 现	备 注
2	创建图形元件	① 创建元件的方法 ②“文本工具”实现输入文本 ③ 对象“属性”面板的使用	① 元件创建的菜单命令 ② 元件创建的快捷键 ③ 文本工具“属性”面板和实例“属性”面板
3	创建传统补间动画	① 起始和终止关键帧 ② 实例大小和 Alpha 值的设置 ③ 关键帧之间的补间动画	① 关键帧创建的两种方式（菜单方式和快捷键） ② 大小变化和透明度变化

任务目标

1. 了解 Flash 动画创建的基本过程。
2. 了解 Flash CS6 的菜单栏、时间轴、工具栏、场景舞台、面板组等。
3. 了解简单的图形绘制过程。

任务实施

知识储备

1.1.1 Flash 概述

Flash 是美国 Macromedia 公司于 1999 年 6 月推出的一款优秀的矢量动画制作软件。2005 年，美国 Adobe 公司耗资 34 亿美元并购了 Macromedia 公司。Flash 以矢量技术和流式控制技术为核心，制作的动画短小精悍，所以被广泛应用于网页动画的设计中，已成为当前最为流行的网页动画设计软件之一。

1. Flash 动画的特点

在网络动画软件竞争日益激烈的今天，Flash 动画之所以能够成为风靡全球的动画格式，与其鲜明的特点密不可分。Flash 主要有以下几个方面的特点。

（1）短小精悍，表现力强。Flash 动画主要由矢量图形组成，所以存储容量小，且在不管缩放多少倍的情况下都不会影响到画面的清晰度。

（2）交互性强。内置 ActionScript 语言，可以为 Flash 动画添加交互动作。用户可以欣赏到动画，还可以通过输入和选择等动作决定动画的运行，从而更好地满足用户的需求。

（3）适合网络传播。Flash 动画采用流式技术，可以边播放边下载，且存储容量较小。因此，非常适合网络传播。

（4）制作成本低。无论是前期脚本、场景设计和人物设计，还是后期的合成和配音，Flash 的制作成本远远低于传统的动画制作。

（5）跨媒介多维传播。Flash 不仅可以在网络上传播，也可以在传统媒体与新兴媒体中播放，大大拓宽了 Flash 的应用领域。

2. Flash 动画的应用领域

随着 Flash 技术和互联网等技术的发展，Flash 的应用领域也越来越广泛。目前不计其数的 Flash 作品不仅在网络上运用，也逐步扩展到手机、电视、电影等众多领域。从技术角度来看，Flash 动画主要用于以下几个方面。

（1）网页设计。很多网站上的引导页（一般是欢迎页面）、广告、Logo（站标，网站的标志）和 Banner（网页横幅广告）都是 Flash 动画，如图 1–1–2 所示。

图 1–1–2 网页动画

（2）贺卡、MV、短片等网络动画。祝福贺卡、新闻事件、故事短片、宣传短片等运用 Flash 动画的形式表达出来，往往会给观看者留下深刻的印象，如图 1–1–3 所示。

（a）

（b）

（c）

图 1–1–3 网络动画

（a）MV 动画；（b）贺卡动画；（c）Flash 短片

（3）交互游戏。个人或公司等团体利用 Flash 开发精美的交互游戏，如图 1–1–4 所示。

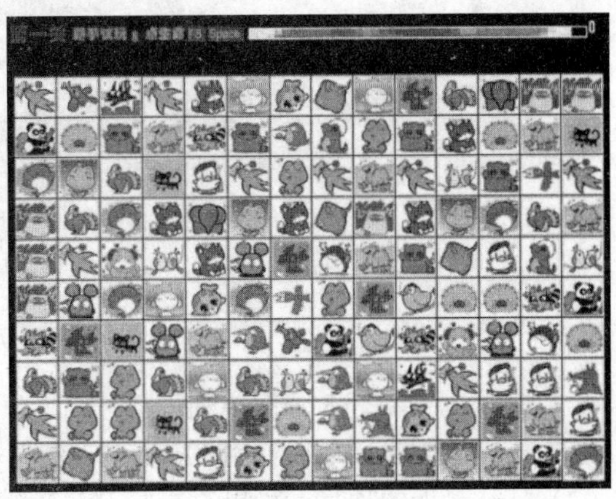

图 1–1–4 Flash 游戏

（4）教学课件。Flash 制作的教学课件大都图文并茂，声像俱全，还可以增加交互功能，从而使教学活动变得更加丰富多彩、生动形象，如图 1–1–5 所示。

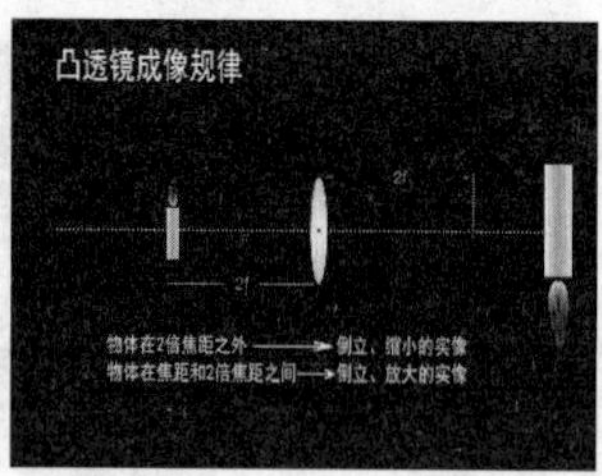

图 1–1–5　Flash 教学课件

1.1.2　认识 Flash CS6

1. 开始界面

在默认情况下，启动 Flash CS6 时会打开一个开始界面，通过它可以快速地创建或打开各种 Flash 项目，如图 1–1–6 所示。

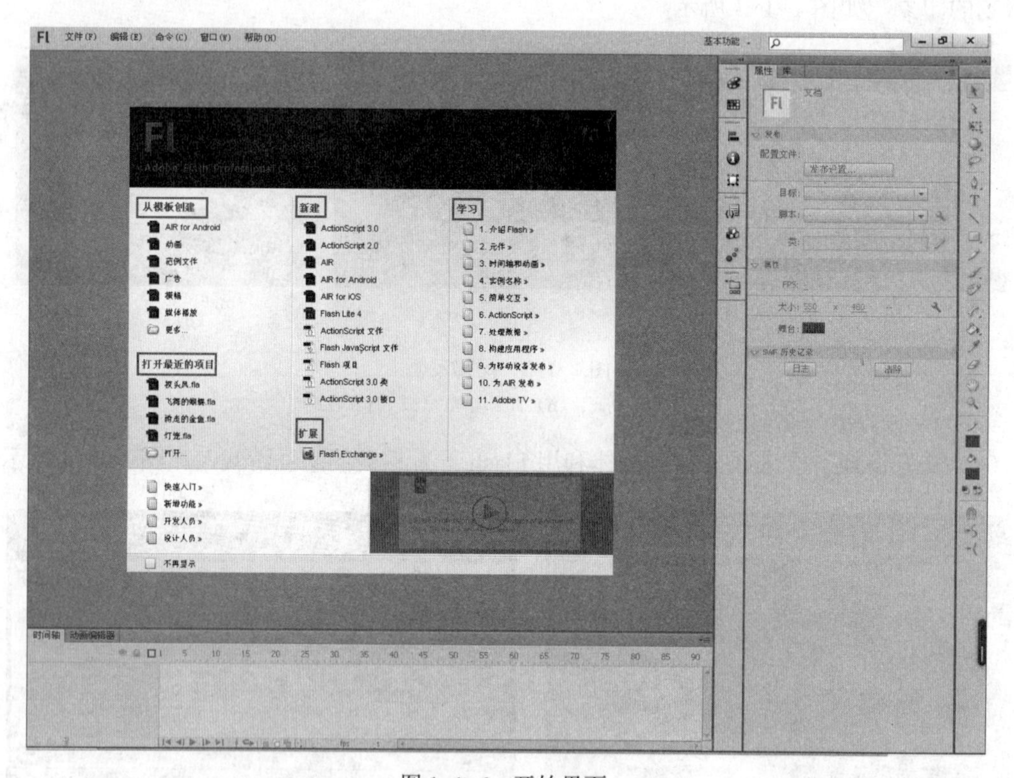

图 1–1–6　开始界面

开始界面上主要有 5 个选项列表。

（1）从模板创建：可以使用 Flash 自带的模板创建特定的应用项目。

（2）打开最近的项目：可以直接打开最近编辑过的项目。

（3）新建：可以创建“Flash 文件”“Flash 项目”“ActionScript 文件”等各种类型的文件。

（4）扩展：使用 Flash 的扩展程序 Exchange。

（5）学习：可以打开网页，查看软件相关的帮助信息。

开始界面的左下方是一个功能区域，它包括“快速入门”“新增功能”“开发人员”“设计人员”等链接，可以获得相关的帮助信息和学习资源等。开始界面的右下方是一个链接区域，可以获得 Adobe Flash 官方提供的在线研讨视频等信息。

2. 菜单栏

Flash CS6 的菜单栏位于主窗口的左上方，包括“文件”“编辑”“视图”“插入”“修改”“文本”“命令”“控制”“调试”“窗口”和“帮助”11 个菜单。和大部分软件类似，该软件的菜单栏以级联的层次结构来组织各个命令，并以下拉菜单的形式逐级显示。各个命令下面可以有子命令，如图 1–1–7 所示。

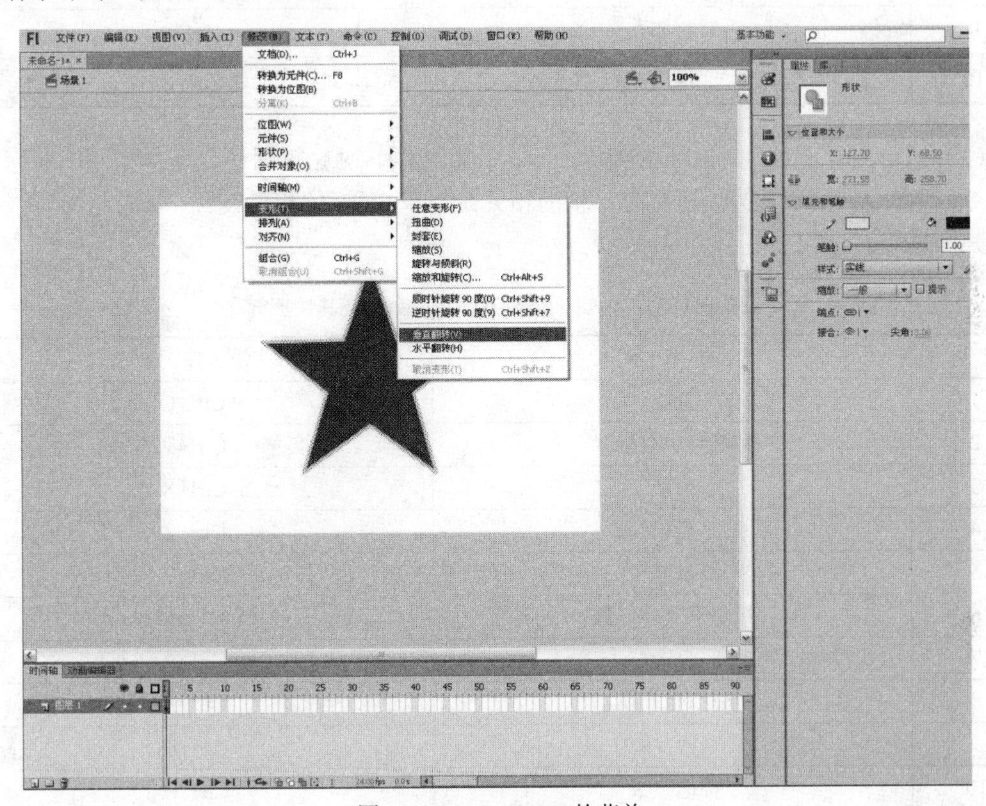

图 1–1–7　Flash CS6 的菜单

Flash 菜单是行使 Flash 命令的一种方式，有关 Flash 的一切命令都可以在菜单栏中找到。下面分别对各个主菜单做简要说明。

（1）文件：包含最常用的对文件进行管理的命令。比如新建、打开、保存文件、导入、导出和发布等。“文件”菜单下的常用命令及其快捷键见表 1–1–2。

表 1–1–2　“文件”菜单下的常用命令及其快捷键

序号	命　　令	快 捷 键
1	新建	Ctrl+N
2	打开	Ctrl+O
3	保存	Ctrl+S

续表

序号	命　令	快 捷 键
4	另存为	Ctrl+Shift+S
5	导入到舞台	Ctrl+R
6	打开外部库	Ctrl+Shift+O
7	发布设置	Ctrl+Shift+F12
8	发布	Alt+Shift+F12
9	打印	Ctrl+P
10	退出	Ctrl+Q

（2）编辑：包含对各种对象的编辑命令。比如复制、粘贴、剪切、全选和撤销等标准编辑命令，见表 1–1–3。此外，还有时间轴的相关命令和 Flash 的相关设置（如首选参数、自定义工具面板等）。

表 1–1–3 “编辑”菜单下的常用命令及其快捷键

序号	命　令	快 捷 键
1	复制	Ctrl+C
2	粘贴到中心位置	Ctrl+V
3	剪切	Ctrl+X
4	撤销	Ctrl+Z
5	重复	Ctrl+Y
6	粘贴到当前位置	Ctrl+Shift+V
7	全选	Ctrl+A
8	查找和替换	Ctrl+F
9	直接复制	Ctrl+D
10	首选参数	Ctrl+U

（3）视图：包含调整 Flash 整个编辑环境的视图命令。比如放大、缩小、标尺、网格等命令。“视图”菜单下的常用命令及其快捷键见表 1–1–4。

表 1–1–4 “视图”菜单下的常用命令及其快捷键

序号	命　令	快 捷 键
1	放大	Ctrl+=
2	缩小	Ctrl+–
3	标尺	Ctrl+Alt+Shift+R
4	显示网格	Ctrl+’
5	编辑网格	Ctrl+Alt+G

（4）插入：包含对影片添加元素的相关命令。比如，在文档中新建元件、场景，在时间轴上插入补间、帧或层等。“插入”菜单下的常用命令及其快捷键见表 1–1–5。

表 1–1–5 “插入”菜单下的常用命令及其快捷键

序号	命　令	快 捷 键
1	新建元件	Ctrl+F8
2	插入帧	F5
3	插入关键帧	F6
4	插入空白关键帧	F7

（5）修改：包含一系列对舞台中元素的修改命令。比如转换为元件、变形等。“修改”菜单下的常用命令及其快捷键见表 1–1–6。

表 1–1–6 “修改”菜单下的常用命令及其快捷键

序号	命　令	快 捷 键
1	转换为元件	F8
2	分离	Ctrl+B
3	分散到图层	Ctrl+Shift+D
4	组合	Ctrl+G

（6）文本：可以执行与文本相关的命令。比如设置字体、样式、大小、字母间距和对齐方式等，如图 1–1–8 所示。

（7）命令：Flash CS6 允许用户使用 JSFL（Flash JavaScript）文件创建自己的命令，在“命令”菜单中可运行、管理这些命令或使用 Flash 默认提供的命令，如图 1–1–9 所示。

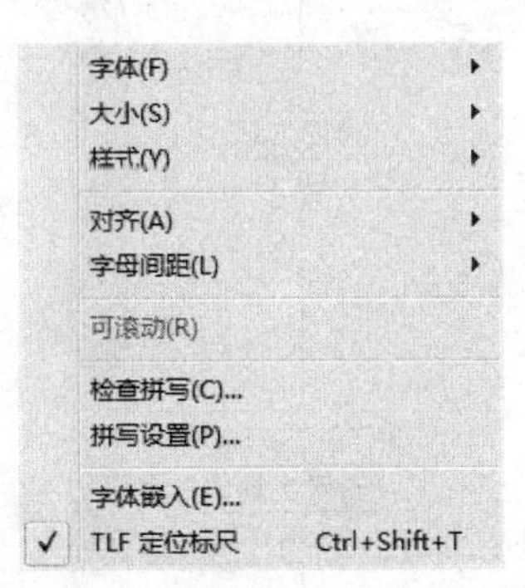

图 1–1–8 “字体”菜单下的命令

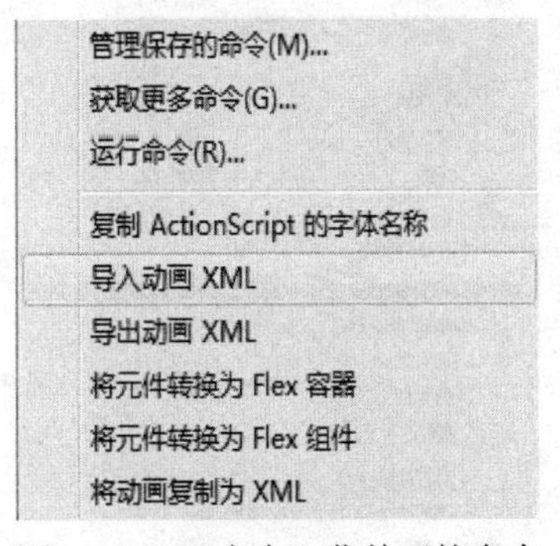

图 1–1–9 “命令”菜单下的命令

（8）控制：可以选择测试影片或测试场景，还可以设置影片测试的环境，比如用户可以选择在桌面或移动设备中测试影片。

（9）调试：提供了影片调试的相关命令，如设置影片调试的环境。

（10）窗口：主要集合了 Flash 中的面板激活命令，选择一个要激活的面板的名称即可打开该面板，见表 1–1–7。

表 1–1–7 “窗口”菜单下的常用命令及其快捷键

序号	命　令	快 捷 键
1	时间轴	Ctrl+Alt+T
2	工具	Ctrl+F2
3	属性	Ctrl+F3
4	库	Ctrl+L
5	动作	F9
6	颜色	Alt+Shift+F9
7	变形	Ctrl+T
8	组件	Ctrl+F7
9	场景	Shift+F2
10	隐藏/显示面板	F4

（11）帮助：含有 Flash 官方帮助文档，也可以选择“关于 Adobe Flash Professional”来了解当前 Flash 的版权信息。

3. 工具箱

在 Flash CS6 的默认状况下，工具箱位于整个界面的右侧，是最常用的一个面板。如果界面上没有工具箱，可以选择“窗口”→“工具”命令将其打开，如图 1–1–10 所示。对于工具箱中的工具，基本上可以分为绘图类工具、查看类工具、色彩填充类工具和附属工具选项，如图 1–1–11 所示。

窗口(W) 帮助(H)
直接复制窗口(F) Ctrl+Alt+K
工具栏(O)
时间轴(J) Ctrl+Alt+T
动画编辑器
工具(K) Ctrl+F2
属性(V) Ctrl+F3
库(L) Ctrl+L
公用库(N)
动画预设
项目 Shift+F8
动作(A) F9
代码片断(C)
行为(B) Shift+F3
编译器错误(E) Alt+F2
调试面板(D)
影片浏览器(M) Alt+F3
输出(U) F2
对齐(G) Ctrl+K
颜色(Z) Alt+Shift+F9
信息(I) Ctrl+I
样本(W) Ctrl+F9
变形(T) Ctrl+T
组件(X) Ctrl+F7
组件检查器(Q) Shift+F7
其他面板(R)
扩展
工作区(S)
隐藏面板(P) F4

图 1–1–10 打开“工具”面板

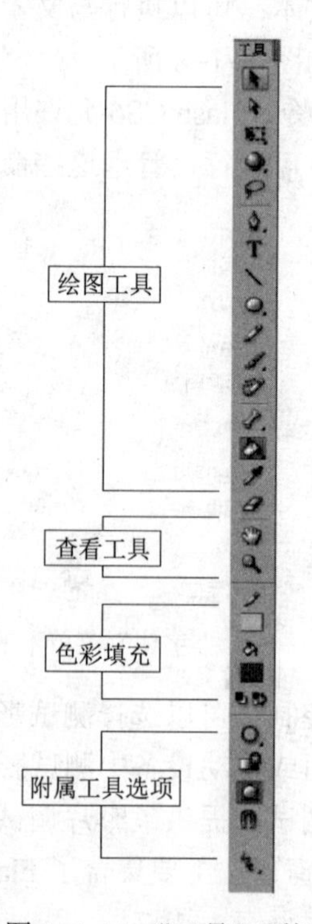

图 1–1–11 “工具”面板

4. 时间轴

时间轴用于组织和控制文档内容在一定时间内播放的图层和帧。时间轴是 Flash 的设计核心。时间轴会随时间在图层和帧中组织并控制文件内容。“时间轴”面板位于舞台的下方，主要由图层、帧和播放头组成，如图 1–1–12 所示。

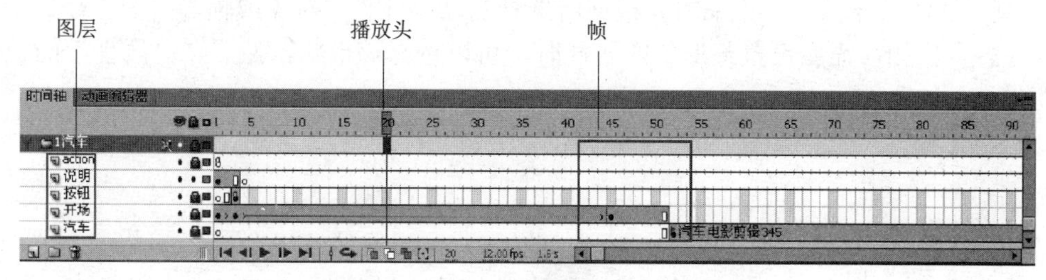

图 1–1–12　时间轴

与胶片一样，Flash 文件会将时间长度分成多个帧。图层就像层层相叠的底片，每个图层包含出现在“舞台”上的不同的图像。

（1）图层：在时间轴的图层组件中，可以建立图层、增加引导层、插入图层文件夹以及删除图层、锁定或解开图层、显示或隐藏图层、显示图层外框等。

（2）帧：用于存放图像等内容，随着画面的交替变化，产生动画效果。

（3）播放头：通过帧间移动，可以播放或录制动画。

5. 场景与舞台

场景与舞台是对动画中的对象进行编辑和修改的地方，是 Flash CS6 最主要的编辑区域。

在当前界面中，用于设置动画内容的整个区域称为“场景”。但最终动画会显示场景中矩形区域内的内容，这个区域称为“舞台”。舞台之外的灰色区域则称为“工作区”，如图 1–1–13 所示。在舞台中可以直接绘图，或导入外部文件进行编辑。播放最后生成的 Flash 文件时（SWF 文件），播放的内容只限于显示在舞台区域内的对象，其他区域的对象将不会在播放时出现。

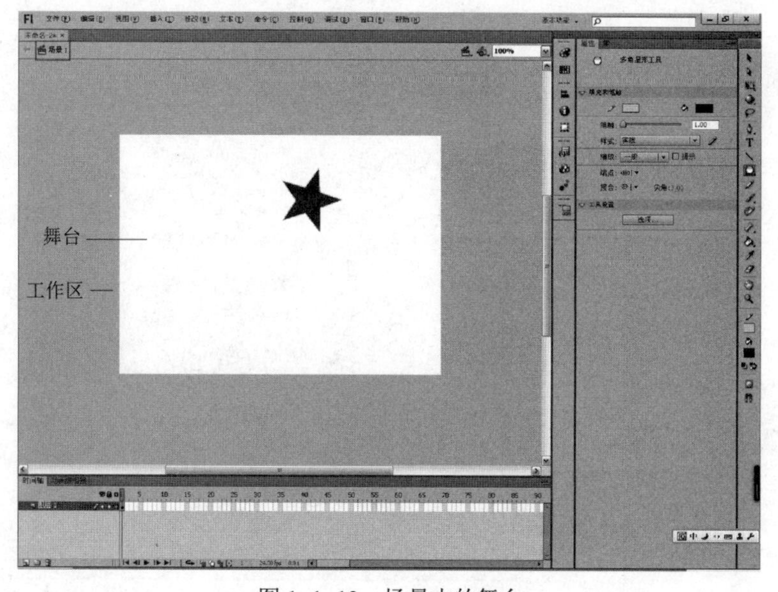

图 1–1–13　场景中的舞台

6. 面板与面板组

面板组（或面板集）用于管理 Flash 面板，它将很多面板都嵌入同一个面板中。通过面板组，用户可以对工作界面的面板布局进行重新组合，以适应不同的工作要求，如图 1–1–14 所示。很多面板都可以在“窗口”菜单下找到。

“属性”面板位于操作界面右方，根据所选择的动画元件、对象或帧等对象，会显示相应的设置内容。比如，需要设置某形状的属性时，可以选择该形状，然后在“属性”面板中设置属性即可，如图 1–1–15 所示。

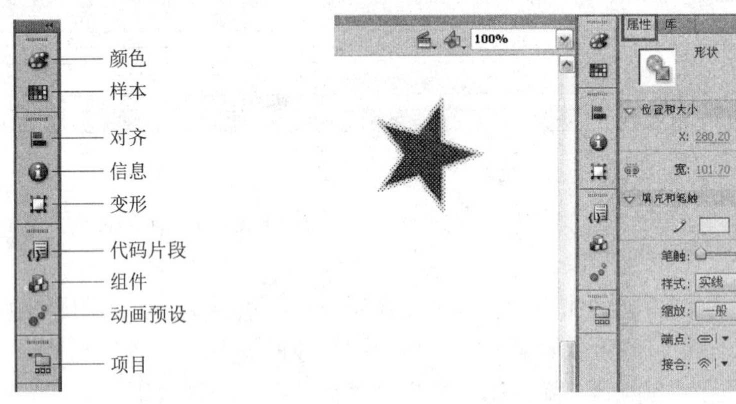

图 1–1–14　面板组　　　　图 1–1–15　“属性”面板

“库”面板用于存储和组织 Flash 中的各种元件、位图、声音和视频等。通过“库”面板可以新建和删除元件、组织各种库项目、查看项目在 Flash 中使用的频率、设置项目的属性，以及按类型对项目进行排序，如图 1–1–16 所示。

7. 个性化设置

为了提高工作效率，使软件最大限度地符合个人操作习惯，用户可以对 Flash CS6 进行个性化设置。比如首选参数、快捷键设置等。首选参数和快捷键的个性化设置分别如图 1–1–17 和图 1–1–18 所示。

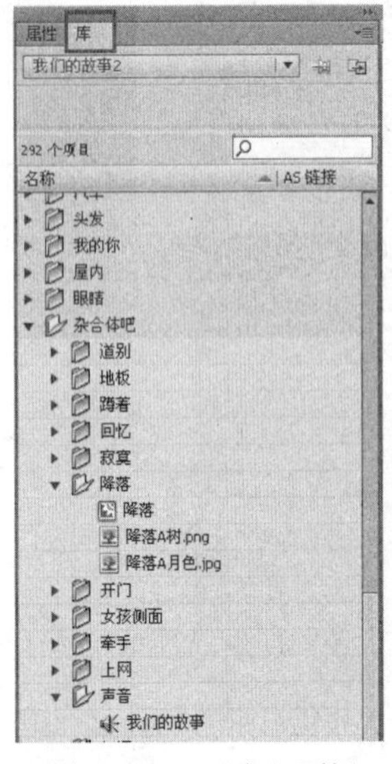

图 1–1–16　“库”面板

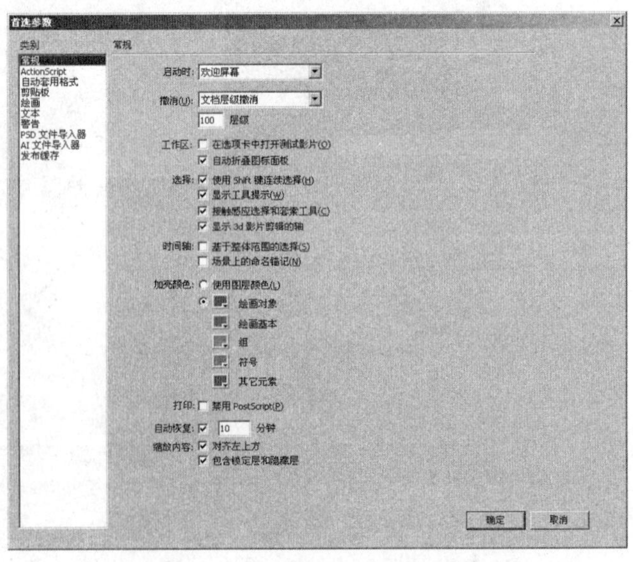

图 1–1–17　“首选参数”个性化设置

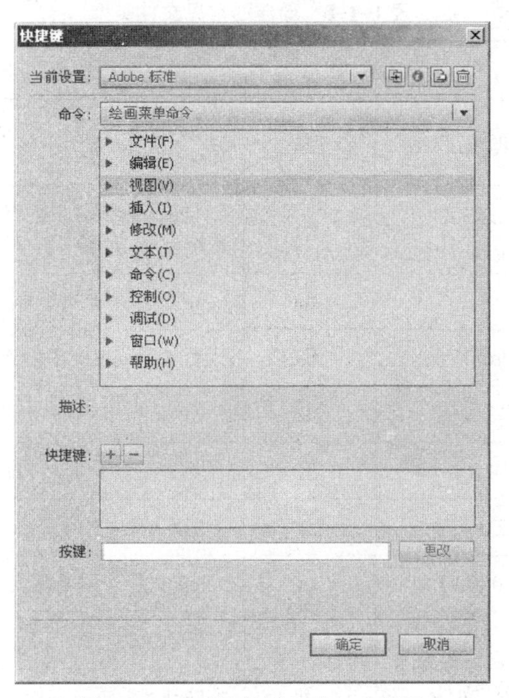

图 1-1-18 “快捷键”个性化设置

1.1.3 Flash 动画制作的基本操作

1. 创建 Flash 文件

单击“菜单”→“新建”命令（或按 Ctrl+N 组合键），可进入“新建文档”对话框。在该对话框中，有“常规”和“模板”两个选项，如图 1-1-19 所示。

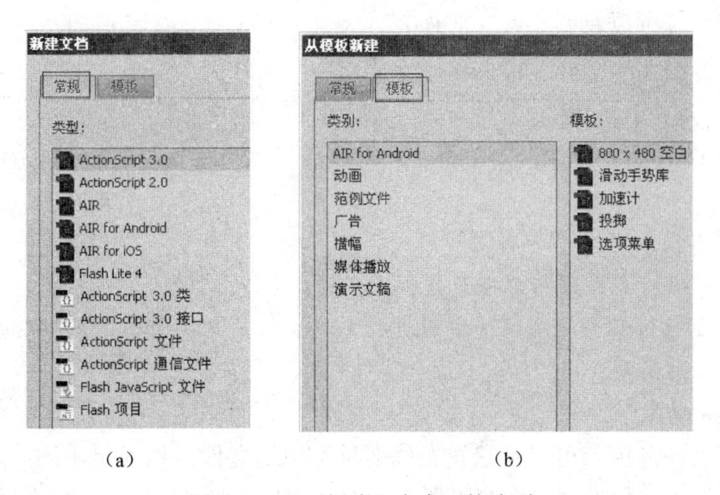

图 1-1-19 “新建”命令下的选项

(a) 常规文件类型；(b) 从模板中新建

它们对应的文件类型说明见表 1-1-8。

表 1-1-8　新建的常见文件类型

序号	文 件 类 型	扩展名	说　　明
1	ActionScript3.0	.fla	ActionScript3.0 的发布设置和 SWF 文件的媒体和结构
2	ActionScript2.0	.fla	ActionScript2.0 的发布设置和 SWF 文件的媒体和结构
3	AIR	.fla	开发在 AIR 跨平台桌面运行部署的应用程序
4	AIR for Android	.fla	为 Android 设备创建应用程序
5	AIR for iOS	.fla	为 Apple iOS 设备创建应用程序
6	Flash Lite 4	.fla	发布设置设定为 Flash Lite 4.0
7	ActionScript 3.0 类	.as	AS 文件，用于定义 ActionScript 3.0 类
8	ActionScript 3.0 接口	.as	AS 文件，用于定义 ActionScript 3.0 接口
9	ActionScript 文件	.as	外部 AS 文件
10	ActionScript 通信文件	.asc	外部 AS 通信文件
11	Flash JavaScript 文件	.jsf	外部 JavaScript 文件

2. 打开 Flash 文件

单击“文件”→“打开”命令（或按 Ctrl+O 组合键），可进入“打开”对话框。在该对话框中，可以选择要打开的文件。

3. 保存/另存文件

单击“文件”→“保存”命令（或按 Ctrl+S 组合键），可保存 Flash 文件。编辑 Flash 文件后，若不想覆盖原来的文件，可选择“文件”→“另存为”命令（或按 Ctrl+Shift+S 组合键），将文件另存为一个新文件。

此外，Flash CS6 的“文件”菜单中，还可以进行“全部保存”“另存为模板”等操作。

温馨提示：

① 若 Flash 有很多内容，导致容量过大，可选择“文件”→“保存并压缩”命令，既可以保存文件，又可以对文件进行压缩处理。

② 在 Flash 制作过程中，使用快捷键进行文档操作，可以提高效率。Flash CS6 中的常见快捷键可以参考本书附录。

4. 发布 Flash 动画

完成作品的设计之后，可以将它发布成多种类型的文件，以满足不同的应用需求。在发布之前，可以选择“文件”→“发布设置”命令（或按 Ctrl+Shift+F12 组合键），进行“发布设置”的设置，如图 1-1-20 所示。

“发布设置”对话框中的选项归纳见表 1-1-9。

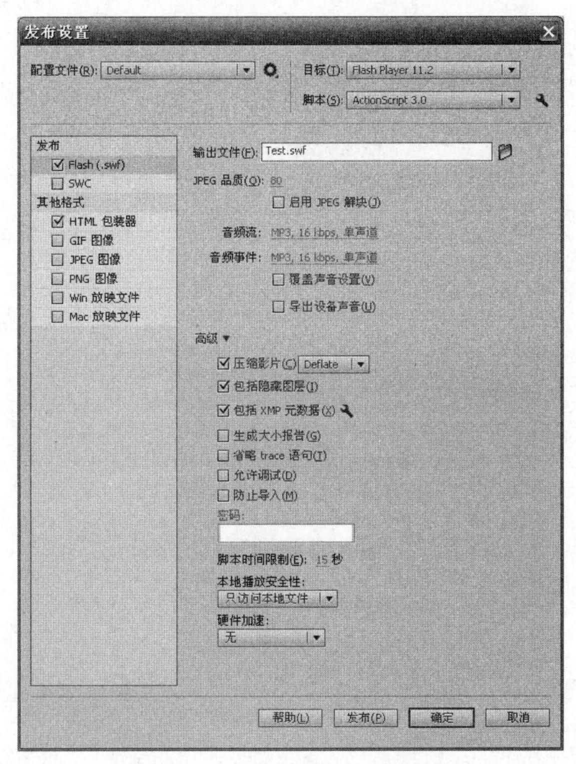

图 1–1–20　“发布设置”对话框

表 1–1–9　“发布设置”的主要选项

“发布格式”选项	“发布目标”选项	“脚本”选项	其他选项
Flash（.swf） SWC HTML 包装器 GIF 图像 JPEG 图像 PNG 图像 Win 放映文件 Mac 放映文件	Flash Player 5～9、10.3、11.1、11.2； AIR2.5； AIR3.2 for Android； AIR3.2 for Desktop； AIR for iOS； Flash Lite 1.0、1.1、2.0、2.1、3.0、4.0	ActionScript 1.0、ActionScript 2.0、ActionScript 3.0	音频流、音频事件、覆盖声音设备、导出设备声音、压缩影片等

操作实践

步骤 1：新建 Flash 文件。启动 Flash CS6，在开始界面中选择“新建”→“ActionScript 3.0”命令，新建一个名为“欢迎来到 Flash 大家庭”的 Flash 文件。右键单击工作区，选择“文档属性”命令，在弹出的“文档设置”对话框中，设置“背景颜色”为“红色（#CC0000）”，“帧频”为“6”，如图 1–1–21 所示。

步骤 2：创建“文字”图形元件。

在 Flash CS6 界面中，单击“插入”→“新建元件”命令（或按 Ctrl+F8 组合键），在打开的“创建新元件”对话框中，输入“名称”为“文字”，选择“类型”为“图形”，单击“确定”按钮，如图 1–1–22 所示。

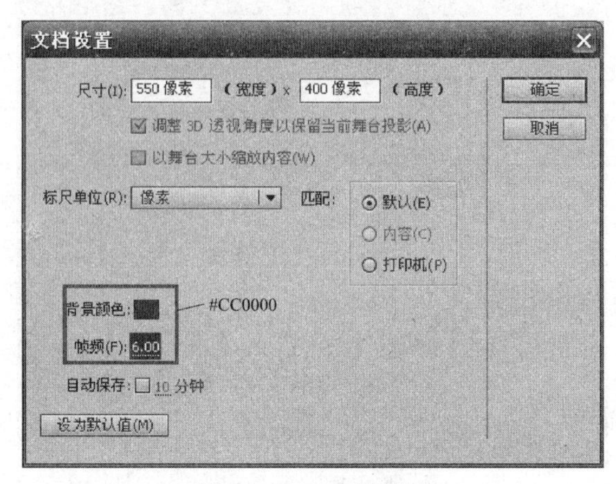

图 1–1–21　文档设置

选择“文本工具”，在编辑窗口中输入“欢迎来到 Flash 大家庭”，选择“属性”面板，为字体“大小”设置为“20 点”，颜色为“黄色（#FFFF00）”，如图 1–1–23 所示。

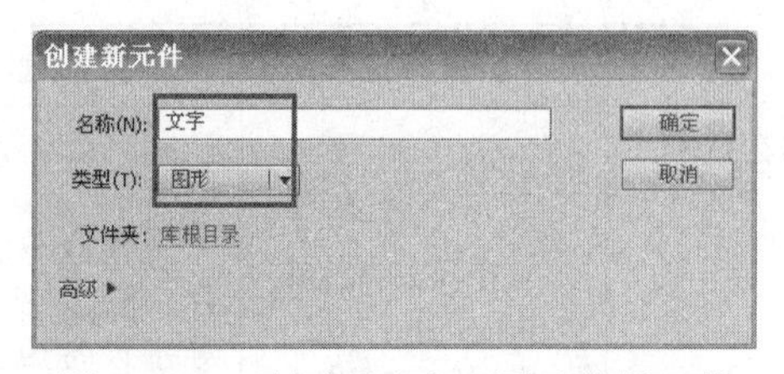

图 1–1–22　创建“文字”影片剪辑元件

图 1–1–23　字体设置

步骤 3：“图层 2”的动画设置。

回到场景中，新建“图层 2”，将库中的“文字”元件拖入舞台中，在第 40 帧处插入关键帧。选择“任意变形工具”，按住 Shift 键，等比例放大“文字”元件，如图 1–1–24 所示。

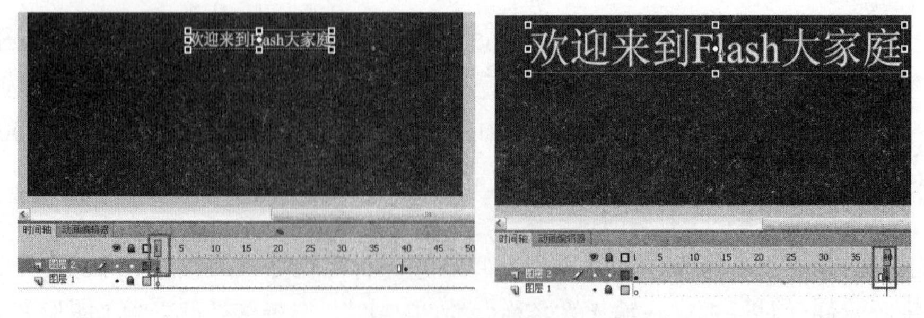

图 1–1–24　第 1、40 帧处的“文字”元件

选择第 1 帧时的“文字”元件，打开“属性”面板，在“色彩效果”的“样式”下拉列表中选择“Alpha”，将其值设为“0”，如图 1–1–25 所示。

右键单击第 1～40 帧之间的任意一帧，选择“创建传统补间”命令，为关键帧之间创建传统补间动画，如图 1–1–26 所示。

步骤 4：在“图层 1”和“图层 2”第 60 帧处插入普通帧。为了延长动画播放时间，在图层 1、图层 2 的第 60 帧处，按 F5 快捷键，插入普通帧。

步骤 5：按 Ctrl+S 组合键，保存文件；按 Ctrl+Enter 组合键，测试预览。最终效果如图 1–1–27 所示。

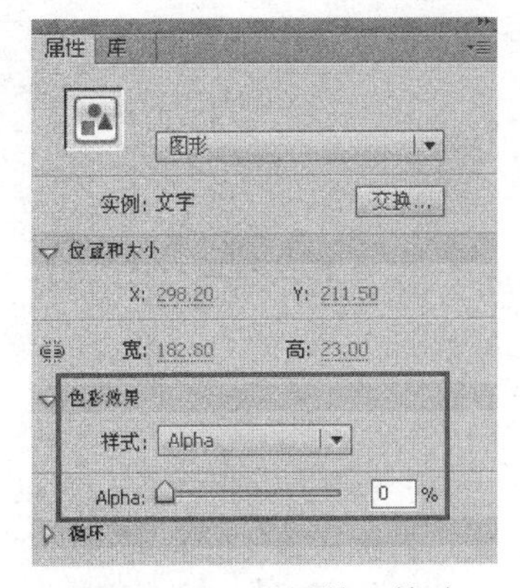

图 1–1–25　设置第 1 帧时“文字”元件的 Alpha 值

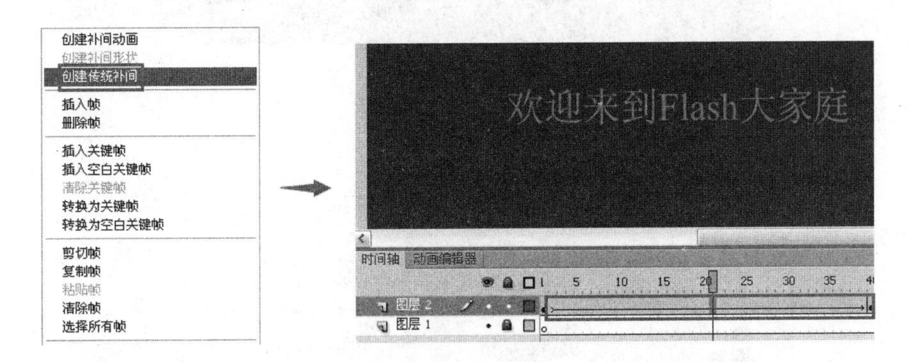

图 1–1–26　第 1～40 帧之间创建传统补间动画

图 1–1–27　最终效果图

思考探究：

① 比较实例示范“小方变小圆”和“欢迎来到 Flash 大家庭”中的动画补间形式有无异同。

② 在本次任务中，动画效果主要有哪些？

任务延伸：小方变小圆

该实例主要是讲述一个矩形逐渐变成圆形的动画。主要目的在于通过 Flash CS6 的使用，初步了解 Flash 动画的制作过程。包括新建文件、设置文档、设置关键帧、创建补间动画、保存文档和发布文件等。该实例的动画效果如图 1–1–28 所示。

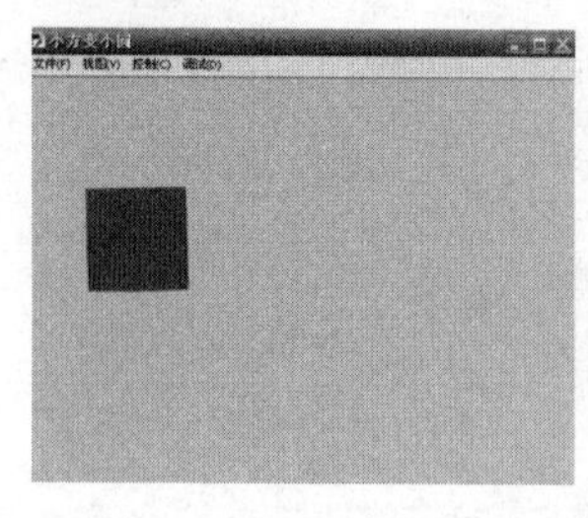
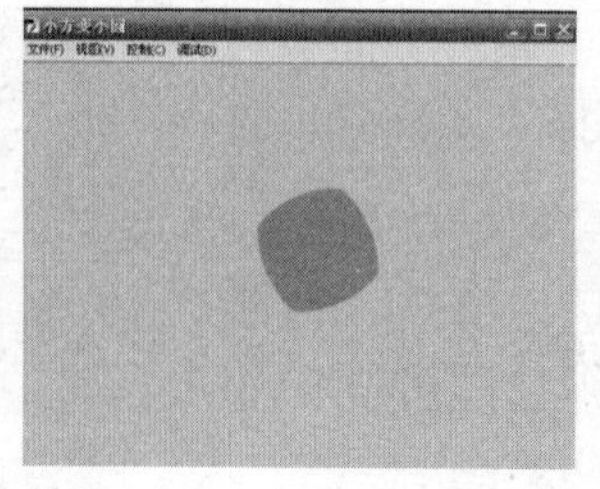
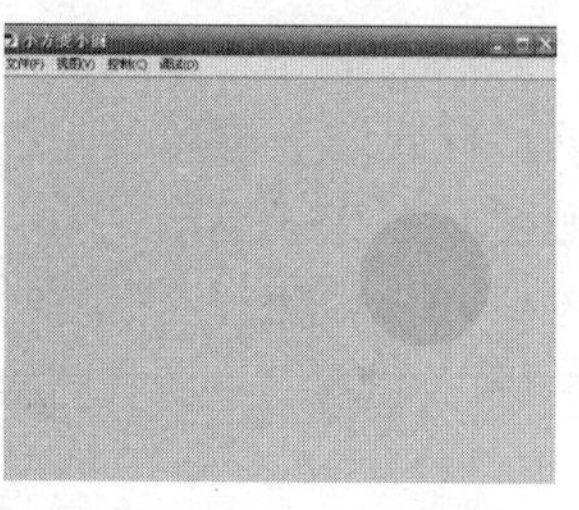

Flash 效果扫一扫

图 1–1–28 “小方变小圆”效果图

01　新建 Flash 文件。启动 Flash CS6，在开始界面中，选择“新建”→“ActionScript 3.0”命令，新建一个 Flash 文档，如图 1–1–29 所示。

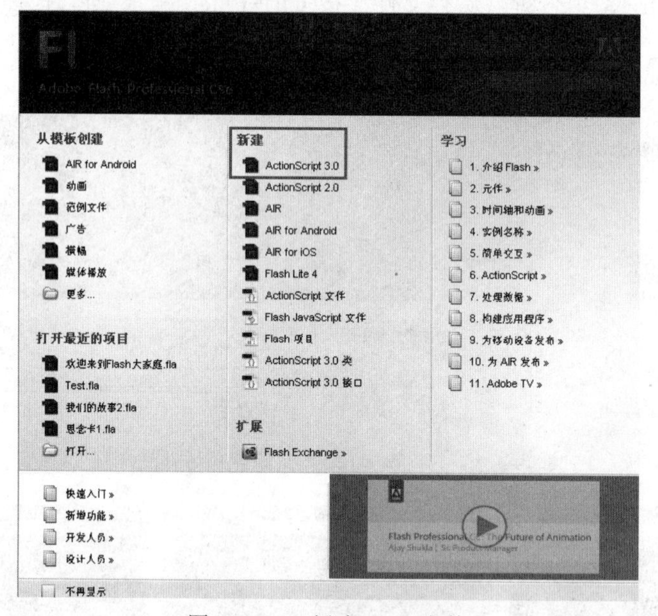

图 1–1–29　新建 Flash 文件

右键单击工作区，选择“文档属性”命令，在弹出的“文档设置”对话框中，设置背景颜色为“粉蓝色（#B0E0E6)”，“帧频”为“12”，如图 1–1–30 所示。

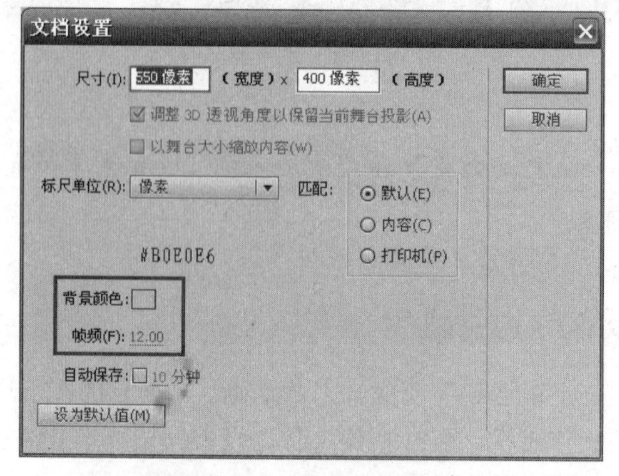

图 1–1–30　文档属性设置

温馨提示：

① 所谓帧频，即动画每秒钟播放的帧数。比如本例中帧频设置为 12，则该动画每秒钟播放 12 帧，若动画共计 60 帧，则播放完毕需要 5 秒钟。

② 在 Flash 制作过程中，色彩搭配十分重要。其中，基本的色相选择与应用是色彩搭配环节的重要一步。十二色相环是较为基础且容易分清的色相表达，如图 1–1–31 所示。

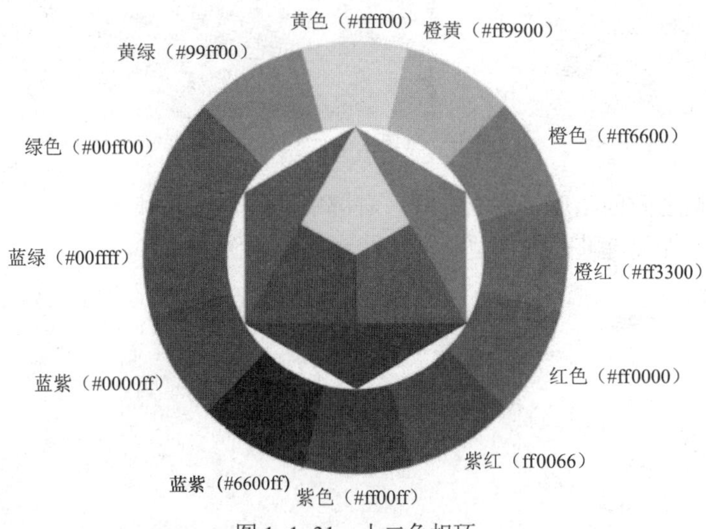

图 1–1–31　十二色相环

02　第 1 帧处绘制正方形。选择工具栏上的“矩形工具”，在“属性”面板上设置“笔触颜色”为“无”，“填充颜色”为“咖啡色（#965617）”。按住 Shift 键，在舞台的左侧绘制一个正方形，如图 1–1–32 所示。

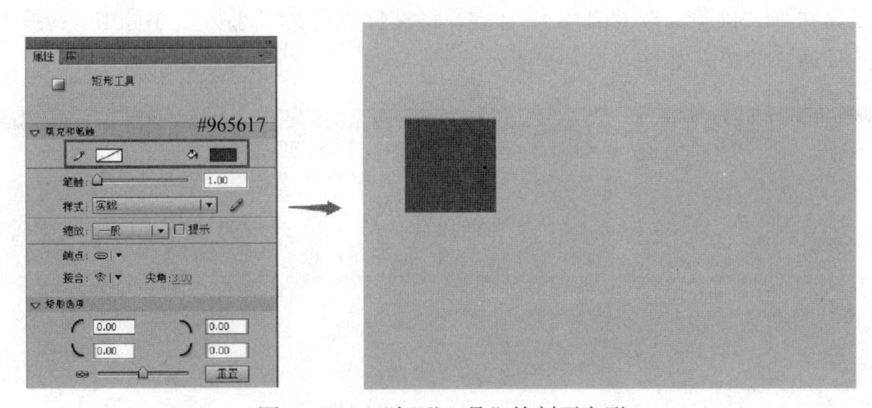

图 1–1–32　“矩形工具”绘制正方形

03　第 60 帧处绘制正圆。在时间轴面板上，右键单击第 60 帧处，选择“插入空白关键帧”命令（或按 F7 快捷键），为第 60 帧插入空白关键帧。选择“椭圆工具”，在“属性”面板上设置“笔触颜色”为“无”，“填充颜色”为“粉红色（#FFC0CB）”。按住 Shift 键，在舞台的右侧绘制一个正圆形，如图 1–1–33 所示。

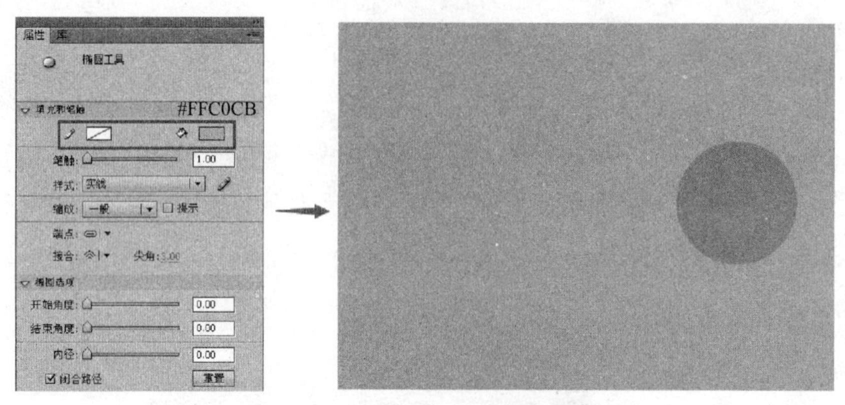

图 1–1–33 “椭圆工具”绘制正圆形

04 在关键帧之间创建形状补间动画。右键单击第 1～60 帧之间任意一帧，选择“创建补间形状”命令，为关键帧之间创建补间形状动画，如图 1–1–34 所示。

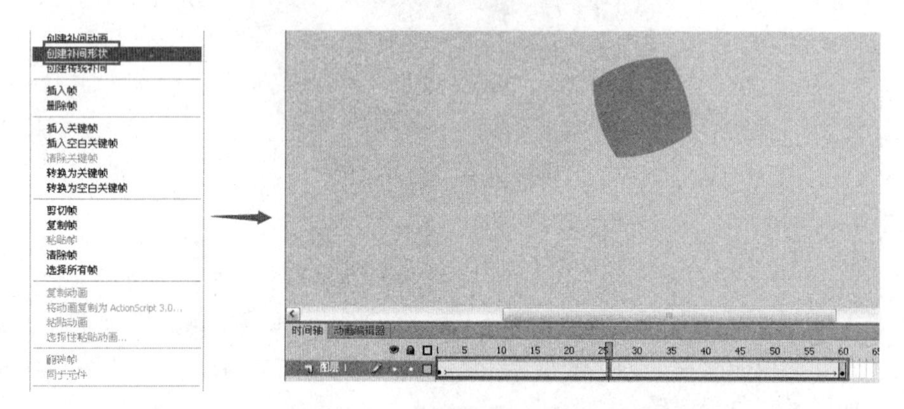

图 1–1–34 第 1～60 关键帧之间创建形状补间动画

05 保存并测试预览。按 Ctrl+S 组合键，将文件保存为“小方变小圆.fla”；按 Ctrl+Enter 组合键，查看动画效果，如图 1–1–35 所示。

图 1–1–35 “小方变小圆”效果图

思考探究：

① 本例中，可否改成“小方变大圆”的效果，即圆形变得更大。如果可以，请实践操作试一试。

② 如果想在变成“大圆”时，展示“大圆”的时间再长一点，如何实现？

任务评价

报告人：	指导教师：	完成日期：
任务实施过程汇报：		
工作创新点		
小组交互评价		
指导教师评价		

思考练习

1. 选择题

（1）以下不属于 Flash CS6 中可以创建的元件类型的是（　　）。

A. 图形元件　　B. 按钮元件　　C. 声音元件　　D. 影片剪辑元件

（2）选择“视图”→“网格”→“编辑网格”命令或按（　　）组合键可打开“编辑网格”对话框。

A. Ctrl+Alt+Shift+R　　B. Ctrl+Alt+Shift+G

C. Ctrl+Alt+G　　D. Ctrl+Alt+R

（3）在 Flash 中编辑完文件并保存后，可按（　　）组合键退出 Flash CS6 软件。

A. Ctrl+Q　　B. Ctrl+B　　C. Ctrl+O　　D. Ctrl+V

（4）在 Flash 中按（　　）组合键可以将对象粘贴到原位置。

A. Ctrl+Shift+G　　B. Shift+Ctrl+V　　C. Ctrl+G　　D. Ctrl+V

（5）在 Flash 界面选择“文件”→“新建”命令或按（　　）组合键都可以打开“新建文档”对话框。

A. Ctrl+Q　　B. Ctrl+W　　C. Ctrl+N　　D. Ctrl+O

（6）在影片剪辑元件实例“属性”面板的“颜色”下拉列表框中，Alpha 用于调整实例对象的透明度，可以在（　　）之间进行取值。

A. 1%～100%　　B. 0%～100%　　C. 1%～99%　　D. 0%～99%

（7）制作完动画后，按（　　）键测试动画。

A. F12　　B. Ctrl+Enter　　C. Enter　　D. Shift+Enter

（8）如果在一个图层中，一个对象在舞台上从上部运动到下部，那么该图层包含（　　）。

A. 两个关键帧

B. 两个关键帧和它们之间的补间帧

C. 一个关键帧和它前面的补间帧

D. 一个空白关键，一个关键帧，以及它们之间的补间帧

（9）关于 Flash 动画的特点，以下说法正确的是（　　）。

A. Flash 动画受网络资源的制约一般比较大，利用 Flash 制作的动画是矢量的

B. Flash 动画已经没有崭新的视觉效果，不如传统的动画灵巧

C. 具有文件大、传输速度慢、播放采用流式技术的特点

D. 鲜明、有趣的动画效果更能吸引观众的视线

2. 判断题

（1）在操作图层之前，首先需要选择图层。（　　）

（2）工具栏中放置了 Flash CS6 中所有的绘图工具，主要用于矢量图形的绘制和编辑。（　　）

（3）单击时间轴中的一个帧格即可选择该帧格所在的图层。（　　）

（4）Flash CS6 软件只能创建基于 ActionScript 3.0 版本的动画文件，不能创建基于 ActionScript 2.0 版本的动画文件。（　　）

（5）更改 Flash 的发布设置，可以发布除了 SWF 格式以外的多种形式的文件。（　　）

3. 填空题

（1）________是动画显示区域，可以编辑和修改动画。

（2）执行________命令，可以打开“网格”对话框，对网格的参数进行编辑设置。

（3）________主要由舞台和工作区组成，在最终动画中，只显示放置在舞台区域中的图形对象，在工作区中的图形对象将不会显示。

任务拓展

在“欢迎来到 Flash 大家庭”任务中，已经完成了 Flash 动画的制作，得到了.fla 源文件和 SWF 文件。在网页制作过程中，有时需要在网页上嵌入的文件格式是 gif 格式或 jpg 格式，以达到制作要求。请结合所学，在 Flash CS6 环境下，实现该文档多个格式文件的发布，并比较它们的异同。

任务 1.2　多个“小方变小圆”动画

任务描述

在任务 1.1 的实例示范中，通过“小方变小圆”的动画，介绍了 Flash CS6 平台下实现动画制作的过程，其中也涉及了新建文件、文档设置、关键帧设置、创建补间动画、保存与发

布等操作。本任务则是在上述实例的基础上，通过影片剪辑元件的方式实现多个“小方变小圆”的动画效果。

本次任务的动画效果如图 1-2-1 所示。

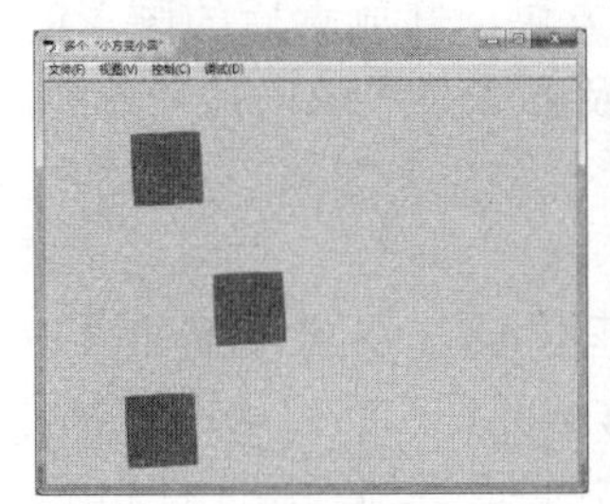
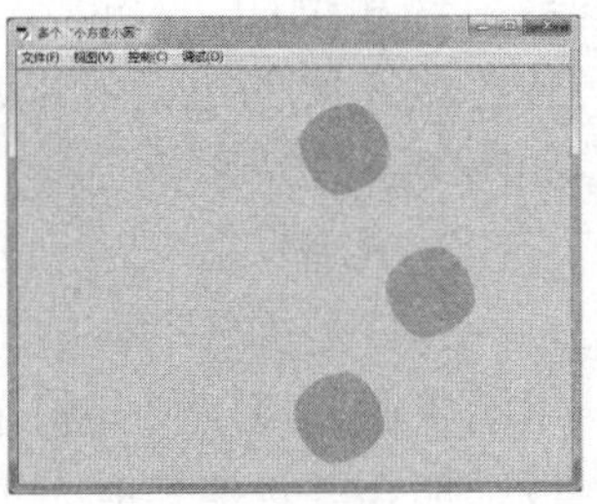
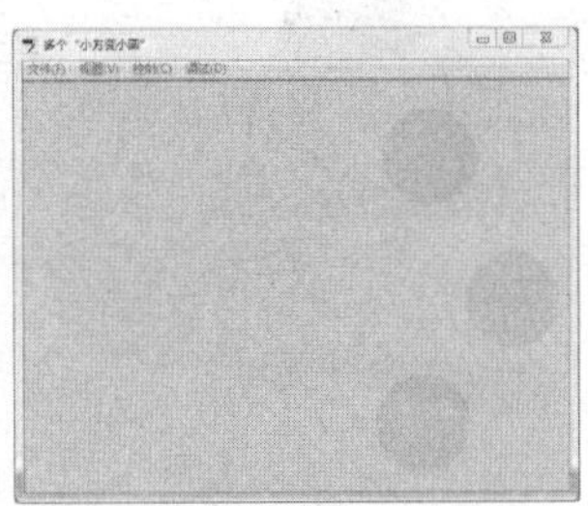

Flash 效果扫一扫

图 1-2-1　多个“小方变小圆”效果图

本任务的设计过程中，主要是通过一次元件的创建，实现多次或多处元件的使用，并实现相对复杂一点的动画效果。

任务目标

1. 掌握元件的创建和制作。
2. 了解元件和实例的区别。
3. 掌握图片等素材的导入和使用。

任务实施

知识储备

1.2.1　Flash 动画设计基础知识

1. 位图与矢量图

在进行 Flash 动画制作时，既会用到位图，也会用到矢量图。

（1）位图。位图分为点阵图或栅格图，位图中的图形由一个个像素点组成，当将位图放大时，可看到许多方形的小点，这些就是组成位图的像素点。像素是位图中最小的组成单元，位图的大小和质量由图像中像素的多少来决定。图 1-2-2 所示为位图放大前后的对比。

图 1-2-2　位图放大前后对比

（2）矢量图。矢量图由点、线和面等元素组成，这些元素组成一些几何形状、线条和颜色等，而这些线段和色块都由一系列的公式进行计算和描述，因此矢量图放大后不会失真，即不会出现和位图一样的小方块，其放大后的图形的各色块之间的过渡，以及各线条边缘仍是平滑的，如图 1–2–3 所示。

图 1–2–3　矢量图放大前后对比

2. 元件

元件是构成动画的基本元素。对于需要重复使用的资源，可以将其制作成元件，然后从“库”面板中拖入舞台使其成为实例。合理地利用元件和库，可以提高影片制作的效率。

每个元件都有自己的时间轴，可以将帧、关键帧和图层添加到元件的时间轴上。在动画中使用元件主要有如下优点。

① 元件在 Flash 中创建一次，可以多次使用。同样，修改一次，可以批量更新。

② 元件在 Flash 文件中只存储一次，但可以多次使用，这样可以大大降低 Flash 文件的大小。

③ 文档之间的元件可以共享，即 A 文档可以引用 B 文档中的元件。

④ 使用元件可以加快 SWF 文件的播放速度，因为元件只需下载到 Flash Player 中一次。

元件包括图形元件、影片剪辑元件和按钮元件 3 种类型。

（1）图形元件：主要用于制作独立的图形内容。当把图形元件拖入舞台中或其他元件中时，该图形元件与主时间轴同步，不能对其设置实例名称，也不能为其添加脚本。

创建图形元件的步骤主要是：选择“插入”→“新建元件”命令（或按 Ctrl+F8 组合键），在“创建新元件”对话框中，可以输入元件名称、元件类型和存储文件夹等，最后单击“确定”按钮，如图 1–2–4 所示。

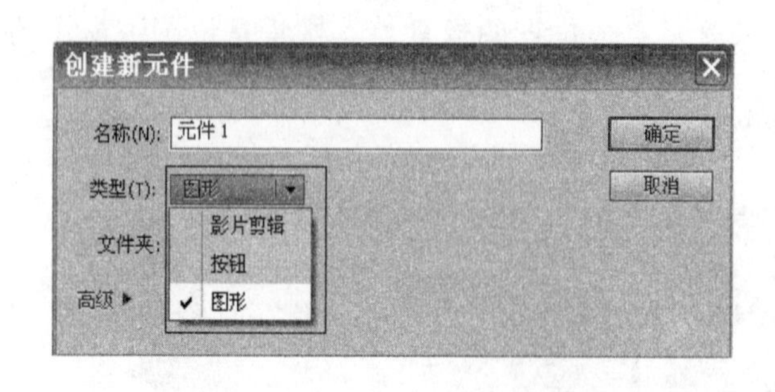

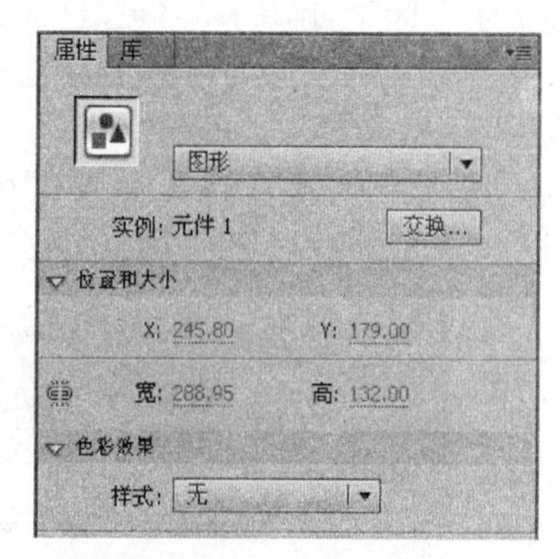

图 1–2–4　创建图形元件及图形元件拖入舞台中的属性

（2）影片剪辑元件：主要用于创建独立的动画片段。影片剪辑元件可以包含交互式控件、声音和其他影片剪辑实例。将影片剪辑元件拖入舞台，影片剪辑元件具有独立于主时间轴的

多帧时间轴，当动画播放时，影片剪辑元件也在循环播放。

创建影片剪辑元件的步骤类似于图形元件，只是在“创建新元件”对话框中，将“类型”选择为“影片剪辑”。将创建好的影片剪辑元件拖入舞台中，可以对其设置实例名称，如图 1–2–5 所示。

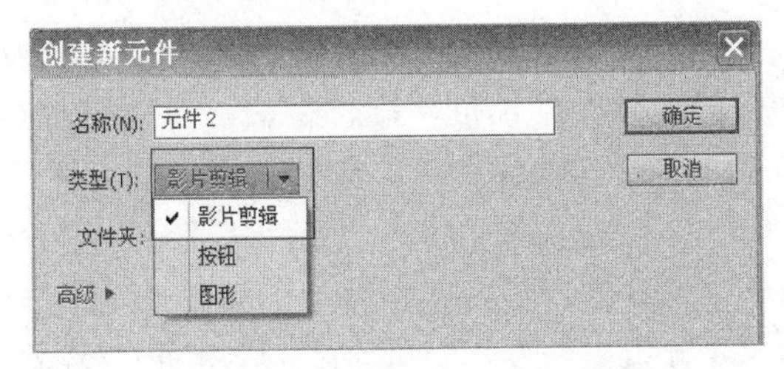

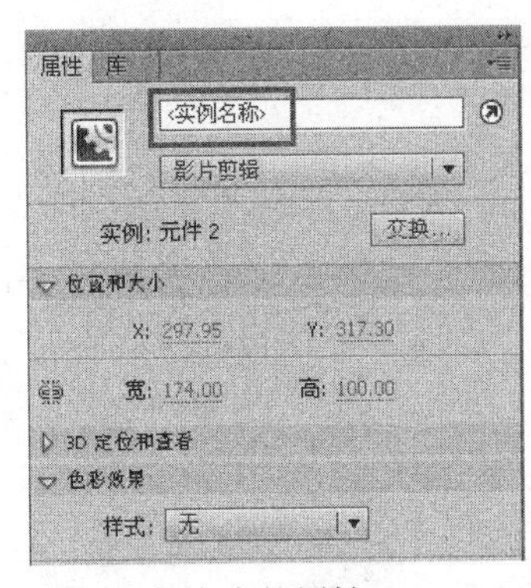

图 1–2–5　创建影片剪辑元件及将影片剪辑元件拖入舞台中的属性

（3）按钮元件：主要用于创建响应鼠标单击、滑过或其他动作的交互式按钮。按钮元件包括弹起、指针经过、按下和点击 4 种状态，可以定义与各种状态关联的图形、声音或元件。

创建按钮元件的步骤类似于图形元件和影片剪辑元件，只是在“创建新元件”对话框中，将“类型”选择为“按钮”。将创建好的按钮元件拖入舞台中，可以对其设置实例名称，如图 1–2–6 所示。

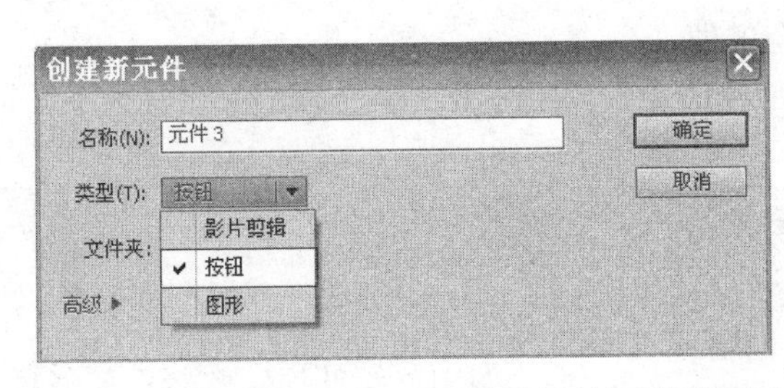

图 1–2–6　创建按钮元件及将按钮元件拖入舞台中的属性

在按钮元件中，时间轴不再是时间标尺的显示状态，它由弹起、指针经过、按下和点击 4 个空白帧代替，如图 1–2–7 所示。

① 弹起：按钮在出事状况下呈现的状态，即鼠标不在此按钮上且未单击此按钮时的状态。

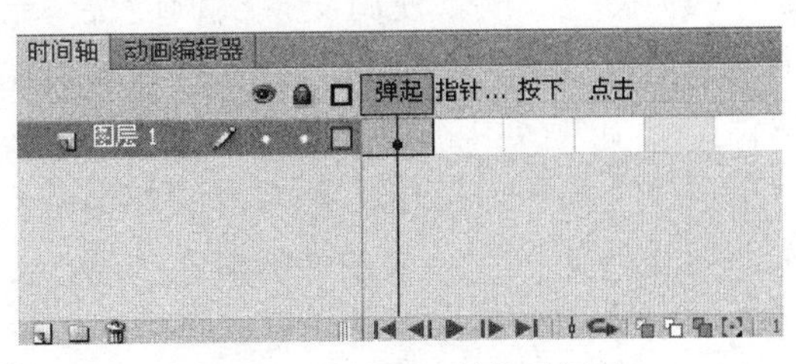

图 1–2–7　按钮元件的时间轴

② 指针经过：设置鼠标放置在按钮上但没有按下按钮时的状态。

③ 按下：设置鼠标按下按钮时按钮所处的状态。

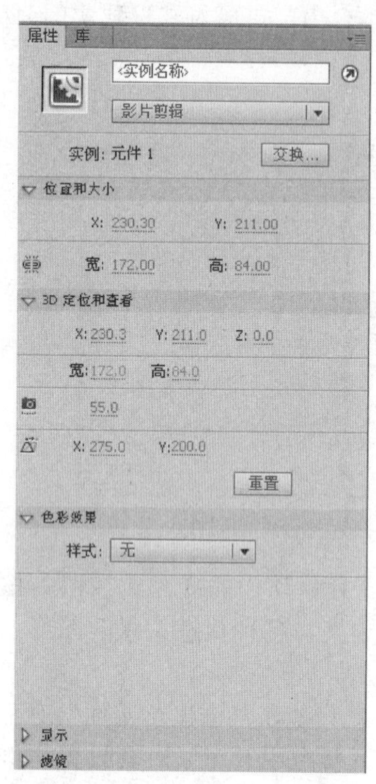

图 1–2–8 设置实例的属性

④ 点击：用于响应鼠标动作范围内的反应，只有鼠标指针放在反应区时，按钮才会响应鼠标的动作。这一帧只代表一个区域，不会在动画播放时显示出来。

3. 实例

创建元件后，并不能直接应用到舞台中，需创建其实例对象。实例是元件在舞台上或嵌套在另一个元件中的元件副本。创建元件之后，可以在文档中任何地方（包括其他元件内）创建该元件的实例。

（1）创建实例。将一个元件从“库”面板中拖动到舞台上，就创建了该元件的一个实例。一个元件可以创建多个实例，一个实例只对应一个元件。修改元件会更新所有该元件对应的实例，但对一个实例的应用效果不会影响元件。

每个元件实例都有独立于元件的自身的属性。要设置实例的属性，可以通过“属性”面板来实现，如图 1–2–8 所示。

（2）复制实例。在舞台中选择要复制的实例，按 Alt 或 Ctrl 键的同时，拖动实例到合适的位置，释放鼠标即可复制并粘贴元件实例，如图 1–2–9 所示。

（3）分离实例。元件实例会随着元件的改变而改变，分离实例后，元件的改变将不会影响实例，但其动画效果、按钮实例等都会失去元件的特效。

选择要分离的实例，按 Ctrl+B 组合键即可实现实例的分离。有些实例可以分离多次，如图 1–2–10 所示。

本例中，经过两次分离，舞台中对象的属性由“影片剪辑”元件（实例）变成“图形”元件（实例），最后变成“形状”，如图 1–2–11 所示。

（4）交换实例。使用交换实例能使舞台中的实例变成另一个实例，且保持原实例的属性。选中舞台中的实例，在“属性”面板中单击“交换…”按钮，在弹出的对话框中选择要交换的元件，单击“确定”按钮，如图 1–2–12 所示。

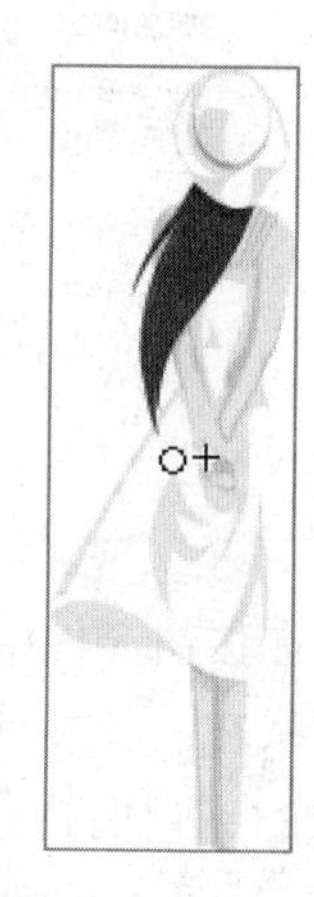

图 1–2–9 复制实例

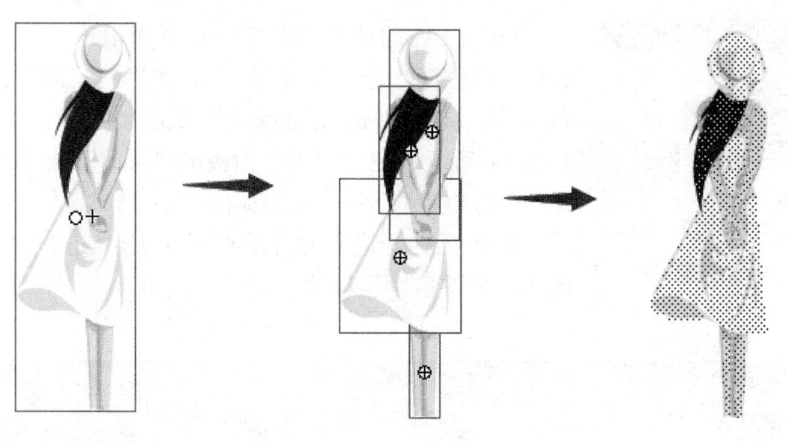

图 1-2-10　实例的两次分离

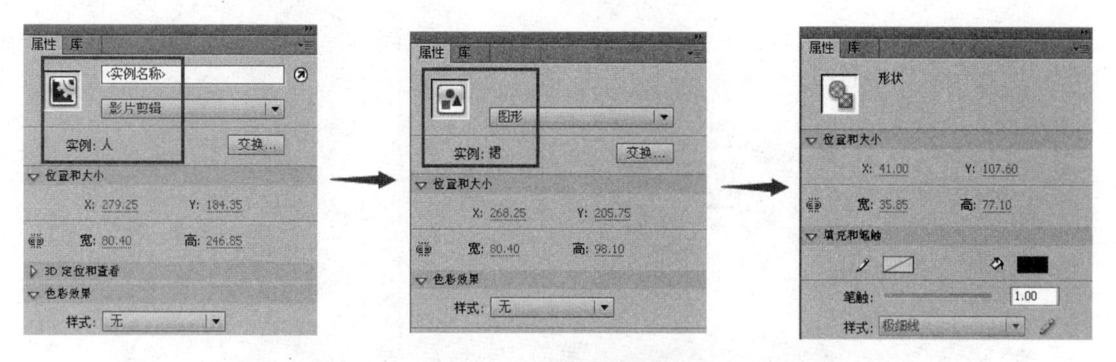

图 1-2-11　对象的属性变化

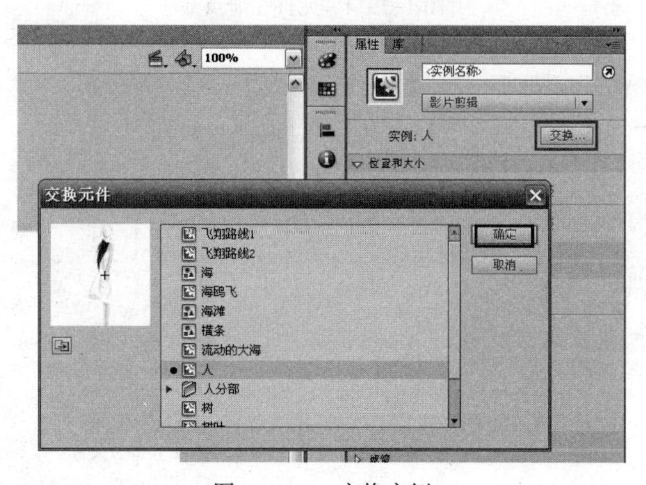

图 1-2-12　交换实例

（5）改变实例行为。所谓改变实例行为，就是通过改变拖入舞台中元件的类型，来改变元件实例的效果。比如，图形元件实例不能应用滤镜效果，但将其实例行为改变为影片剪辑元件即可应用滤镜。

选择舞台上的图形元件实例，在“属性”面板的实例行为下拉列表中选择“影片剪辑”，完成实例行为的改变，如图 1-2-13 所示。

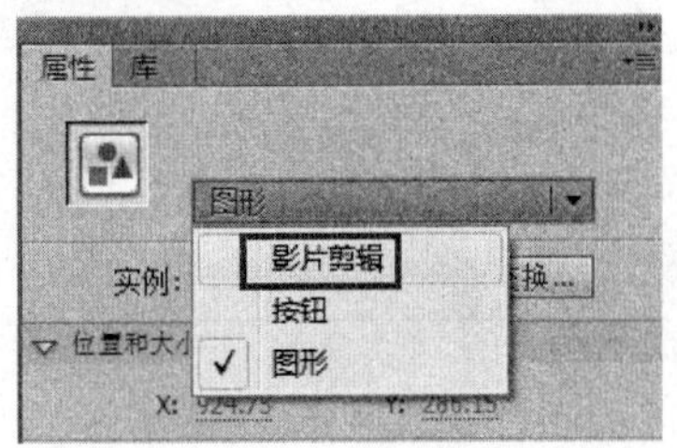

图 1-2-13　改变实例行为

（6）元件的注册点和中心点。当用户将一个元件拖入舞台中（即创建一个元件实例）时，实例的左上角会出现一个黑色十字，即元件的注册点。它是实例对象的参考点，如图 1-2-14 所示。在“属性”面板的“位置和大小”选项中设置 X、Y 的参数均为 0，效果如图 1-2-15 所示。

双击元件，进入元件的编辑状态，在“属性”面板中修改 X、Y 的值，可以修改元件的注册点。

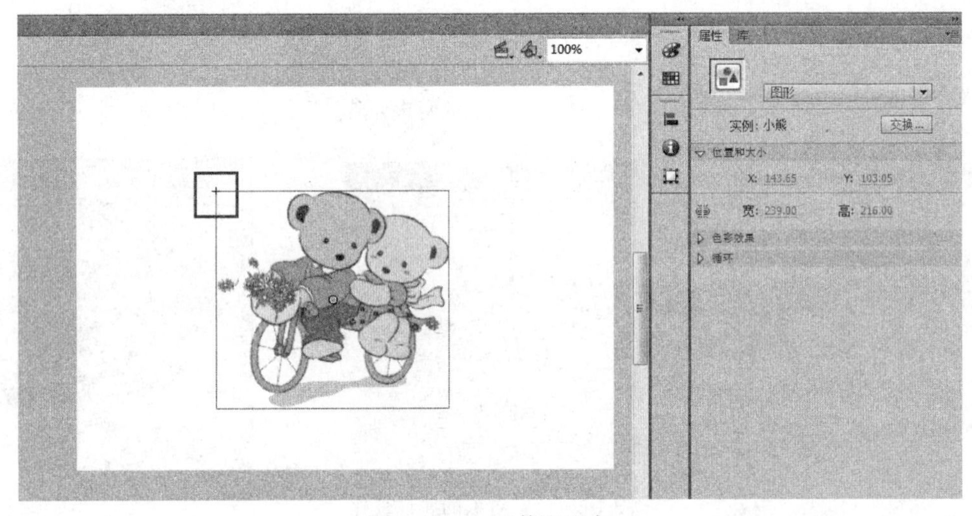

图 1-2-14　元件注册点

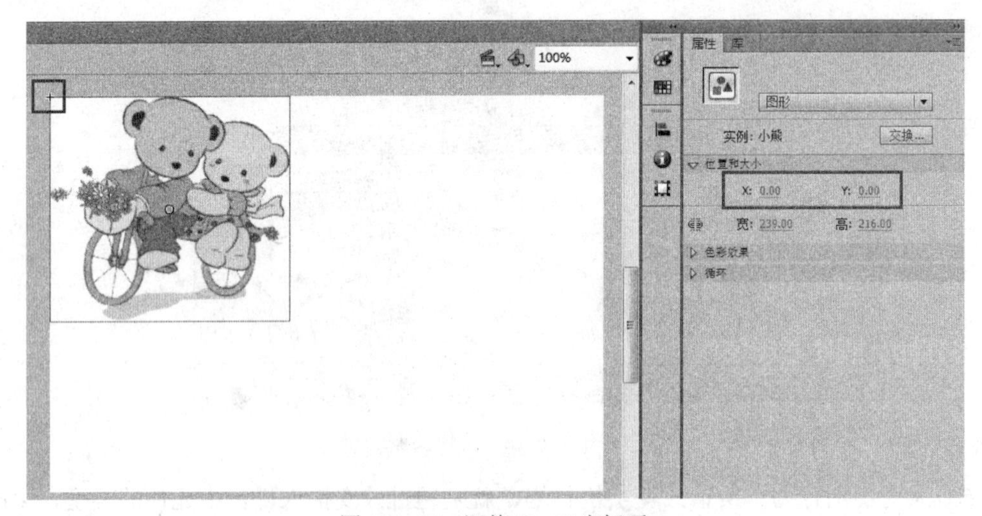

图 1-2-15　调整 X、Y 坐标后

在创建元件实例时，在舞台中有一个小圆点，即元件的中心点。元件在变形时，以中心点为中心进行变形。使用工具栏中的“任意变形工具”选择元件后，可对中心点进行调整，如图 1-2-16 所示。

图 1-2-16　元件中心点及中心点的调整

4. 库

“库”面板在默认工作区的右侧。其中存放着 Flash 创建的各种元件，包括图形、影片剪辑和按钮元件，还有导入的各种文件，包括位图、声音和视频等文件。每个 Flash 文件都有用来存放元件、位图、声音和视频等内容的库，利用库可以很方便地查看和使用这些内容。

选择“窗口”→“库”命令（或按 F11 快捷键或按 Ctrl+L 组合键），可打开“库”面板。“库”面板中包括元件预览窗口、排序按钮、元件项目列表和工具栏，如图 1-2-17 所示。

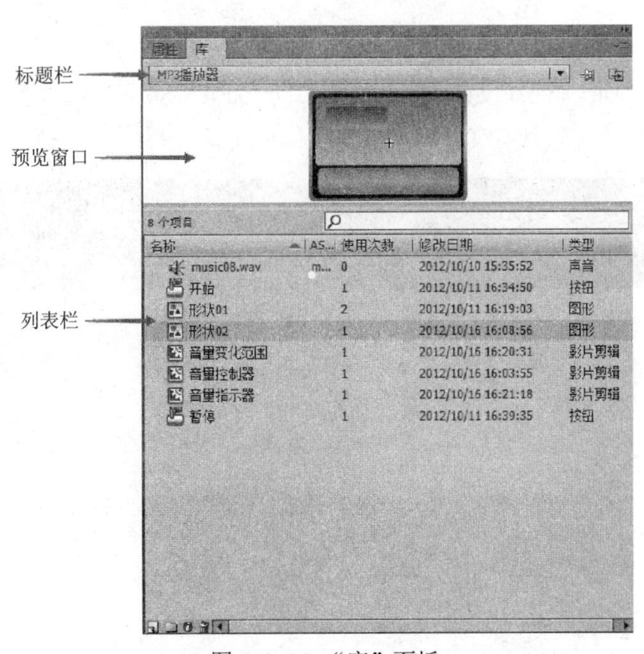

图 1-2-17　“库”面板

公用库是 Flash 中自带的范例库资源。它是个很大的资源库，能够加快动画制作的速度。选择“窗口”→“公用库”命令，在弹出的子菜单中有按钮（Buttons）、类（Classes）和声音（Sounds）3 个命令。选择不同的命令，会弹出一个相应的“外部库”面板，如图 1-2-18 所示。

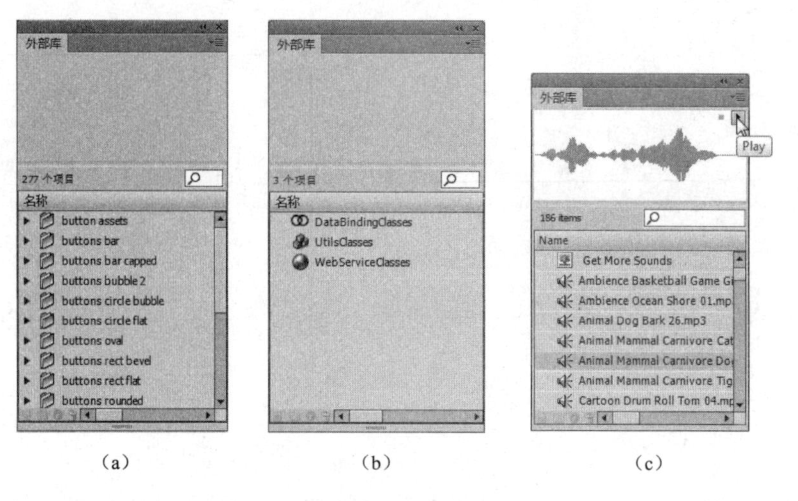

（a） （b） （c）

图 1–2–18 “公用库”面板

（a）按钮；（b）类；（c）声音

温馨提示：

① Flash CS6 精简版的公用库中可能没有声音（Sound）选项。该库中主要是一些日常生活用到的人声、动物声音和各种数码音效等。

② 某实例中对公用库中按钮的修改，不会影响公用库中按钮的样式。

操作实践

步骤 1：新建 Flash 文档并设置文档属性。启动 Flash CS6，在开始界面中选择“新建”→“ActionScript 3.0”命令，新建一个 Flash 文档，如图 1–2–19 所示。

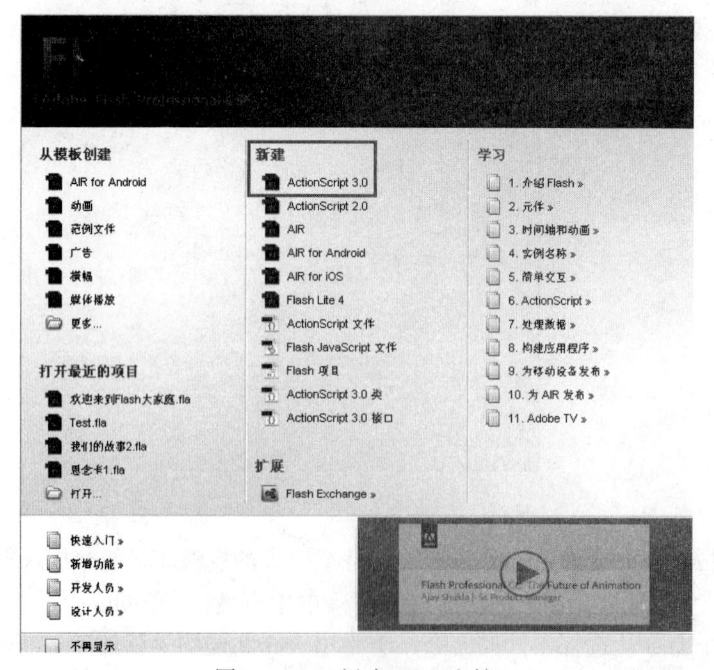

图 1–2–19 新建 Flash 文档

右键单击工作区，选择“文档属性”命令，在弹出的“文档设置”对话框中，设置背景颜色为“粉蓝色（#B0E0E6）”，“帧频”为“12”，如图 1-2-20 所示。

步骤 2：创建“小方变小圆”影片剪辑元件。

按 Ctrl+F8 组合键，创建名为“小方变小圆”的影片剪辑元件，如图 1-2-21 所示。

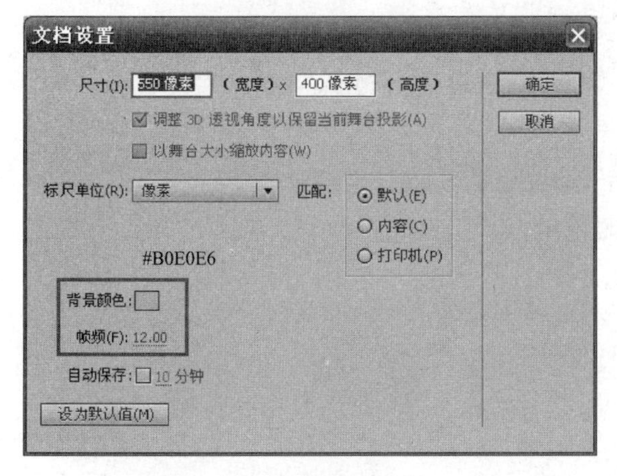

图 1-2-20　文档属性设置

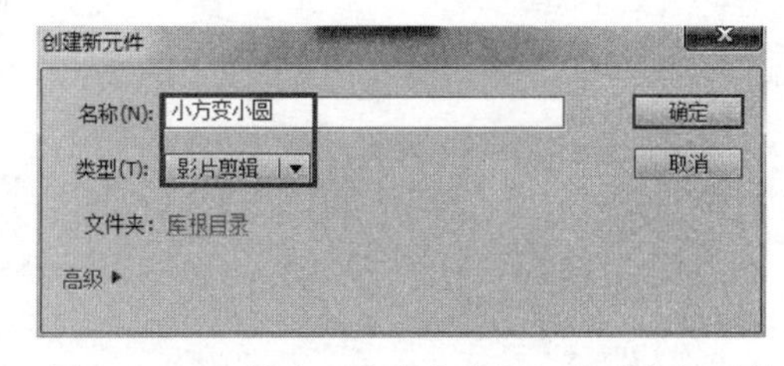

图 1-2-21　创建“小方变小圆”影片剪辑元件

在元件第 1 帧处绘制正方形。在元件编辑窗口中，选择工具栏上的“矩形工具”，在“属性”面板上设置“笔触颜色”为“无”，“填充颜色”为“咖啡色（#965617）”。按住 Shift 键，在舞台的左侧绘制一个正方形，如图 1-2-22 所示。

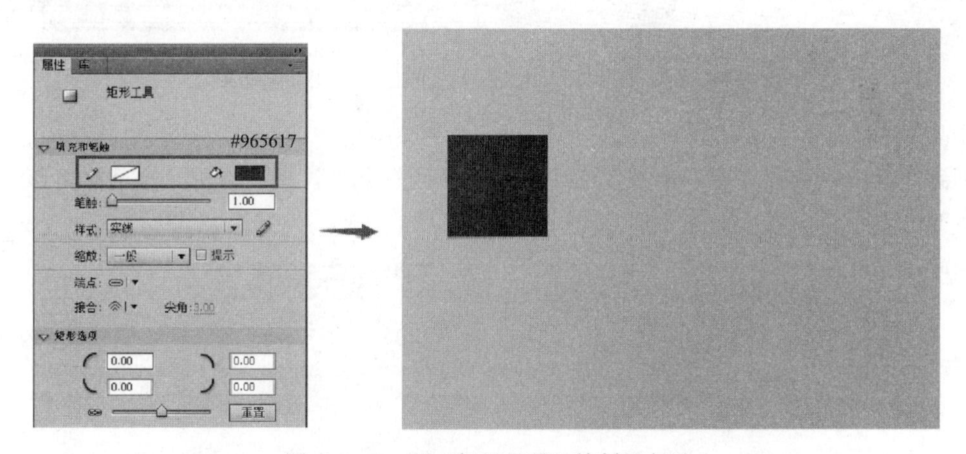

图 1-2-22　用“矩形工具”绘制正方形

在元件第 60 帧处绘制正圆形。在时间轴面板上，右键单击第 60 帧处，选择“插入空白关键帧”命令（或按 F7 快捷键），为第 60 帧插入空白关键帧。选择“椭圆工具”，在“属性”面板上设置“笔触颜色”为“无”，“填充颜色”为“粉红色（#FFC0CB）”。按住 Shift 键，在舞台的右侧绘制一个正圆形，如图 1-2-23 所示。

在关键帧之间创建形状补间动画。右键单击第 1～60 帧之间的任意一帧，选择“创建补间形状”命令，为关键帧之间创建补间形状动画，如图 1-2-24 所示。

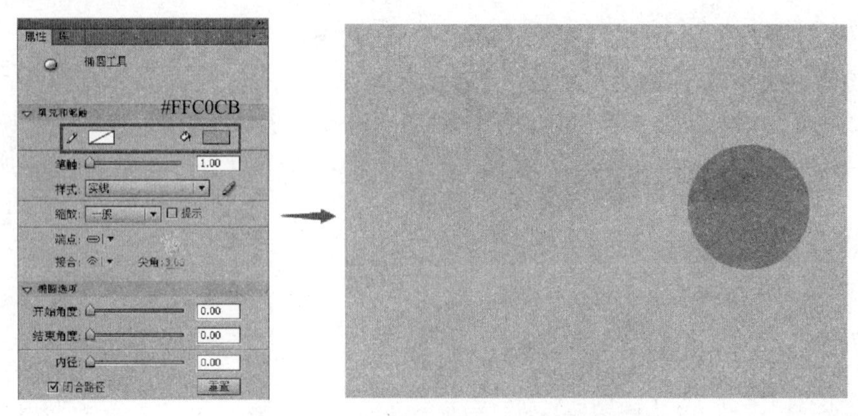

图 1–2–23 “椭圆工具”绘制正圆形

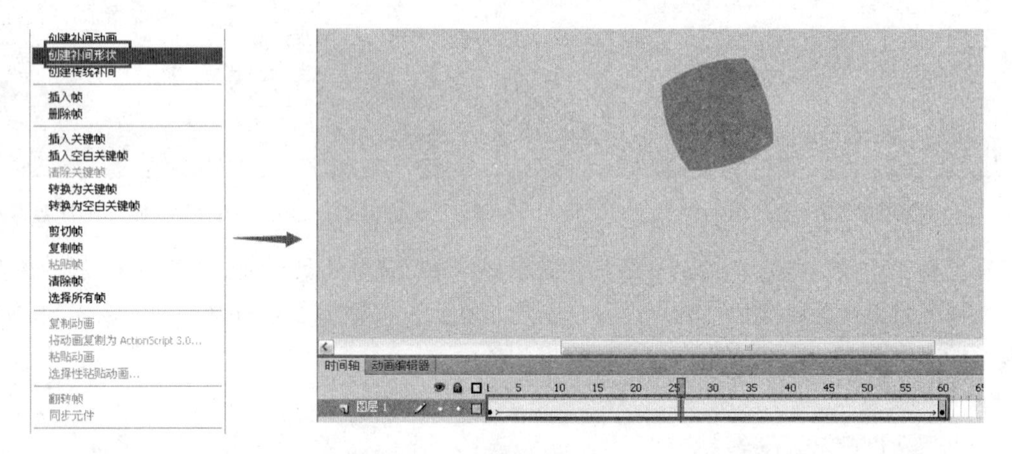

图 1–2–24 在第 1～60 关键帧之间创建形状补间动画

步骤 3：将元件拖入场景中。

回到场景中，选择“库”面板上的“小方变小圆”元件，单击鼠标，分三次将该元件拖入舞台的三个不同位置，如图 1–2–25 所示。

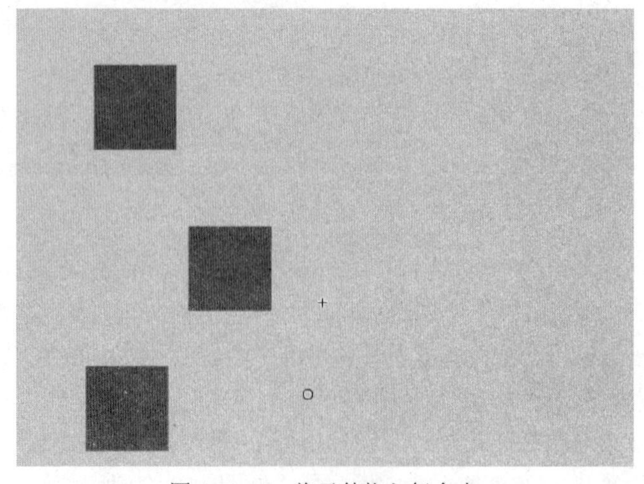

图 1–2–25 将元件拖入舞台中

步骤 4：保存并测试预览。按 Ctrl+S 组合键，将文件保存为"小方变小圆.fla"。按 Ctrl+Enter 组合键，查看动画效果。

温馨提示：

① 除了三次将元件从"库"中拖入舞台中之外，还可以运用复制、粘贴的方式，实现元件在该舞台上的多次使用。

② 影片剪辑元件和按钮元件一样，都是可以设置实例名称的。

思考探究：

① 该任务中，三个舞台上实例的动画效果一样。如果双击其中一个实例，进行动画效果的修改，比如更改正方形颜色或大小等。那么，其他两个实例效果会不会发生变化？

② 如果只想让其中一个实例的动画效果发生变化，怎么办？

任务延伸：制作变色按钮

01　新建 Flash 文档。按 Ctrl+N 组合键，新建一个名为"制作变色按钮"的 Flash 文件。

02　创建"播放"按钮元件。

① 按 Ctrl+F8 组合键，创建一个名为"播放"的按钮元件，如图 1–2–26 所示。

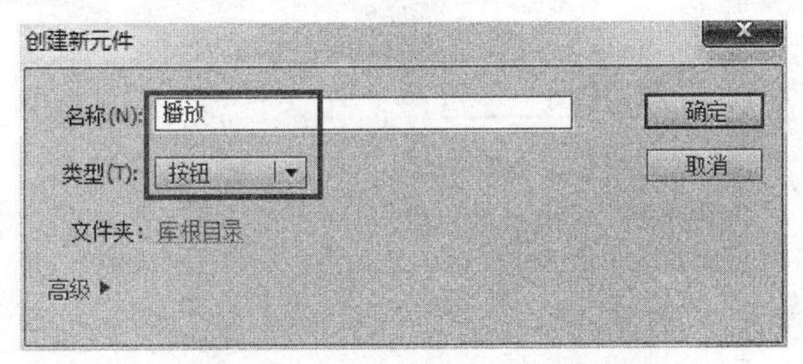

图 1–2–26　创建"播放"按钮元件

② 绘制圆角矩形。在按钮元件的编辑区，选择工具栏中的"矩形工具"，在舞台中绘制一个笔触颜色和填充颜色均为"草绿色（#99CC33）"的矩形。在"属性"面板中设置矩形的边角半径为 20，如图 1–2–27 所示。

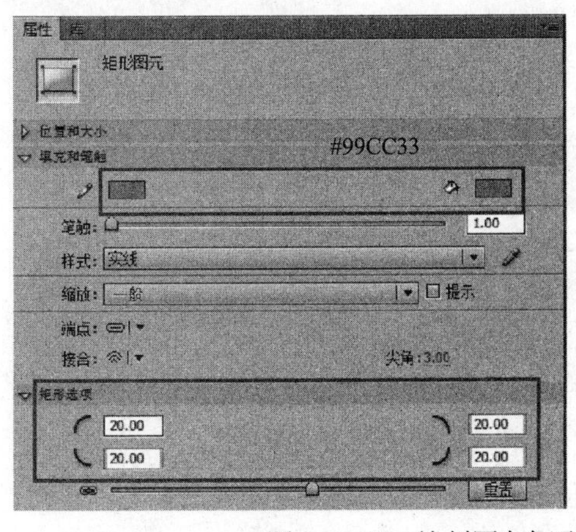

图 1–2–27　绘制圆角矩形

③ 绘制三角形。选择"多角星形工具"，在"属性"面板中，设置笔触颜色和填充颜

色均为“白色（#FFFFFF）”，单击“工具设置”的“选项”按钮，在“工具设置”对话框中，将“样式”设置为“多边形”，“边数”设置为“3”，“星形顶点大小”设置为“0.50”。如图 1–2–28 所示。

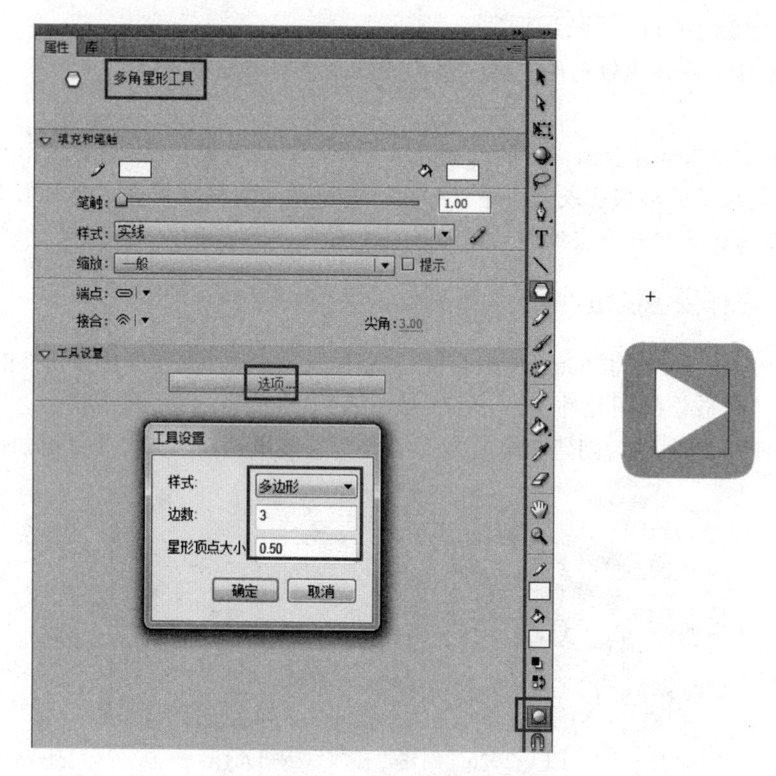

图 1–2–28 “多角星形工具”设置

④“指针经过”关键帧处，修改填充颜色。在“指针经过”处按 F6 快捷键，插入关键帧，在“颜色”面板中修改填充颜色，如图 1–2–29 所示。

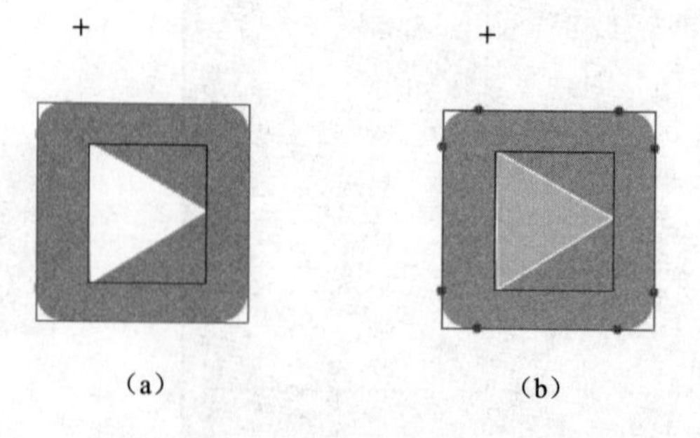

图 1–2–29 “弹起”帧和“指针经过”帧时的样式

(a)“弹起”帧；(b)“指针经过”帧

⑤ 在“弹起”帧处单击鼠标右键，选择“复制帧”命令，在“按下”帧处单击鼠标右键，选择“粘贴帧”命令，如图 1–2–30 所示。

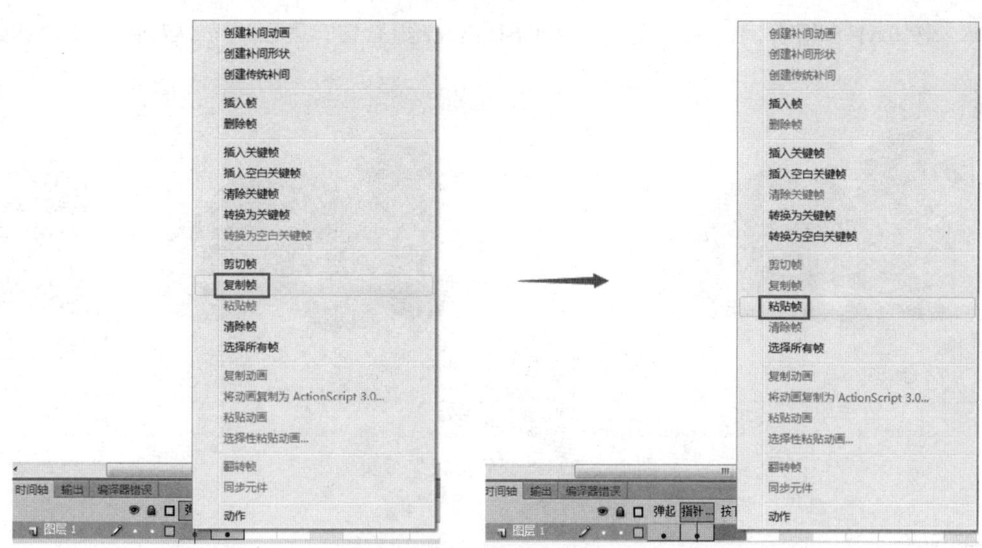

图 1-2-30　复制帧和粘贴帧

温馨提示：

① 在矩形框上绘制三角形的时候，如果三角形显示不出来，可考虑选中“工具栏”下方的“对象绘制”按钮。

② 在矩形框上绘制三角形的时候，如果三角形显示不出来，也可以考虑在新建的图层中绘制三角形。

③ 对于颜色填充不能修改的“组”来说，可以先按 Ctrl+B 组合键将其打散，再进行颜色填充的修改。

03　设置场景中的背景。

回到场景中，选择“文件”→“导入”→“导入到舞台”命令（或按 Ctrl+R 组合键），选择素材库中的“乌龟.png”图片，将背景图像导入舞台中。

04　在“图层 2”中，将“播放”元件拖入舞台。新建“图层 2”，将“库”面板中的“播放”按钮元件拖入舞台中，如图 1-2-31 所示。

图 1-2-31　拖入“播放”按钮元件

05　按 Ctrl+S 组合键，保存文档；按 Ctrl+Enter 组合键，测试预览，如图 1-2-32 所示。

Flash 效果扫一扫

图 1-2-32 “变色按钮”效果图

任务评价

报告人：	指导教师：	完成日期：
任务实施过程汇报：		
工作创新点		
小组交互评价		
指导教师评价		

思考练习

1. 选择题

（1）以下不属于 Flash CS6 中可以创建的元件类型的是（　　）。

A. 图形元件　　B. 按钮元件　　C. 声音元件　　D. 影片剪辑元件

（2）选择“插入”→“新建元件”命令或按（　　）组合键，可打开“创建新元件”对话框。

A. Ctrl+F7　　B. Ctrl+F9　　C. Ctrl+F8　　D. Ctrl+F10

（3）在按钮元件编辑区的时间轴中，（　　）是“弹起”状态，表示指针没有经过按钮时该按钮的状态；（　　）是“按下”状态，表示单击按钮时该按钮的外观状态。

A. 第 1 帧　　B. 第 2 帧　　C. 第 3 帧　　D. 第 4 帧

（4）下面关于“矢量图形”和“位图图像”的说法，正确的是（　　）。

A. 在 Flash 中能够产生动画效果的可以是矢量图形，也可以是位图图像

B. 在 Flash 中，用户无法使用在其他应用程序中创建的矢量图形和位图图像

C. 用 Flash 的绘图工具画出来的图形是位图图像

D. 矢量图形比位图图像文件的体积大

（5）Flash 具有将位图转换为矢量图形的功能，下列描述错误的是（　　）。

A.“转换位图为矢量图”命令将位图转换为具有分离颜色区域的矢量图形

B. 将位图转换为矢量图形后，矢量图形就不再与库面板中的位图元件有关系

C. 如果转换前的位图包含复杂的形状和颜色，转换后的矢量图形的文件大小可能会比原来的位图文件还大

D.“转换位图为矢量图”命令与“分离”位图命令产生相同的效果，结果都产生矢量对象

（6）在 Flash 中制作好的按钮在测试影片时，如果一直按住鼠标左键不放，此时应该显示的是按钮的（　　）。

A.“弹起”帧　　B.“指针经过”帧

C.“按下”帧　　D.“点击”帧

（7）以下有关使用元件优点的说法，错误的是（　　）。

A. 使用元件可以使影片的编辑更加简单化

B. 使用元件可以使发布文件的大小显著地缩减

C. 使用元件可以调整图片元素的不透明度

D. 使用元件可以使锚点减少，多边形得到优化

（8）把 Flash 影片和电影进行类比，其中关于元件和实例的理解，错误的是（　　）。

A. 元件好像是电影中的演员，实例是电影中的角色。元件放到舞台上使用时称作实例，就好像演员在舞台上出现时称作角色一样

B. 实例的动画要依照时间线上的设定进行，就好像角色的表演要依照剧本一样

C. 一个元件可以多次出现在舞台上，成为不同的实例，就好像一个演员可以扮演多个角色一样

D. 在舞台上双击实例可以修改元件，只会影响这个实例，就好像改变了一个角色的化妆造型，只会影响这个角色一样

（9）按钮元件的时间轴上共有 4 帧，每一帧都有特定的功能，下列描述正确的是（　　）。

A. 第一帧代表指针没有经过按钮时该按钮的状态

C. 第二帧代表单击按钮时该按钮的外观

B. 第三帧代表当指针滑过按钮时该按钮的外观

D. 第四帧定义响应鼠标单击的区域

（10）以下关于按钮元件时间轴的叙述，正确的是（　　）。

A. 按钮元件的时间轴与主电影的时间轴是一样的，而且它会通过跳转到不同的帧来响应鼠标指针的移动和动作

B. 按钮元件中包含了 4 帧，分别是弹起、按下、指针经过和点击帧

C. 按钮元件时间轴上的帧可以被赋予帧动作脚本

D. 按钮元件的时间轴里只能包含 4 帧的内容

（11）以下关于使用元件的优点的叙述，正确的是（　　）。

A. 使用元件可以使发布文件的大小显著地缩减

B. 使用元件可以使电影的播放更加流畅

C. 使用元件可以使电影的编辑更加简单化

D. 以上均是

（12）以下关于按钮元件点击帧的叙述，错误的是（　　）。

A. 点击帧定义了按钮响应鼠标单击的区域

B. 点击帧位于按钮元件的第 4 帧

C. 点击帧的内容在舞台上是不可见的

D. 如果不指定点击帧，按下帧中的对象将被作为点击帧

（13）关于按钮元件的说法，错误的是（　　）。

A. 可以在按钮元件中使用图层，但不能使用遮罩层或运动引导层

B. 可以将按钮实例的 Alpha 属性调整为 0，虽然看不到按钮，但是同样可以被点击，触发脚本

C. 可以在按钮元件的“弹起”帧中插入影片剪辑元件，这样按钮就可以在没有鼠标操作时自动循环播放动画

D. 可以将按钮点击的范围设置在按钮图形之外

（14）下列关于按钮元件“点击”帧的叙述中错误的是（　　）。

A. 点击帧定义了按钮响应鼠标单击的区域

B. 点击帧位于按钮元件的第 4 帧

C. 点击帧的内容在舞台上是不可见的

D. 如果不指定点击帧，指针经过帧中的对象形状区域将被作为点击帧

（15）以下关于按钮元件的叙述，错误的是（　　）。

A. 按钮元件里面的时间轴上最少能放置 4 帧

B. 它可以显示不同的图像或动画，分别响应不同的鼠标状态

C. 按钮元件的第 4 帧则定义了按钮的激活区域

D. 按钮元件是三种元件类型中的一种

2. 判断题

（1）Flash 制作的动画是矢量的，当对动画放大很多倍的时候，图像会失真。（　　）

（2）一个元件只能在舞台中建立一个实例。（　　）

（3）图形元件只能制作出静态画面，不能制作出动画效果。（　　）

任务拓展

在“制作变色按钮”实例示范的基础上，参考“播放”按钮的制作过程，采取“直接复制”元件的方式在该动画文档中添加一个“暂停”按钮和一个“停止”按钮，如图 1-2-33

所示。对学有余力的同学，可查阅本书后面 ActionScript 项目内容或相关书籍，试着用这些按钮实现音乐播放、暂停和停止的控制。

Flash 效果扫一扫

图 1–2–33　增加按钮

温馨提示：

① 选择“库”中的“播放”按钮元件，单击鼠标右键，选择“直接复制”命令，可以实现元件的复制，如图 1–2–34 所示。

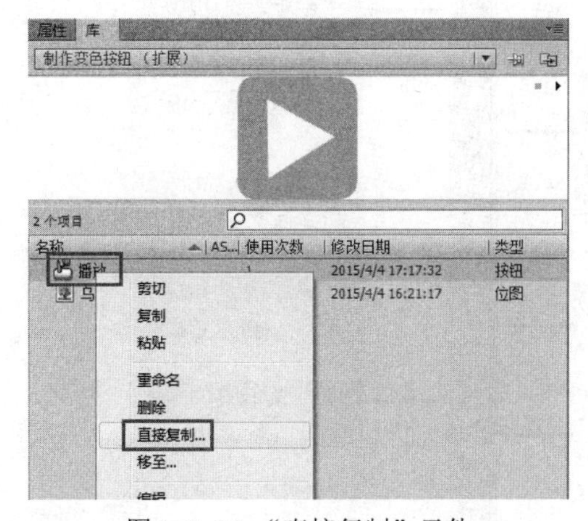

图 1–2–34　“直接复制”元件

② 声音控制 ActionScript 脚本主要包括暂停命令，即“stop( );”；播放命令，即“play( );”；停止命令，即“gotoAndStop(1);”。它们都可以放在 on（press）事件中。

项目 2

图形的绘制与编辑

Flash CS6 是一款非常优秀的交互式矢量动画制作软件，为用户提供了丰富的用于图形绘制和编辑的各种工具。这些工具非常有特色，如果使用得当，完全可以实现想要的图形。Flash CS6 的工具栏如图 2-1-1 所示。

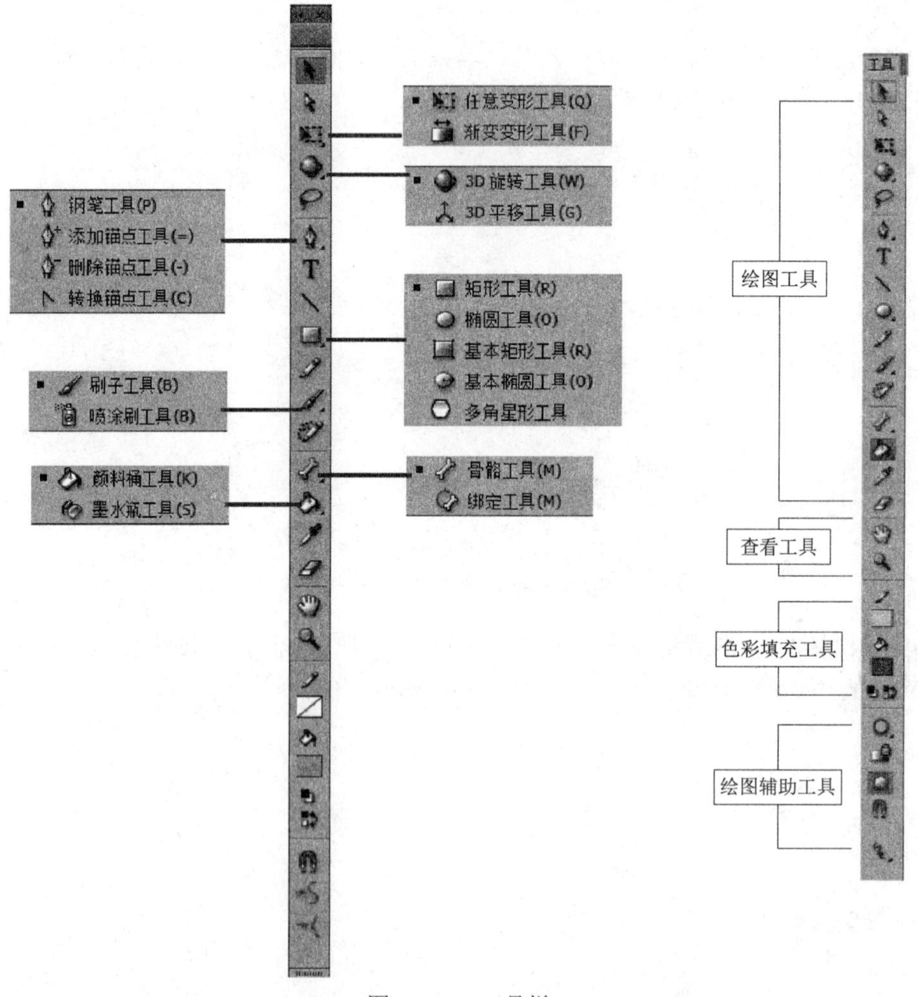

图 2-1-1　工具栏

用 Flash 绘图，一般先绘制物体的外形轮廓，然后再填充颜色。因此，根据各工具的不同功能，可以将其分成三大类：绘图工具、色彩填充工具和绘图辅助工具。

任务 2.1　绘制立体五角星

任务描述

本任务练习绘制立体五角星，主要使用“多角星形工具”和“线条工具”绘制立体五角星的轮廓，使用“颜料桶工具”进行颜色的填充。 最终效果如图 2-1-2 所示。

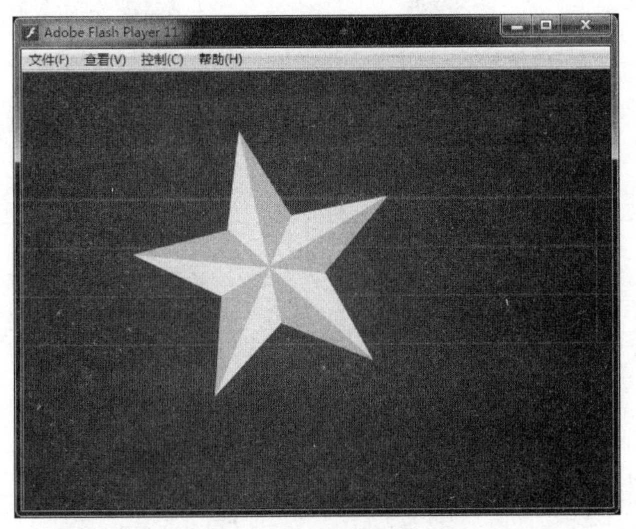

图 2-1-2　立体五角星效果图

Flash 效果扫一扫

任务目标

1. 了解常用的绘图工具、颜色填充工具。
2. 掌握多角星形工具和线条工具的使用方法。
3. 理解并区分笔触颜色和填充颜色，同时能够进行纯色、线性渐变和径向渐变的填充。
4. 了解 Flash 中立体效果图实现的一种方法。

任务实施

知识储备

2.1.1　两种常见的绘图模式

在 Flash 的工具栏中选择矩形工具、椭圆工具、多角星形工具、线条工具、钢笔工具和铅笔工具时，在工具栏下方会显示附属工具“对象绘制”按钮，单击此按钮可以进行绘图模式的切换。

Flash 中有两种绘制模式：合并绘制模式和对象绘制模式，为绘制图形提供了极大的灵活性。其中，在合并绘制模式下绘制重叠的图形时，会自动进行合并；而对象绘制模式允许将图形绘制成独立的对象，且在叠加时不会合并。两种模式的区别见表 2–1–1。

表 2–1–1　合并绘制与对象绘制的区别

序号	绘制模式	举例说明		备注
		移动圆形之前	移动圆形之后	
1	合并绘制（不选）（默认情况下，Flash CS6 大部分绘图工具处于合并绘制模式）			移动圆形导致重叠部分被删除
2	对象绘制（选中）			移动圆形并不会影响矩形

选择了对象绘制之后，绘制的图形都自动转换为“组”，图形和图形之间不会互相干扰。但是，在 Flash CS6 的“修改”菜单下的“合并对象”中，有联合、交集、打孔、裁切四个选项。这些命令可以改变现有对象的形状，创建更为复杂的图形。对它们的区别总结见表 2–1–2。

表 2–1–2　合并对象菜单的四种操作

原始图形	“联合”后	“交集”后	“打孔”后	“裁切”后
说明	两个圆变为一个整体对象	保留重叠区域中的上方图形	保留重叠区域以外的下方图形	保留重叠区域中的下方图形

2.1.2　钢笔工具

工具栏中的钢笔工具（快捷键：P）不仅可以创建直线、曲线和混合线等，还可以绘制精确的路径。在其“属性”面板上可以设置笔触的颜色、粗细和样式等，如图 2–1–3 所示。

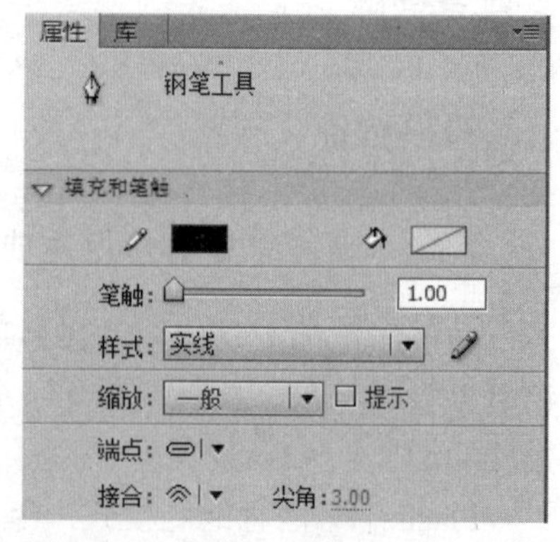

图 2–1–3　钢笔工具的“属性”面板

钢笔工具是以绘制锚点（也称为节点）的方式来绘制线条的，在绘制完成后，能对绘制的线条进行调整。钢笔工具有多个绘制状态，在不同的绘制状态下，钢笔工具的指针显示不同的样式。单击工具栏上的“钢笔工具”，可以

得到钢笔工具的四种绘制状态：连续锚点、添加锚点、删除锚点、转换锚点。其中连续锚点是钢笔工具的默认状态，如图 2–1–4 所示。

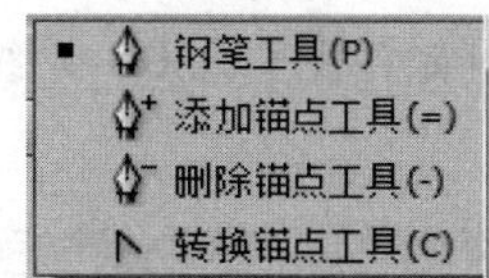

图 2–1–4　钢笔工具的四种常见绘制状态

在绘制过程中，钢笔工具还可以呈现更多的绘制状态。钢笔工具不同的绘制状态的说明总结见表 2–1–3。

表 2–1–3　钢笔工具的绘制状态

序号	钢笔工具的绘制状态	具 体 说 明	备　注
1	初始锚点指针	该指针是选择钢笔工具后在舞台上看到的第一个指针，表示单击鼠标时将创建初始锚点，它是新路径的开始	
2	连续锚点指针	下一次单击鼠标时将创建一个锚点，并用一条直线与前一个锚点相连接	
3	添加锚点指针	下一次单击鼠标时将向现有路径添加一个锚点。添加锚点之前，必须选择路径	按住 Alt 键，可切换为删除锚点
4	删除锚点指针	下一次在现有路径上单击鼠标时删除一个锚点。删除锚点之前，必须选择路径	按住 Alt 键，可切换为添加锚点
5	转换锚点指针	将不带方向控制线的转角点转换为带有独立方向控制线的转角点	按住 Shift+C 组合键，可切换到转换锚点指针
6	闭合路径指针	单击正在绘制的路径的起始点处，实现路径闭合	

2.1.3　其他绘图工具

除了钢笔工具，Flash 中还有线条工具、椭圆工具、矩形工具、铅笔工具及刷子工具等绘图工具。

1. 线条工具

线条工具（快捷键：N）是 Flash 中较为简单的一种绘图工具。选择线条工具，移动鼠标到舞台中，在直线起始位置按住鼠标左键进行拖动，然后到结束位置释放鼠标即可。

和钢笔工具一样，选择线条工具时，可在其“属性”面板上对线条的颜色、粗细和样式等进行设置，如图 2–1–5 所示。

单击笔触样式后的“编辑笔触样式”按钮，在打开的“笔触样式”对话框中可以自定义线条的样式及粗细等，如图 2–1–6 所示。

2. 椭圆工具

使用椭圆工具（快捷键：O）可以绘制出各种各样的椭圆、正圆、同心圆、空心圆、实心圆、扇形等。选择椭圆工具，在舞台上拖动鼠标即可绘制椭圆。

在“椭圆工具”的属性面板中，可以设置“开始角度”值和“结束角度”值（0°～360°），从而绘制出扇形，如图 2–1–7 所示。扇形的角度值以水平向右为 0°，按顺时针增加。设置“内径”的值（0～99），可以绘制出圆环。“内径”值越大，内圆就越大。椭圆工具绘制的扇形（“开始角度”为 0°，“结束角度”为 60°）、圆环（“内径”为 30°）和扇形环如图 2–1–8 所示。

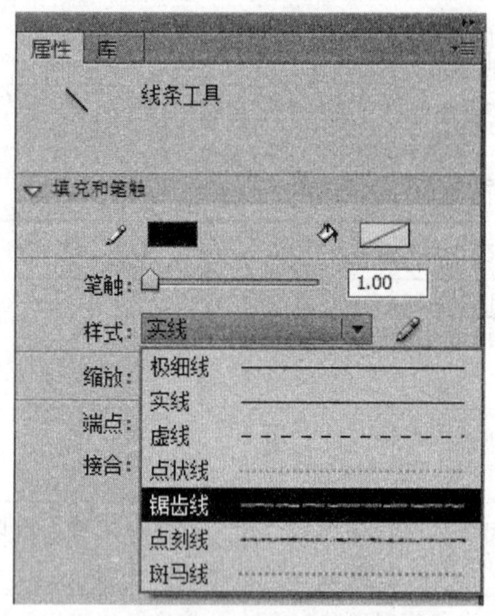

图 2–1–5　线条工具的“属性”面板

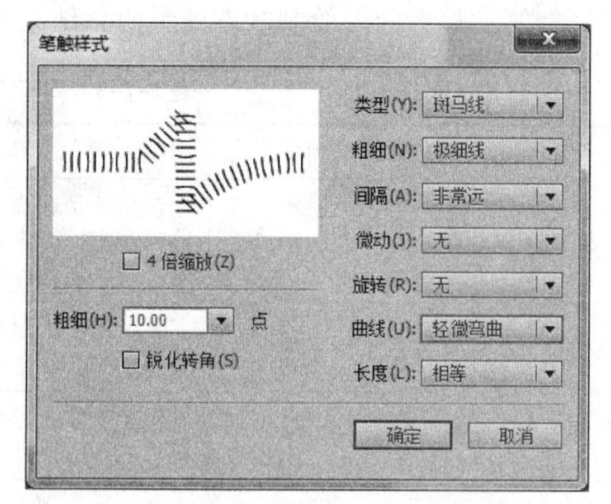

图 2–1–6　自定义线条工具的“笔触样式”

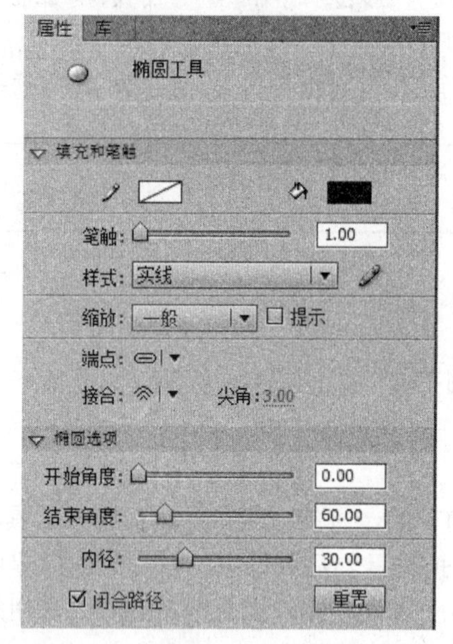

图 2–1–7　椭圆工具的“属性”面板

图 2–1–8　椭圆工具绘制的扇形、圆环

图 2–1–9　矩形工具绘制出的圆角矩形

3. 矩形工具

使用矩形工具（快捷键：R）可以绘制出长方形、正方形、圆角矩形等。通过设置矩形工具“属性”面板中的“矩形选项”值，可以绘制出类似于图 2–1–9 所示的圆角矩形。

4. 铅笔工具

铅笔工具（快捷键：Y）是一种比较自由的线条绘制工具，可以绘制任意形状的线条。通过铅笔工具的“属性”面板可以对铅笔工

具的笔触颜色、粗细和样式进行设置。

选择铅笔工具后，工具栏中显示附属工具“铅笔模式”，单击按钮，弹出的下拉列表中包括“伸直”“平滑”和“墨水”三个选项。

（1）伸直模式：该模式（默认模式）下绘制的线条自动伸直，使其尽量直线化，并可将近似于三角形、椭圆、矩形和正方形的图形转换为标准的几何图形。

（2）平滑模式：可以在绘制过程中将线条自动平滑，使其尽可能成为有弧度的曲线。

（3）墨水模式：在绘制过程中保持线条的原始状态，更接近手绘的效果。

5. 刷子工具

刷子工具（快捷键：B）能绘制出笔刷一样的笔触，就好像在涂色一样，其“属性”面板如图 2–1–10 所示。在其中可以设置刷子的颜色和平滑度。对于安装数位板（或绘图板）的电脑，刷子工具的使用效果会更好。

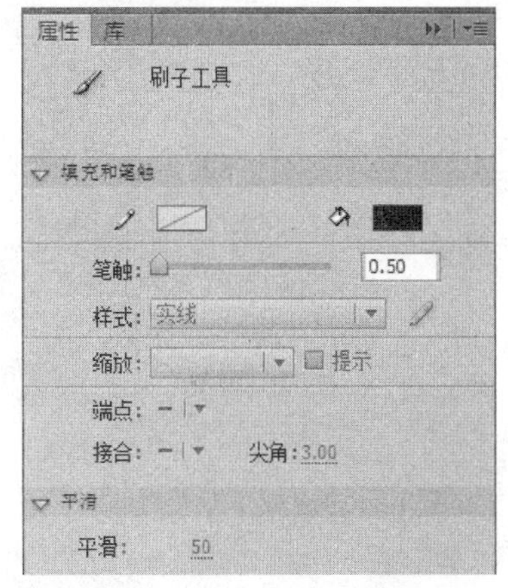

图 2–1–10　“刷子工具”的属性设置

温馨提示：

① 当使用线条工具绘制水平、垂直或 45° 倾斜直线时，可按住 Shift 键实现。

② 当使用椭圆工具绘制正圆时，可按住 Shift 键实现。

③ 当使用铅笔工具绘制水平、垂直直线时，可按住 Shift 键实现。

④ 刷子工具不可设置笔触颜色和样式。

2.1.4　颜料桶工具

颜料桶工具（快捷键：K）可以改变图形的内部填充颜色，通过对颜料桶的设置可以在相对封闭的区域内填充单色、渐变色和位图。

选择颜料桶工具后，在工具栏的下方有一个“空隙大小”按钮，单击该按钮后可以看到四个空隙大小的选项，如图 2–1–11 所示。对于图形填充，若选择“封闭中等空隙”或“封闭大空隙”，没有任何作用，可以使用“放大镜工具”缩小图形，然后再使用颜料桶工具进行填充，颜色就容易被填充上。

不封闭空隙
封闭小空隙
封闭中等空隙
封闭大空隙

图 2–1–11　颜料桶工具下的空隙大小选项

操作实践

步骤 1：新建 Flash 文档并进行文档设置。

启动 Flash CS6 平台，按 Ctrl+N 组合键，新建一个 Flash 文档。右键单击工作区，选择“文档设置”命令。设置文档“尺寸”为“550×400”，“帧频”为“12” fps，如图 2–1–12 所示。

步骤 2：绘制矩形。

选择“矩形工具”，在“属性”面板上选择“填充颜色”为“红—深红”径向渐变（颜色条两边的值分别为“#FF3300”和“990000”），绘制一个和舞台大小一样的矩形，如图 2–1–13 所示。

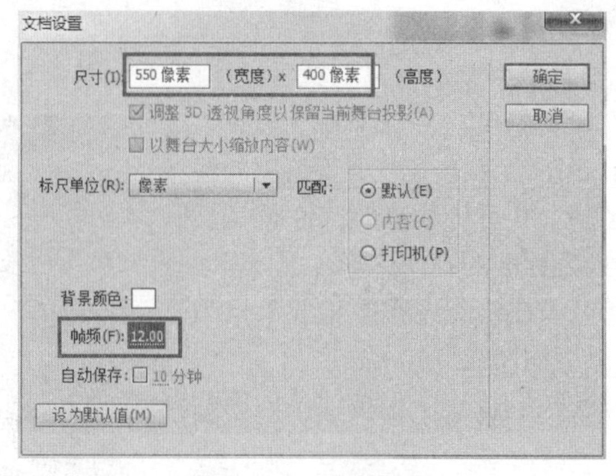

图 2–1–12　文档设置

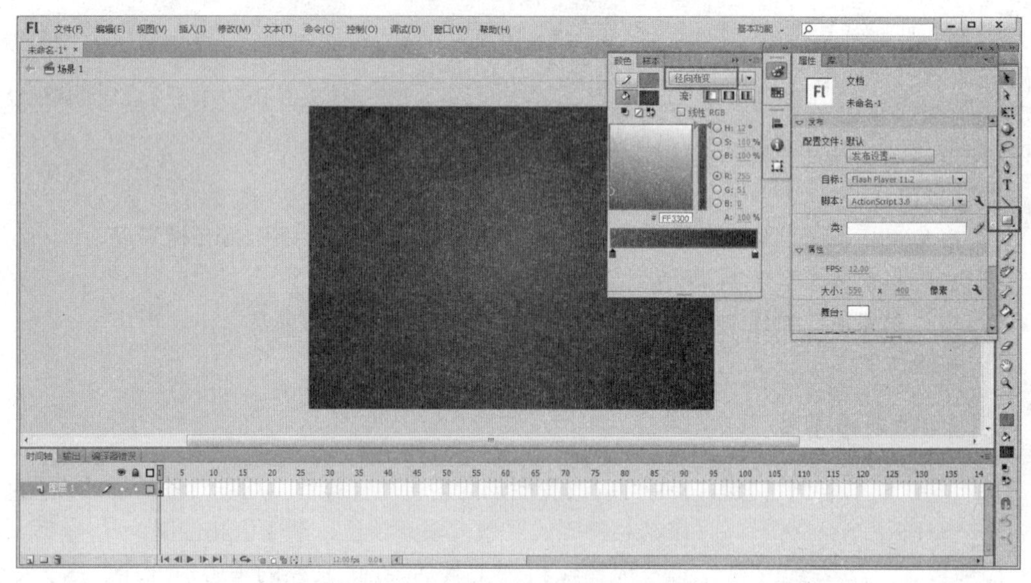

图 2–1–13　绘制“径向渐变”的矩形

图 2–1–14　矩形形状设置

温馨提示：

① 为保证绘制的矩形和舞台大小一致且完全重叠，可选择“属性”面板进行大小和坐标的设置，如图 2–1–14 所示。

② 径向渐变也称为放射状渐变。它是由几个色标控制的均匀过渡的渐变色。以起始点（左）为圆心，到结束点（右）的距离为半径，进行球形填充。

步骤 3：在“图层 2”上绘制五角星。

在时间轴面板上新建“图层 2”。选择“多角星形工具”，在“属性”面板中设置笔触颜色为“无”，填充颜色为“黄色（#FFFF00）”。单击“选项”按钮，在“工具设置”对话框中，“样式”选择“星形”，“边数”为“5”，绘制五角星，如图 2–1–15 所示。

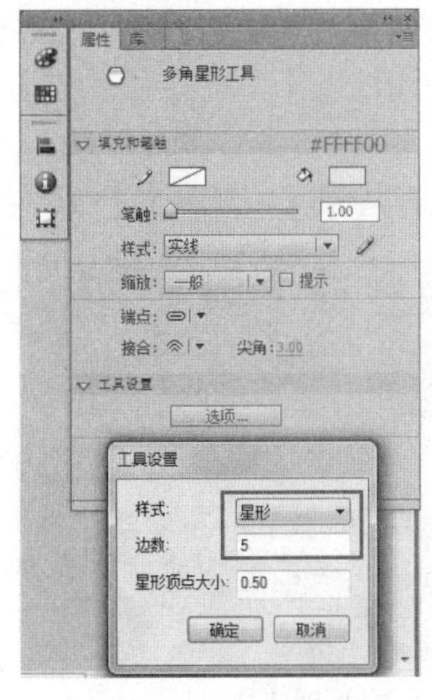

图 2–1–15　使用“多角星形工具”绘制五角星

步骤 4：在“图层 2”上绘制线条。

选择“线条工具”，在五角星图形上绘制出多条对角直线。绘制好线条后，该五角星被分成 10 个三角形区域，每个区域都可以被选择，如图 2–1–16 所示。

图 2–1–16　绘制线条

温馨提示：

为了使绘制对角直线后的五角星可以被分区域选择，在绘制对角线时可以拉长一些，以保证每一个区域都是闭合的，这样，为后面的选择和颜色填充做好准备，如图 2–1–17 所示。

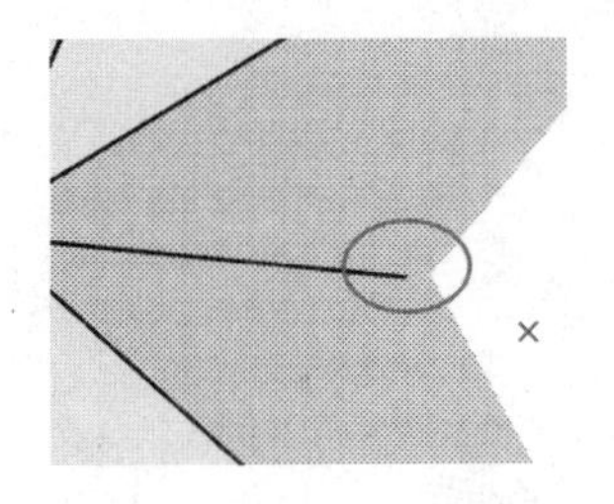

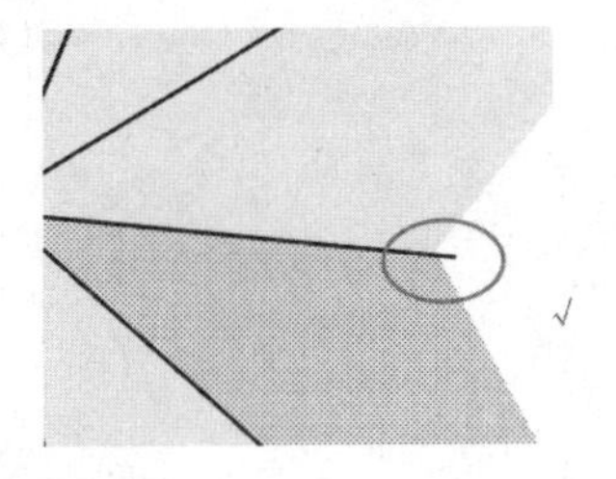

图 2–1–17　绘制线条

步骤 5：修改填充的颜色。

选择“颜料桶工具”，在“属性”面板上，设置填充颜色为“金黄色（#FFCC00）”，为五角星中的 5 个间隔区域分别填充该颜色，如图 2–1–18（a）所示。

步骤 6：删除线条。

选择“选择工具”，选中五角星上的线条，按 Delete 键将其删除，如图 2–1–18（b）所示。

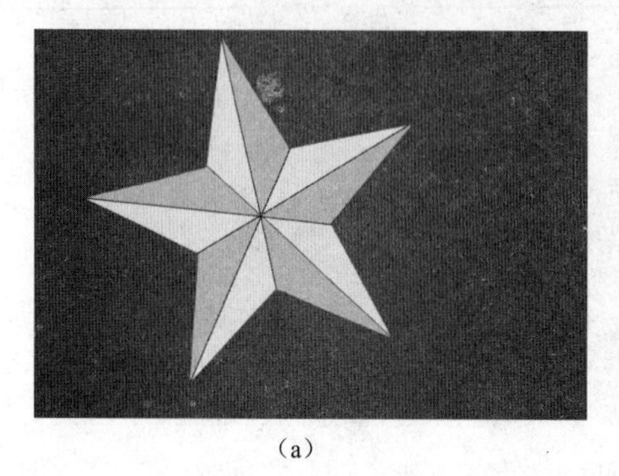

（a）

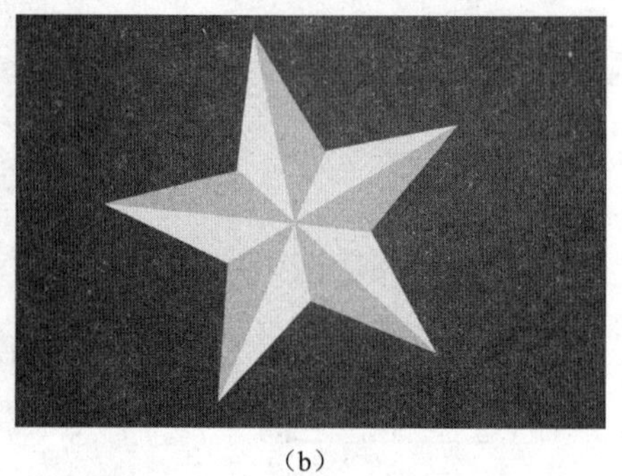

（b）

图 2–1–18 填充颜色和删除线条

步骤 7：按 Ctrl+S 组合键，保存文档；按 Ctrl+Enter 组合键，测试预览。

温馨提示：

线条绘制或编辑时，对局部细节进行处理时，经常会用 Ctrl + +组合键进行放大处理。

任务延伸：绘制小孩笑脸

效果图如图 2–1–19 所示。

图 2–1–19 小孩笑脸效果图

01 按 Ctrl+N 组合键新建一个 Flash 文档，选择工具箱中的“椭圆工具”，在舞台上绘制三个椭圆。

02 使用“选择工具”，按住 Shift 键选中三个椭圆的弧线部分，并按 Delete 键删除，得到脸部轮廓曲线，如图 2–1–20 所示。

Flash 效果扫一扫

03 选择“颜料桶工具”，设置“填充颜色”为黄色（#FFCC66），在脸部轮廓内单击鼠标左键填充颜色。

04 新建“图层 2”，选择“线条工具”，设置“笔触颜色”和“笔触高度”分别为黑色和 3.5，在头像上绘制眼睛和嘴。

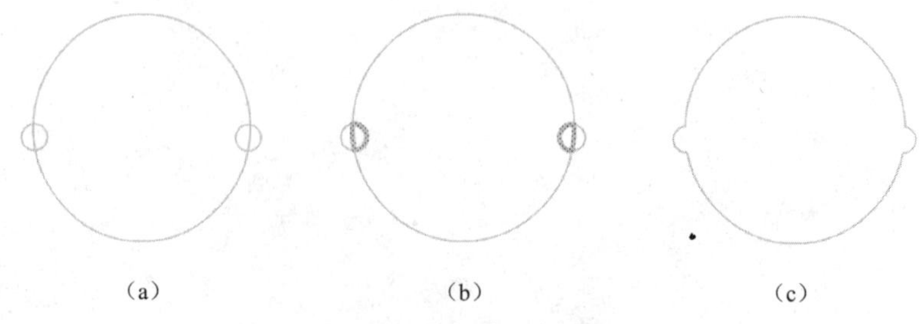

（a） （b） （c）

图 2–1–20 绘制三个椭圆并删除多余部分

05 使用“选择工具”，将鼠标指针移动到眼睛的直线下方，当鼠标出现小圆弧时，向下

拖动鼠标，将直线转换为弧线。同理，将另两条直线也转换成弧线，如图 2–1–21 所示。

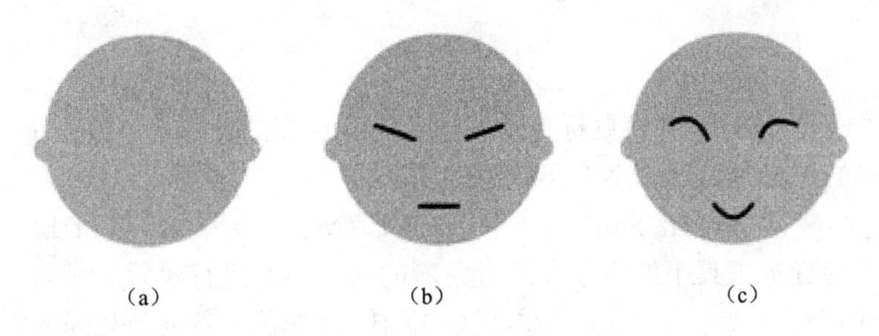

图 2–1–21　填充颜色并绘制眼睛和嘴

06　新建“图层 3”，选择“铅笔工具”，设置“笔触颜色”和“笔触高度”分别为褐色（#663300）和 3.5，在附属工具中设置“铅笔模式”为“平滑”，在人物头上绘制线条作为头发，如图 2–1–22 和图 2–1–23 所示。

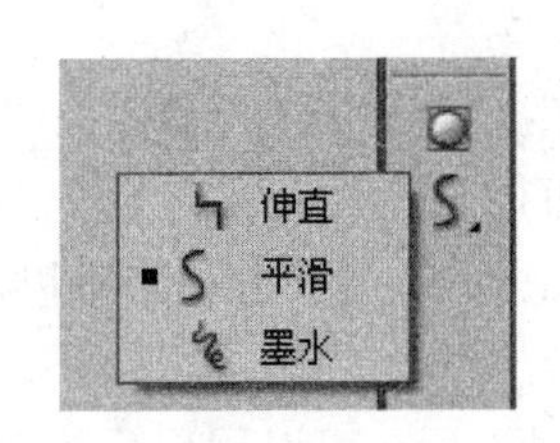

图 2–1–22　设置“平滑”铅笔模式

图 2–1–23　绘制头发效果

任务评价

报告人：	指导教师：	完成日期：
任务实施过程汇报：		
工作创新点		
小组交互评价		
指导教师评价		

思考练习

选择题：

（1）选中“选择工具”，并将鼠标移动到舞台中要选择的图形上，按住（　　）键，然后依次单击要选择的图形，可选择多个不相邻的图形。

A. Ctrl　　B. Shift　　C. Alt　　D. Tab

（2）使用渐变变形工具不能对径向渐变色彩的（　　）进行设置。

A. 填充方向　　B. 渐变色中各纯色之间的距离

C. 缩放渐变范围　　D. 填充位置

（3）在 Flash 的绘图工具中，可以同时产生笔触和填充的工具是（　　）。

A. 铅笔工具、线条工具和椭圆工具　　B. 矩形工具、椭圆工具和多角星形工具

C. 刷子工具、铅笔工具和多角星形工具　　D. 线条工具、椭圆工具和矩形工具

（4）下面关于使用“钢笔”工具说法，错误的是（　　）。

A. 当需要绘制精确路径时，可以使用“钢笔”工具

B.“钢笔”工具可以创建直线或曲线，并且可以调节直线的角度和长度，修改曲线的弧度

C. 可以通过调节线条上的点来调节直线和曲线，曲线可以转换为直线，反之亦然

D. 使用“钢笔”工具绘图时，直接单击舞台可以创建曲线，单击并拖动则可以沿拖动方向创建直线

（5）如果希望将舞台上的一个对象复制并沿水平方向移动，那么可以用鼠标拖动该对象，并同时按下键盘上的（　　）键。

A. Alt 和 Shift　　B. Alt 和 Ctrl

C. Shift 和空格　　D. Alt 和空格

（6）绘制一个只有外围框线的空心矩形，应该使用的方法是（　　）。

A. 选择“空心矩形工具”绘制

B. 选择“矩形工具”绘制，填充色选择“无”

C. 选择“矩形工具”绘制，在选项中选择“只绘制框线”

D. 选择“基本矩形工具”绘制，在属性中不要勾选填充选项

（7）对于绘制好的线条，如果希望删除尖角上的锚记点，可以使用（　　）。

A. “部分选取工具”　　B. “删除锚点工具”

C. “铅笔工具”　　D. “线条工具”

（8）观察图 2-1-24，调整这个参数的作用是（　　）。

图 2-1-24　参数调整

A. 编辑线型的样式　　B. 设定矩形的圆角

C. 设定椭圆长、短轴的长度　　D. 调整边缘柔化程度

（9）使用“钢笔工具”绘制如下路径（如图 2–1–25 所示），若想将线条封闭起来，可以使用（　　）来完成。

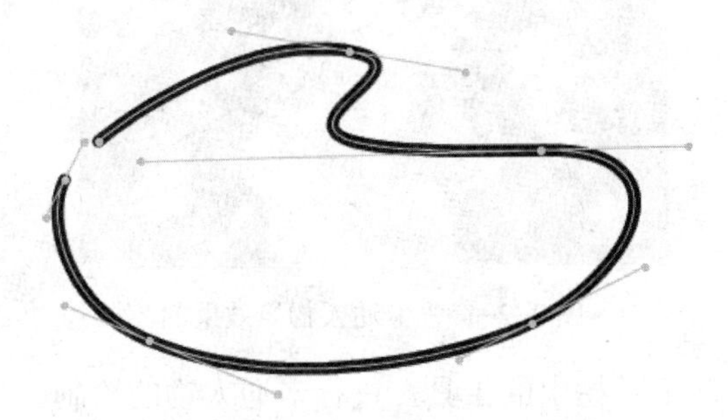

图 2–1–25　路径

A. 部分选取工具　　B. 钢笔工具

C. 选择工具　　D. 任意变形工具

任务拓展

（1）综合使用绘图工具、编辑工具和填色工具绘制如图 2–1–26 所示的小狗图形。

（2）利用工具栏中的椭圆工具、铅笔工具和填充工具，绘制如图 2–1–27 所示的蛋糕。

图 2–1–26　小狗

图 2–1–27　蛋糕

任务 2.2　绘制卡通人物

任务描述

在 Flash 创作过程中，角色造型设计是最为重要的工作之一。角色造型设计的主要任务就是塑造出个性化的、有感染力的、典型的人物形象。人物绘制就是常常进行 Flash 动画创作的工作之一，如图 2–2–1 所示。

Flash 效果扫一扫

图 2-2-1 “卡通人物”效果图

本次任务是通过 Flash 工具栏中的工具，进行卡通人物的绘制。

本次任务涉及的工具使用情况见表 2-2-1。

表 2-2-1 任务实现归纳

序号	工具名称（工具图标）	实 现 目 的
1	钢笔	绘制出轮廓线条（比如眼眶、嘴巴的轮廓线条）
2	铅笔	绘制局部线条
3	选择	调整线条；删除线条
4	椭圆	绘制出椭圆（比如头部、眼睛的椭圆部分）
5	颜料桶	填充颜色

任务目标

1. 了解卡通人物绘制的基本思路。
2. 掌握钢笔工具、铅笔工具、选择工具、椭圆工具等使用方法。
3. 掌握颜色填充的方法。
4. 掌握素材文件的使用方法。

任务实施

知识储备

2.2.1 颜色的填充

在任务 2.1 中已经为大家简单介绍了颜料桶工具的使用，本节通过“颜色”面板的使用，着重为大家介绍不同的颜色填充方式。

“颜色”面板是 Flash CS6 中常用的面板之一。在“颜色”面板中，可以选择笔触颜

色、填充颜色和填充类型等。填充类型分为：无、纯色、线性渐变、径向渐变和位图填充，如图 2–2–2 所示。

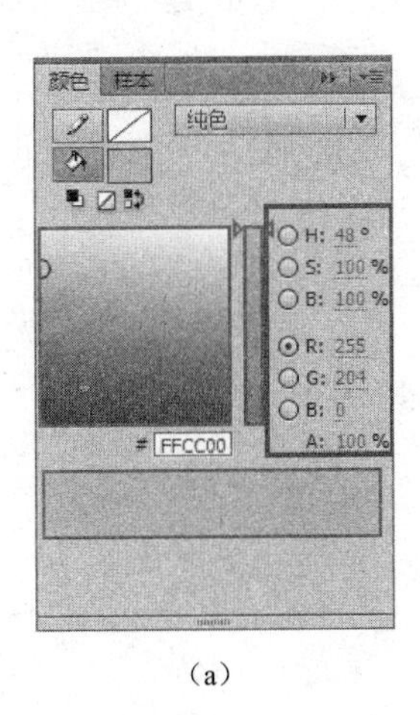

（a）

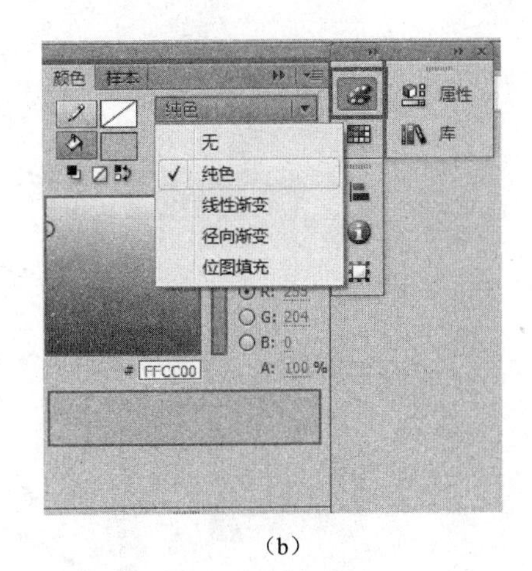

（b）

图 2–2–2　“颜色”面板

（a）HSB 和 RGB 设置；（b）填充设置

（1）纯色填充：在图形中只能填充一种颜色，这是 Flash 制作中最基本的填充颜色的方式。

其中，对于颜色的选取，可以单击颜色图案区域，也可以进行 HSB（H 代表色相、S 代表饱和度、B 代表亮度）设置或 RGB（R 代表红色、G 代表绿色、B 代表蓝色）设置。此外，还可以进行颜色透明度（即 Alpha 值）的设置。

（2）线性渐变填充：沿着一根轴线（水平或垂直）改变颜色，颜色从起点到终点进行顺序渐变，如图 2–2–3 所示。

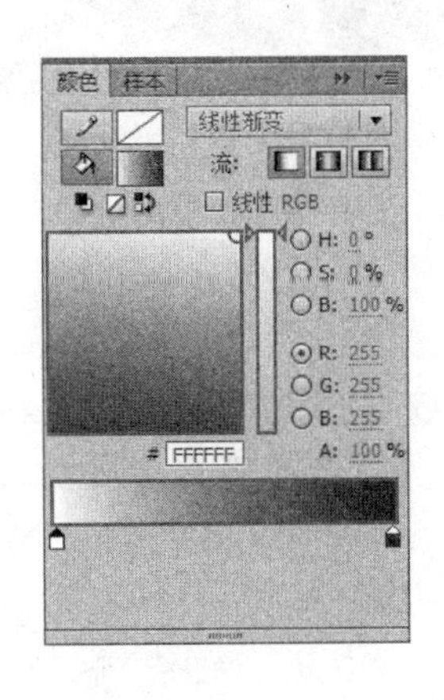

图 2–2–3　线性渐变填充

（3）径向渐变填充：从起点到终点，颜色从内到外进行圆形渐变。这是由几个色标控制的均匀过渡的一种渐变效果。径向渐变中，以起始点（左）为圆心，到结束点（右）的距离为半径，进行圆形填充，如图 2–2–4 所示。

（4）位图填充：使用导入的位图进行填充。比如，选择“椭圆工具”，在“属性”面板上选择“位图填充”，导入位图文件。在舞台上绘制一个椭圆，如图 2–2–5 所示。

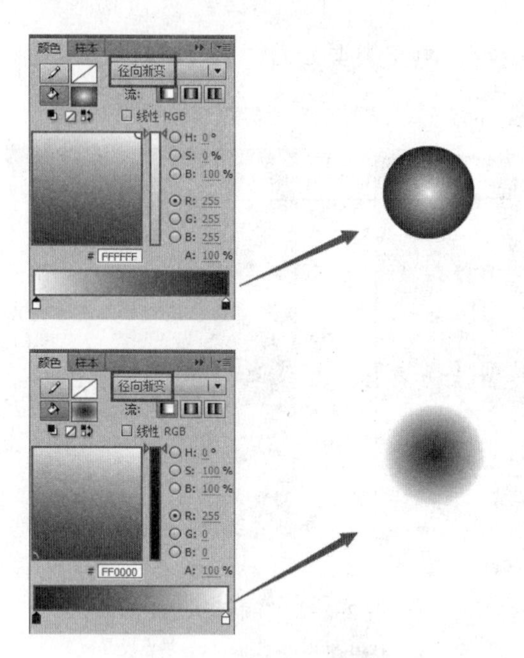

图 2–2–4 径向渐变填充

图 2–2–5 位图填充

2.2.2 工具栏中的其他工具

1. 任意变形工具

任意变形工具（快捷键：Q）用于对图形进行缩放、扭曲、封套和旋转等变形。在工具栏中选择“任意变形工具”，再单击舞台上一个对象，各种变形操作如图 2–2–6 和图 2–2–7 所示。

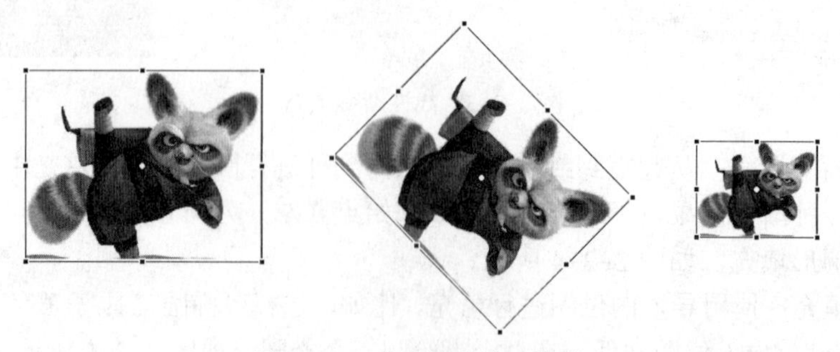

图 2–2–6 位图的旋转、缩放

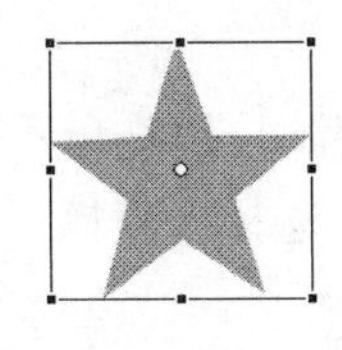
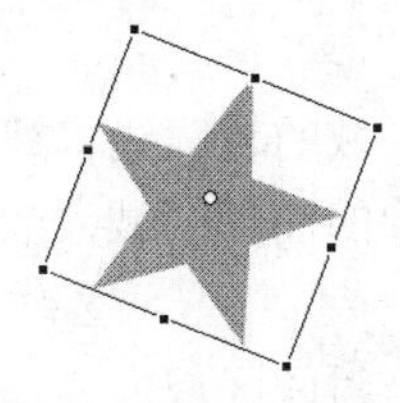

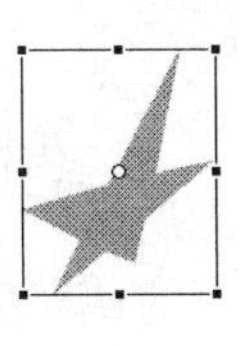
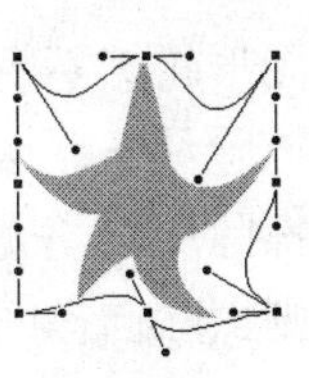

图 2–2–7　形状的各种变形操作（旋转、缩放、扭曲和封套）

温馨提示：

① 任意变形工具可以对所有对象进行缩放和旋转操作，如果选择的对象是一个非元件或非成组的矢量图形，还可以进行扭曲和封套操作。

② 变形的中心点就是在变形中保持不变的点，是变形的参照点。变形的参照点可以根据不同的需求进行调整，如图 2–2–8 所示。

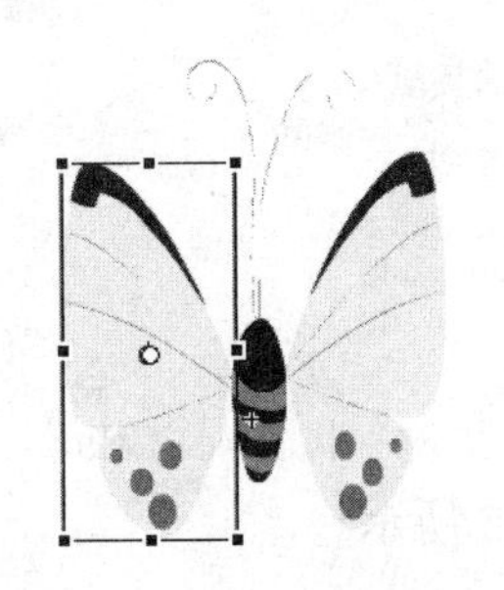
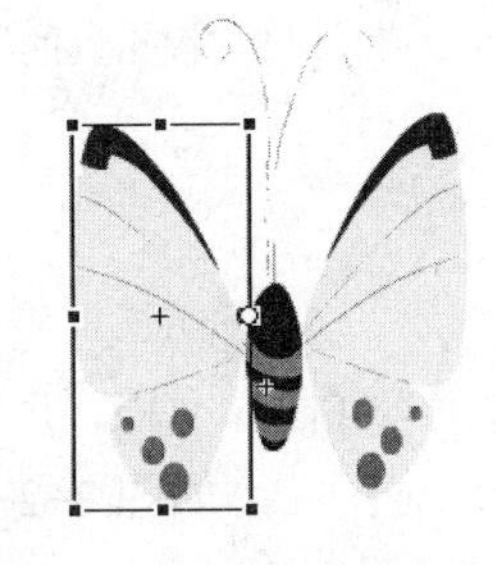
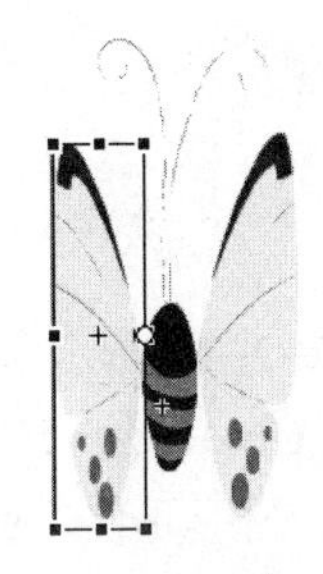

图 2–2–8　调整变形的中心点

2. 渐变变形工具

渐变变形工具（快捷键：F）用于编辑渐变和位图填充的大小、方向、旋转角度和中心位置。选择“渐变变形工具”，单击用渐变或位图填充的区域，这时将显示一个带有编辑手柄的控制框，如图 2–2–9 所示。

其中，中心点 ○ 表示填充的中心位置；宽度手柄可以调整填充的宽度或高度；旋转手柄可以调整渐变或位图填充的旋转；大小手柄可以缩放线性渐变或位图填充。

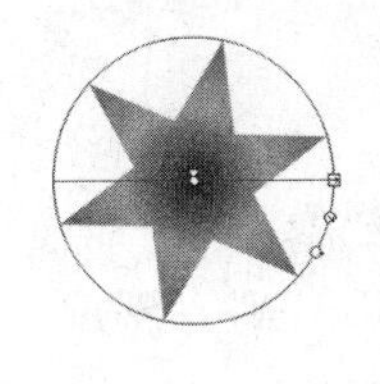
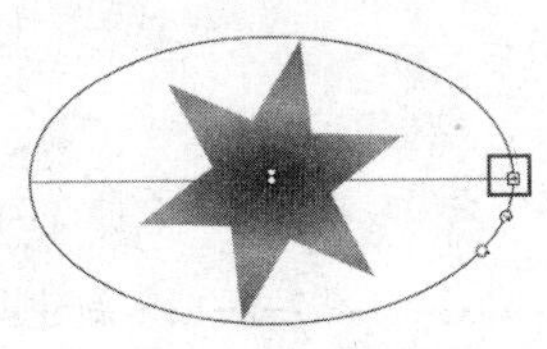
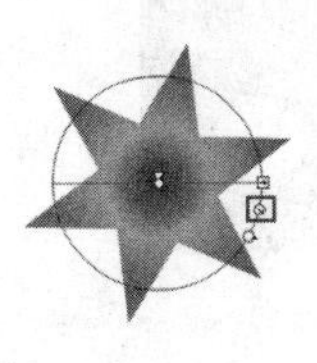
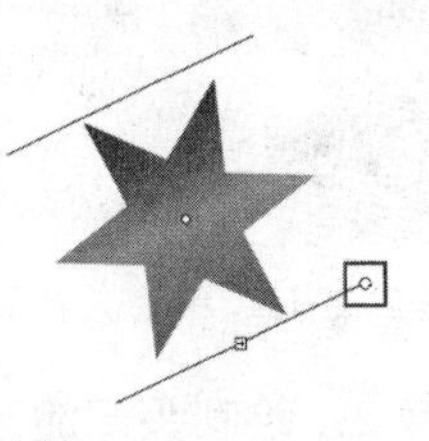

图 2–2–9　渐变变形工具（更改填充宽度、缩放和旋转）

3. 橡皮擦工具

橡皮擦工具（快捷键：E）用于擦除工作区中对象的填充和轮廓。选择“橡皮擦工具”后，在附属工具选项中有 5 种橡皮擦模式，如图 2–2–10 所示。

标准擦除
擦除填色
擦除线条
擦除所选填充
内部擦除

图 2–2–10　5 种橡皮擦模式

（1）标准擦除：该模式下，光标经过的图形区域都会被擦除。

（2）擦除填色：该模式下，光标经过的图形区域的填充色将被擦除，图形轮廓不受影响。

（3）擦除线条：该模式下，光标经过的图形区域的轮廓线将被擦除，填充色不受影响。

（4）擦除所选填充：先用选择工具选择要擦除的图形区域，然后选择橡皮擦工具和该擦除模式，则擦除选择区域内的填充颜色。

（5）内部擦除：该模式下，在图形对象的一个封闭区域内拖动鼠标，会擦除封闭区域的部分颜色，但轮廓线不受影响。

使用“橡皮擦”工具的不同擦除模式对对象进行擦除操作，如图 2–2–11 所示。

图 2–2–11　橡皮擦工具的擦除模式

操作实践

绘制如图 2–2–12 所示卡通人物。

步骤 1：按 Ctrl+N 组合键新建一个 Flash 文档，并保存为“卡通人物.fla”。然后按 Ctrl+F8 组合键新建一个图形元件，命名为“公主”，如图 2–2–13 所示。

图 2–2–12　卡通人物效果图

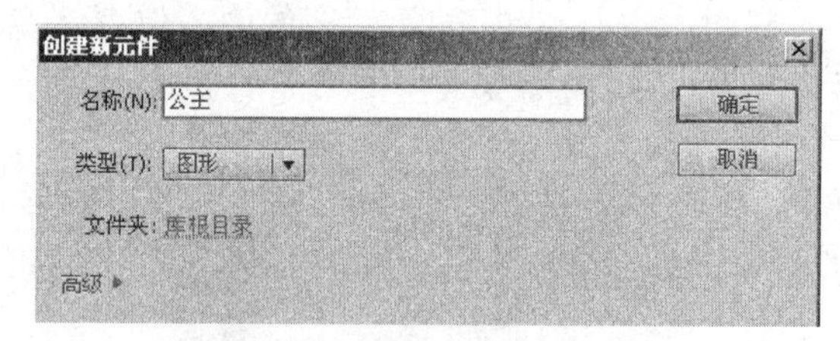

图 2–2–13　新建图形元件“公主”

步骤 2：绘制头部的基本形状。选择“椭圆”工具，在“属性”面板中设置笔触颜色为“黑色”，填充颜色为无。在舞台上绘制一个椭圆，作为头部的基本形状，然后画一条中线，这条线是贯穿眉心、鼻尖和下巴的线，也是决定脸部方向的线，如图 2–2–14 所示。

步骤 3：绘制脸型并确定五官的位置。在确定方向的基本形状上调整线条并绘制出脸颊、下巴的形状。用水平方向的弧线定出眼睛、鼻子和嘴巴的位置。因为效果图中公主是向斜上方注视的，因此眼部等位置稍微偏上，如图 2–2–15 所示。

步骤 4：绘制上半身。在脸部下方绘制出上半身的草图并修整，规范身体和着装的线条，如图 2–2–16 所示。

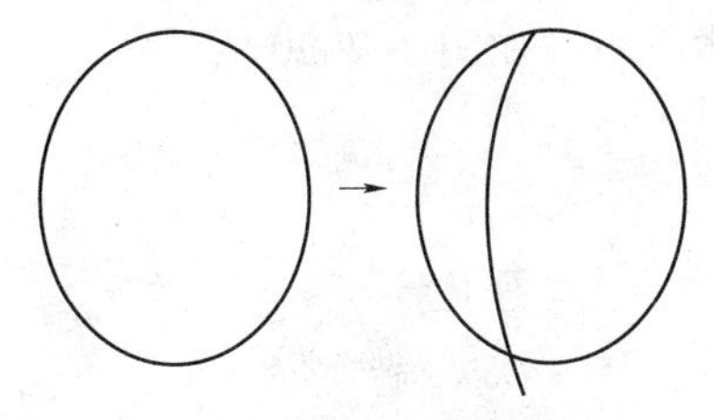

图 2–2–14　画脸部基本形状并确定方向

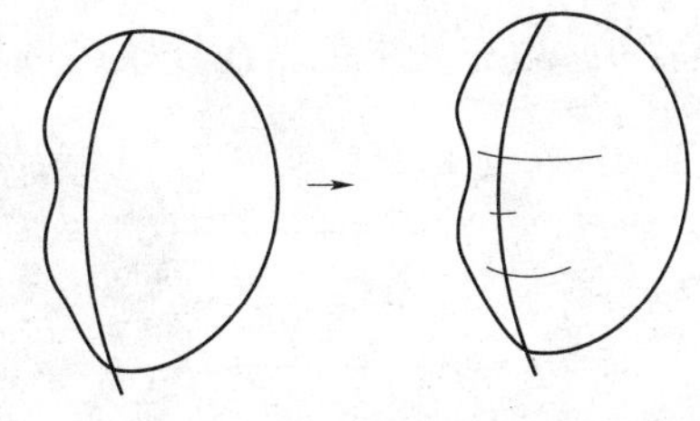

图 2–2–15　绘制脸型并确定五官的位置

步骤 5：绘制眼睛和眉毛。在眼睛位置的横线上绘制眼睛和眉毛。卡通人物的眼睛较简单，一般为椭圆形，眉毛用短小的弧线表示，如图 2–2–17 所示。

图 2–2–16　上半身与着装的绘制

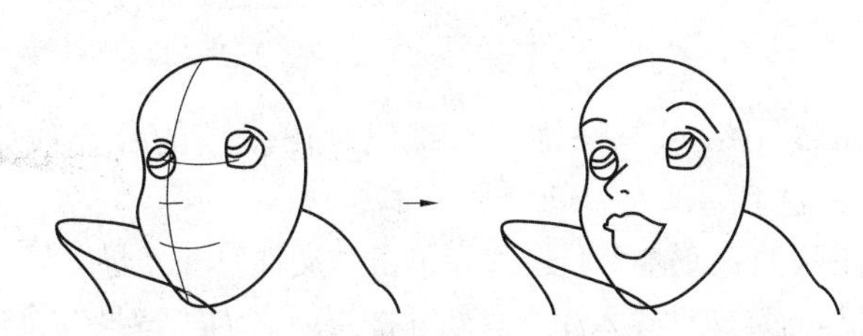

图 2–2–17　绘制眼睛、眉毛、鼻子和嘴巴

温馨提示：

由于是稍微侧脸，根据透视“近大远小”的原则，两只眼睛的大小和形状是不一样的。

步骤 6：绘制鼻子和嘴巴。在卡通人物中往往用一条小的弧线表示鼻子。人物转向侧面时，要把它绘制在侧脸眼睛的下方。嘴的画法一般也比较简单，一般以一条弧线表示。本例中为了表达公主的表情，嘴巴张开，故稍微复杂，如图 2–2–17 所示。

步骤 7：绘制头发。头发多采用弧线绘制，为的是突出头发的柔软度和飘逸感。因此，不要用太多的线条，尽量用轻松简单的线条来表示，如图 2–2–18 所示。

图 2–2–18　绘制头发

步骤 8：线条修整与补充。在线条区域修改部分线条的粗细和颜色（主要是眉毛、嘴巴和睫毛），并使用“刷子”工具增加睫毛，如图 2–2–19 所示。

图 2–2–19　修改部分重要线条

步骤 9：填充基本色。在线条区域填充人物的基本颜色，如图 2-2-20 所示。

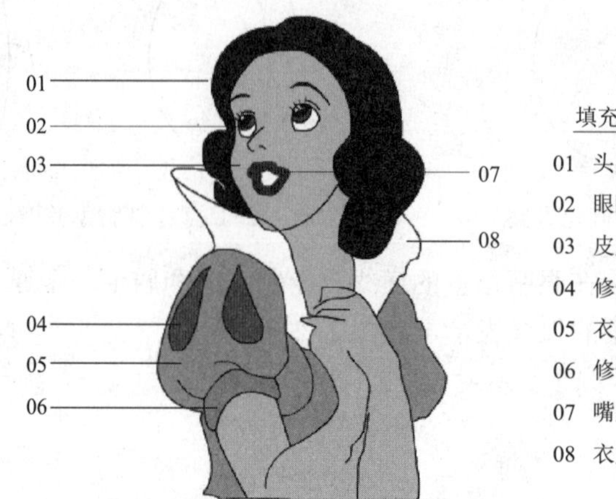

图 2-2-20　填充颜色

步骤 10：补充修饰。为嘴巴画出张嘴的补充线条，为头发做出简单的头饰线条，如图 2-2-21 所示。

步骤 11：增加背景图片。单击“文件”→“导入”→“导入到库”，将素材库中的“卡通女孩素材.jpg”文件导入库中。新建图层命名为“背景”，将库中的图片拖动到该图层中，并将“背景”图层置于最底下。使用“任意变形”工具调整好图片大小，如图 2-2-22 所示。

图 2-2-21　增加嘴巴和头发修饰线条

图 2-2-22　最终效果图

步骤 12：按 Ctrl+S 组合键，保存文档；按 Ctrl+Enter 组合键，测试预览。

任务延伸：绘制卡通月亮

本实例通过椭圆工具和基本椭圆工具绘制卡通月亮，实例效果如图 2-2-23 所示。

01　新建文件和元件。按 Ctrl+N 组合键，新建一个 Flash 文件。按 Ctrl+F8 组合键，创建一个“月亮”图形元件，如图 2-2-24 所示。

Flash 效果扫一扫

图 2–2–23　卡通月亮

图 2–2–24　创建一个“月亮”图形元件

02　绘制月亮。选择“椭圆工具”，在舞台中绘制两个椭圆。使用“选择工具”选中左边两个弧形并按 Delete 键删除，如图 2–2–25 所示。

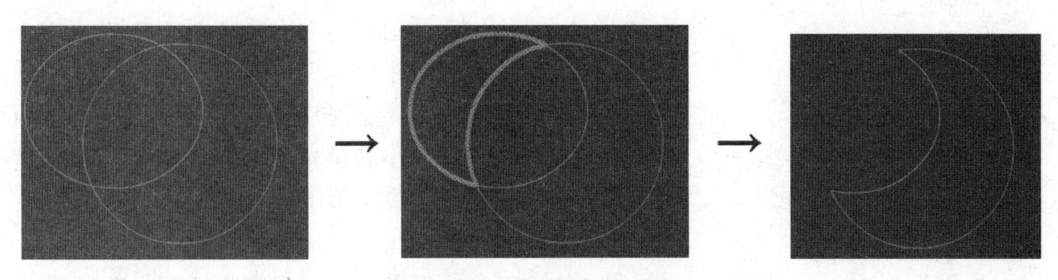

图 2–2–25　绘制椭圆并删除部分曲线

03　绘制鼻子和嘴型。使用“选择工具”，选中左边弧形的一部分并按 Delete 键删除，并使用“线条工具”和“选择工具”绘制出如图 2–2–26 所示的鼻子和嘴型。

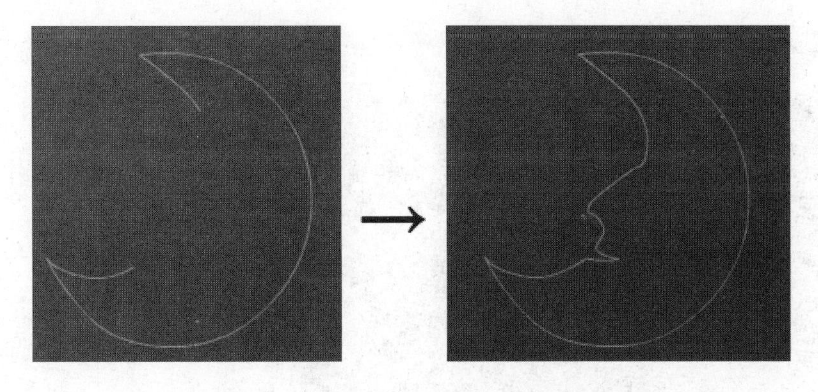

图 2–2–26　删除曲线并绘制鼻子和嘴型

04　绘制眼睛等。使用“线条工具”或“铅笔工具”等，绘制出眼睛、眉毛等，如图 2–2–27 所示。

05　颜色填充。使用“颜料桶工具”，填充线性渐变颜色。效果图如图 2–2–28 所示。线性渐变设置如图 2–2–29 所示。

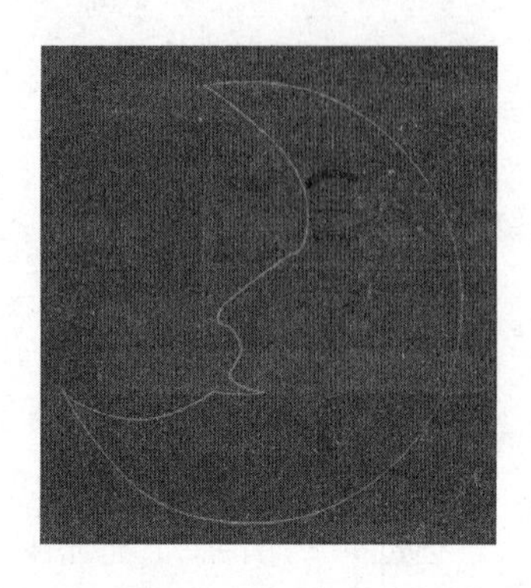

图 2–2–27　绘制眼睛、眉毛等

图 2–2–28　填充线性渐变颜色

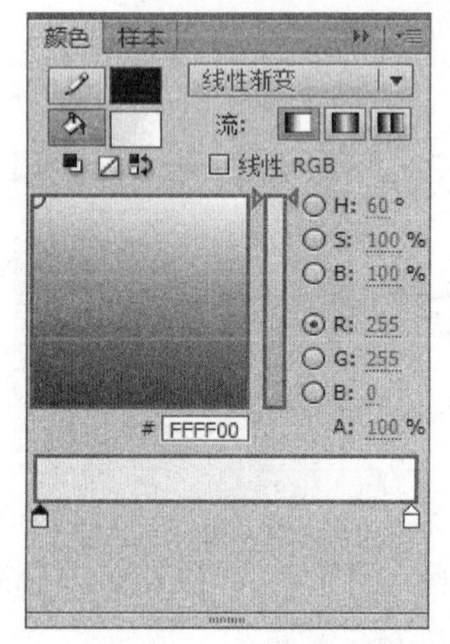

图 2–2–29　线性渐变

06　设置背景。回到场景 1 中，新建图层命名为“背景”，并将其设置在最底层。单击菜单“文件”→“导入”→“导入到库”，将素材库中的“卡通月亮背景.jpg”导入到库中。使用鼠标，将“卡通月亮背景”素材拖动到舞台的图层中，并通过“任意变形工具”调整好它的大小和位置。也可以通过属性设置，调整好素材图片在舞台中的大小和位置，如图 2–2–30 所示。

07　新建图层并拖入“月亮”元件。在场景 1 中，新建图层 2，将绘制好的“月亮”图形元件拖入舞台中，并调整好该元件的大小和位置。至此，“卡通月亮”绘制完成，效果如图 2–2–23 所示。

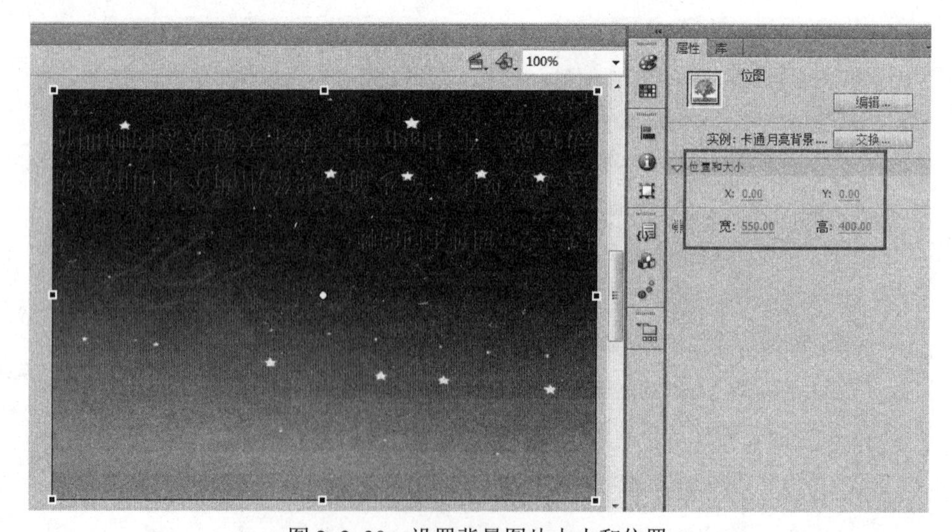

图 2–2–30　设置背景图片大小和位置

任务评价

报告人：	指导教师：	完成日期：
任务实施过程汇报：		
工作创新点		
小组交互评价		
指导教师评价		

思考练习

1. 选择题

（1）在 Flash CS6 的“颜色”面板上，可以选择笔触颜色和填充颜色，还可以选择填充类型。以下不属于其中可以选择的填充类型是（　　）。

A. 纯色填充　　B. 线性渐变填充

C. 径向渐变填充　　D. 矢量图填充

（2）在使用“矩形工具”时，为了使画出的矩形为正方形，可以在绘制的时候按住（　　）键。

A. Ctrl　　B. Shift　　C. Alt　　D. Tab

（3）如果使用“合并绘制”模型，先绘制一个椭圆，然后绘制一条直线穿过椭圆，如图 2–2–31 所示，那么此时的独立形状对象的个数是（　　）。

A. 1　　B. 2　　C. 3　　D. 5

（4）在使用 Flash 工作时，经常会在属性中进行参数设置。图 2–2–32 所示笔触大小、样式等属性不可用，是因为（　　）。

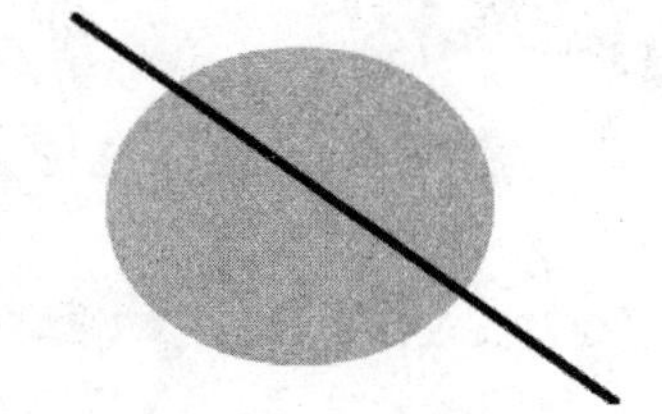

图 2–2–31　使用“合并绘制”后的绘图

图 2–2–32　属性面板

A. 笔触色选择了“无笔触色”　　B. 当前使用的是“矩形工具”

C. 当前使用的是 T “文本工具”　　　　　　D. 当前使用的是 “刷子工具”

2. 判断题

（1）使用“颜色”面板填充颜色时，既可以先绘制图形，然后在“颜色”面板中设置颜色，也可以先在“颜色”面板中设置颜色，然后再绘制图形。（　　）

（2）在 Flash CS6 中不可以将某一个区域用一张图片来填充。（　　）

（3）使用滴管工具可以复制一个对象的填充和笔触属性，然后用于其他对象。（　　）

（4）在颜色面板上进行填充颜色的设置时，不可以设置颜色的透明度。（　　）

（5）渐变变形工具可以编辑渐变和位图填充的大小、方向、旋转角度和中心位置。（　　）

（6）Deco 工具主要用于大量相同元素的绘制。（　　）

3. 上机练习题

使用钢笔工具、铅笔工具、颜料桶工具和“颜色”面板，绘制如图 2-2-33 所示的鲸鱼图形。

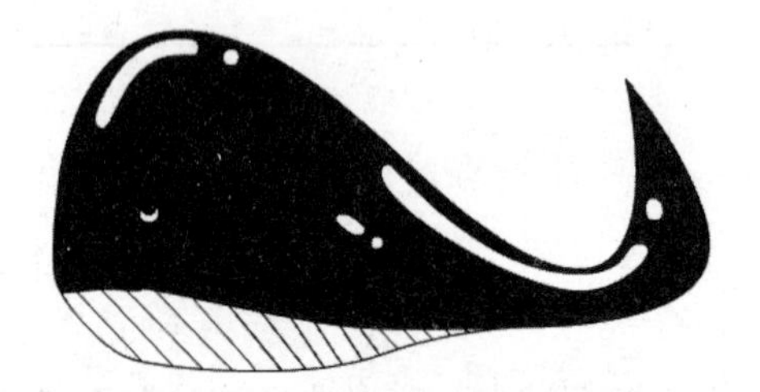

图 2-2-33　鲸鱼效果图

任务拓展

京剧脸谱是一种具有汉族文化特色的特殊化妆方法。由于每个历史人物或某一种类型的人物都有一种大概的谱式，就像唱歌、奏乐都要按照乐谱一样，所以称为“脸谱”。虽然古人常常说“人不可貌相”，但是在京剧艺术中，脸谱图案是程式化的，人物的脸谱化显然是一种“人可貌相”的表现。京剧脸谱艺术是广大戏曲爱好者非常喜爱的一门艺术，国内外都很流行，已经被公认为汉族传统文化的标识之一。

Flash 效果扫一扫

流行歌曲《说唱脸谱》中也有对京剧脸谱的描述：“蓝脸的窦尔敦盗御马，红脸的关公战长沙，黄脸的典韦，白脸的曹操，黑脸的张飞叫喳喳……”他们五人的京剧脸谱如图 2-2-34 所示。

窦尔顿

关羽

典韦

曹操

张飞

图 2-2-34　京剧脸谱图示

从上述五张脸谱中，选择你喜欢的一张，使用 Flash 工具绘制出京剧脸谱图。

温馨提示：

本次拓展任务可能涉及的工具使用情况见表 2–2–2。

表 2–2–2　拓展任务实现归纳

序号	工　具　名　称	实　现　目　的
1	钢笔	绘制出轮廓线条（比如眼眶、嘴巴的轮廓线条）
2	铅笔	绘制局部线条
3	选择	调整线条；删除线条
4	椭圆	绘制出椭圆（比如头部、眼睛的椭圆部分）
5	颜料桶	填充颜色

项目 3

基本动画

在一部 Flash 动画制作过程中，往往会使用一种或几种动画类型。在 Flash CS6 中可以制作逐帧动画、传统补间动画、补间动画、形状补间动画、引导层动画、遮罩动画和骨骼动画等类型。本次项目将详解这几种动画的制作方法。

任务 3.1　老太太跳舞

任务描述

本任务制作一个老太太跳舞的动画，此动画为逐帧动画。在制作过程中，主要控制逐帧动画的关键帧，然后导入相应的素材图片，调整它们的位置，完成动画制作，如图 3–1–1 所示。

Flash 效果扫一扫

图 3–1–1　老太太跳舞动画效果

本任务是通过关键帧上图片的设置，实现人物跳舞的动画。

任务目标

1. 理解帧的基本意义和帧的分类。
2. 掌握使用时间轴制作动画的方法。
3. 掌握逐帧动画的制作方法。

任务实施

知识储备

3.1.1　时间轴

时间轴是 Flash 中最重要和最核心的部分，所有的动画顺序、动作行为、控制命令和声音等都是在时间轴上编排的。

1. 帧

帧是影像动画中最小单位的单幅影像画面，相当于电影胶片上的每一格镜头。Flash 中“帧”分为 4 类：关键帧、空白关键帧、普通帧和过渡帧。它们在时间轴上的表示如图 3-1-2 所示。

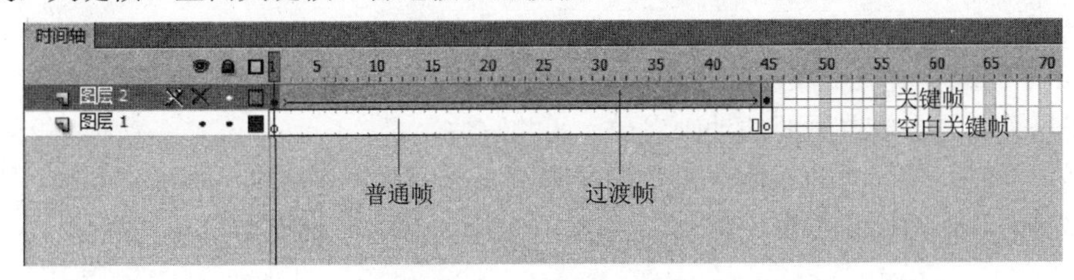

图 3-1-2 四种不同的帧

（1）关键帧——任何动画要表现运动或变化，至少前后要给出两个不同的关键状态，而中间状态的变化和衔接可以由电脑自动完成。在 Flash 中，表示关键状态的帧叫作关键帧。关键帧在时间轴上表现为“实心的圆点”。

（2）空白关键帧——关键状态的帧在还未添加内容时叫作空白关键帧。空白关键帧在时间轴上表现为“空心的圆点”。

（3）过渡帧——在两个关键帧之间，电脑自动完成过渡画面的帧叫作过渡帧。在 Flash 动画中表现为两个关键帧之间的带箭头的区域。

（4）普通帧——为了使某一关键帧的内容延续，需要插入普通帧，以增加影片的长度。普通帧在空白关键帧后面显示为白色，在关键帧后面显示为浅灰色。

Flash CS6 中四种不同的帧的含义和快捷键等说明见表 3-1-1。

表 3-1-1 四种不同的帧的说明

序号	帧的分类	主 要 含 义	快捷键
1	关键帧	表示关键状态的帧	F6
2	空白关键帧	表示还未添加任何内容的关键帧	F7
3	普通帧	延续关键帧内容的帧	F5
4	过渡帧	两个关键帧之间的帧	自动生成

温馨提示：

① 过渡帧也称为补间帧，是作为补间动画的一部分的任何帧，包括形状补间帧和动画补间帧，如图 3-1-3 所示。

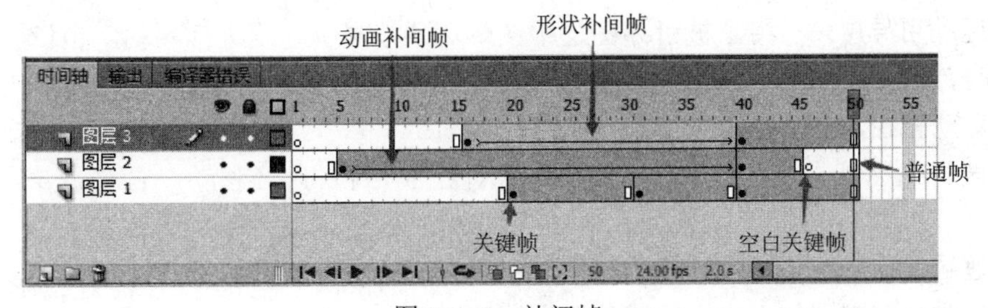

图 3-1-3 补间帧

② 对于帧的操作，主要有选择帧、插入帧、清除帧、删除帧、复制帧、剪切帧和粘贴帧等。

③ 对于关键帧，也可以这样分类：关键帧、空白关键帧、属性关键帧。关键帧显示为黑色小圆点，空白关键帧显示为空心小圆圈，属性关键帧显示为黑色菱形点（属性关键帧将在补间动画中介绍）。

2. 图层

Flash 中的图层就像一摞透明的纸，每一张都保持独立，每一张的内容都可以独立操作，即可以在每个图层上放置需要的动画对象，再将这些重叠，即可得到整个动画场景。

图层位于时间轴面板的左侧。每个图层都有一个独立的时间轴，在编辑和修改某一图层中的内容时，其他图层不会受到影响。Flash CS6 中的图层区如图 3–1–4 所示。

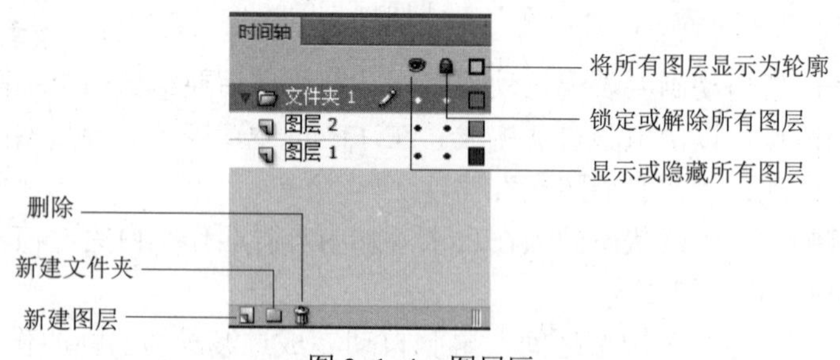

图 3–1–4　图层区

Flash 提供了多种图层供用户选择。根据功能和用途，图层可分为普通图层、普通引导层、被引导层、运动引导层、遮罩层和被遮罩层，如图 3–1–5 所示。

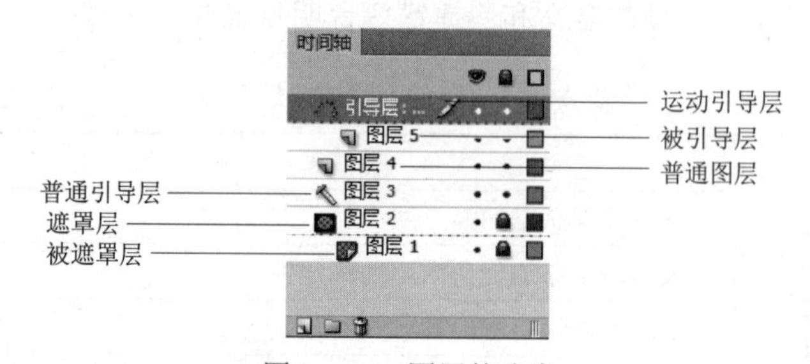

图 3–1–5　图层的分类

（1）普通图层——新建图层后得到的图层就是普通图层，是最基础的图层。

（2）普通引导层——绘制图形时起到辅助作用，用于帮助对象定位。引导层除了起到引导的作用外，还具备普通图层的所有属性。在引导层上绘制的图形或线条为引导路径，在影片播放时，不会显示出来。

（3）运动引导层——用于被引导图层中图形对象按照引导线进行移动。当设置某个图层为引导层时，该图层的下一层便被默认为被引导层。一个运动引导层可以同时成为多个图层中对象的运动路径，使多个对象沿同一条路径运动。

（4）被引导层——该图层中的对象按照运动引导层中的路径移动。它与引导层是相辅相成的关系。

（5）遮罩层——该图层中的遮罩对象对下面图层的被遮罩对象进行遮挡。当设置某个图层为遮罩层时，该图层的下一层便被默认为被遮罩层。

（6）被遮罩层——与遮罩层相对应的图层，用来放置被遮罩的对象。遮罩层中的对象具有透明效果，像是一个窗口，透过它可以看到位于它下面的被遮罩层的内容。被遮罩层除了透过遮罩对象显示内容之外，其余的所有内容都被隐藏起来。

3.1.2　逐帧动画

逐帧动画是最基本的动画形式，是传统动画制作中最常见的动画编辑方式。其原理是在时间轴上逐个建立具有不同内容属性的关键帧，这些关键帧中的图形将保持大小、形状、位置、色彩的连续变化，从而实现播放过程中连续变化的动画效果。

逐帧动画在时间轴上表现为连续出现的关键帧，如图 3–1–6 所示。

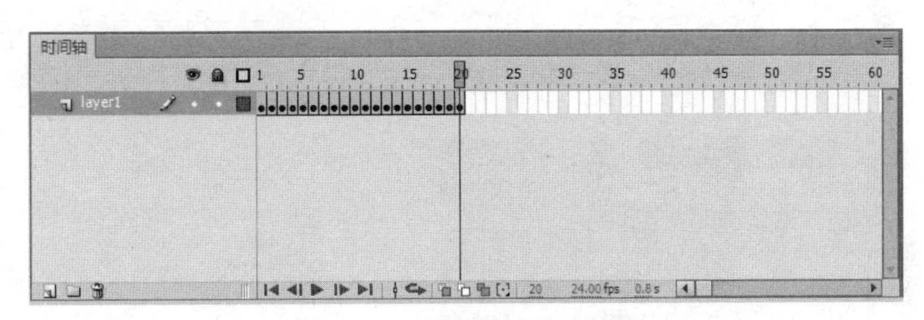

图 3–1–6　逐帧动画的时间轴

逐帧动画具有非常大的灵活性，几乎可以表现任何想表现的内容，很适合表现细腻的动画。但是需要一帧一帧地绘制图形，并要注意每一帧间图形的变化，否则就难以达到自然、流畅的动画效果。图 3–1–7 所示为人物跑动的逐帧动画。

图 3–1–7　人物跑动

温馨提示：

① Flash 逐帧动画可以一帧一帧地绘制，也可以将其他软件（如 3D Max、Cool 3D 等）制作的动画文件导入到 Flash 库中生成逐帧动画。

② 逐帧动画在时间轴上表现为一个一个的关键帧，这些关键帧之间也可以含有普通帧，以延续每个关键帧的播放时间，如图 3–1–8 所示。

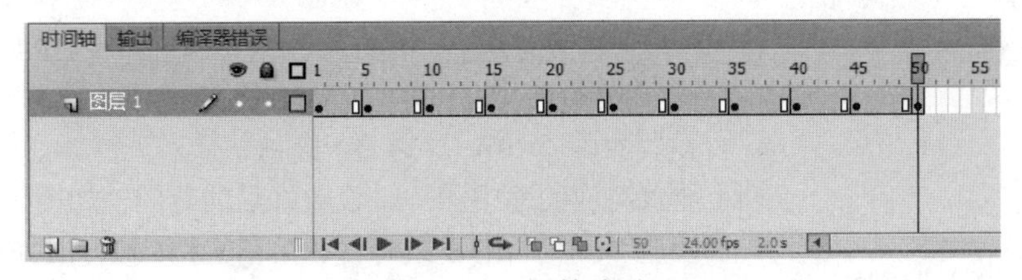

图 3–1–8　逐帧动画

操作实践

步骤 1：新建 Flash 文件并设置文档属性。

按 Ctrl+N 组合键，新建一个 Flash 文件，命名为“老太太跳舞”。右键单击舞台区域，选择“文档属性”，设置“尺寸”为“138×159”像素，“背景颜色”为浅黄色（#FFFF99），帧频为 12，如图 3–1–9 所示。

步骤 2：导入素材。

单击“文件”→“导入”→“导入到库”菜单，选中素材文件夹中的文件“01.jpg～09.jpg”，将这些图片素材导入到库中，如图 3–1–10 所示。

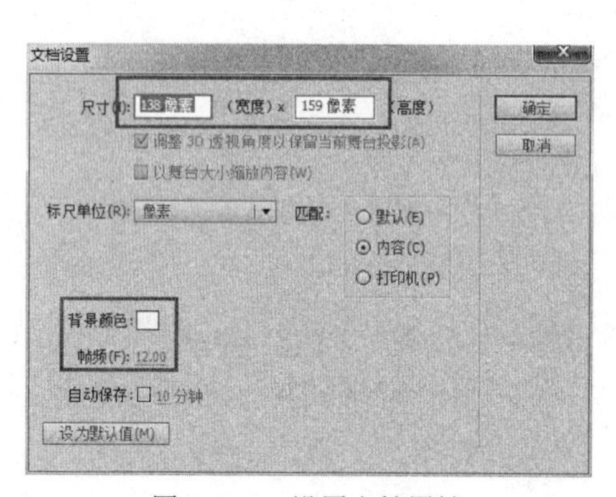

图 3–1–9　设置文档属性

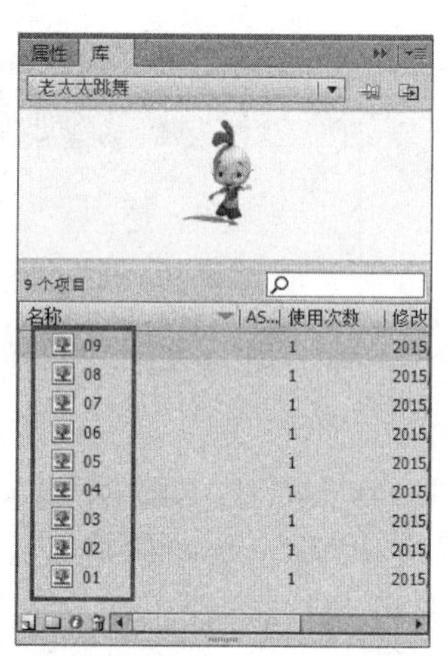

图 3–1–10　将素材文件导入到库中

创建补间动画
创建补间形状
创建传统补间
插入帧
删除帧
插入关键帧
插入空白关键帧
清除关键帧
转换为关键帧
转换为空白关键帧
剪切帧
复制帧
粘贴帧
清除帧
选择所有帧
复制动画
将动画复制为 ActionScript 3.0...
粘贴动画
选择性粘贴动画...
翻转帧
同步元件
动作

图 3–1–11　插入关键帧

步骤 3：在第 1 关键帧上放置图片。

将库面板中的“01.jpg”拖入场景的图层 1 的第 1 帧上。

步骤 4：在第 2 帧处插入关键帧并放置图片。

在时间轴的第 2 帧处，单击右键，选择“插入关键帧”命令（或按快捷键 F6），如图 3–1–11 所示。保持光标在第 2 关键帧处，将库面板中的“02.jpg”拖入元件中，通过移动键盘上的上、下、左、右箭头，使其与“01.jpg”图片重合。

步骤 5：在第 2 关键帧处删除底下的图片，保留上面的图片。

在“02.jpg”图片上单击右键，选择“剪切”命令（或按 Ctrl+X 组合键），单击选中剩下的“01.jpg”图片，按 Delete 键删除该图片。单击右键，选择“粘贴到当前位置”命令（或按 Ctrl+Shift+V 组合键），使第 2 关键帧处只有 02.jpg 图片。

步骤 6：将库中 03.jpg～09.jpg 依次放置在第 3～9 关键帧处。

参照步骤 5～6，在第 3～9 帧处插入关键帧，并在这些关键帧上放置对应的库中图片。设置好后的时间轴如图 3–1–12 所示。

步骤 7：按 Ctrl+S 组合键，保存文档；按 Ctrl+Enter 组合键，测试预览动画效果。

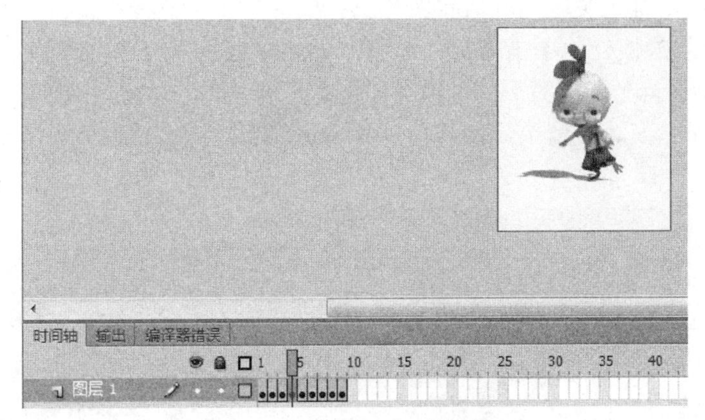

图 3-1-12　第 1～9 关键帧

任务延伸：绘制礼盒动画

在网络广告中，很多商家为了推销自己的产品，经常会以附送小礼物的方式进行促销。本实例就是通过逐帧动画的思路，在关键帧上逐个设置不同的图片，从而创建一个礼盒动画。实例效果如图 3-1-13 所示。

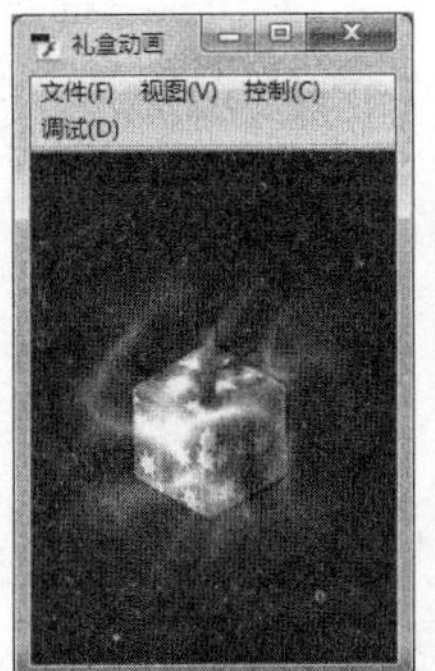

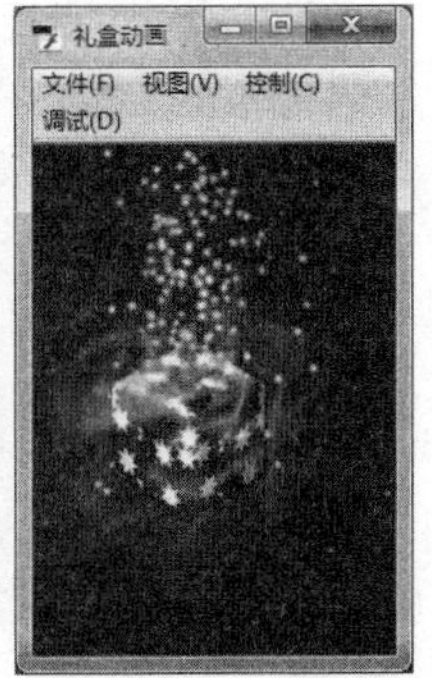

Flash 效果扫一扫

图 3-1-13　礼盒动画效果

01　新建 Flash 文件并设置文档属性。

按 Ctrl+N 组合键，新建一个 Flash 文件，命名为“礼盒动画”。右键单击舞台区域，选择“文档属性”，设置尺寸为 190×280 像素，背景颜色为深红色（#AA0000），帧频为 12，如图 3-1-14 所示。

02　导入素材。

单击“文件”→“导入”→“导入到库”菜单，选中素材文件夹中的文件“01.png～18.png”，将这些图片素材导入到库中。

03　创建“礼品盒”影片剪辑元件。

按 Ctrl+F8 组合键，创建一个名为“礼品盒”的影片剪辑元件，如图 3-1-15 所示。

04　在第 1 关键帧上放置图片。

将库面板中的“01.png”拖入到“礼品盒”元件中。

05　在第 2 帧处插入关键帧并放置图片。

在时间轴的第 2 帧处，单击右键，选择“插入关键帧”命令（或按下快捷键 F6），如图 3-1-16 所示。保持光标在第 2 关键帧处，将库面板中的“02.png”拖入到元件中，通过移动键盘上的上、下、左、右箭头，使其与“01.png”图片重合。

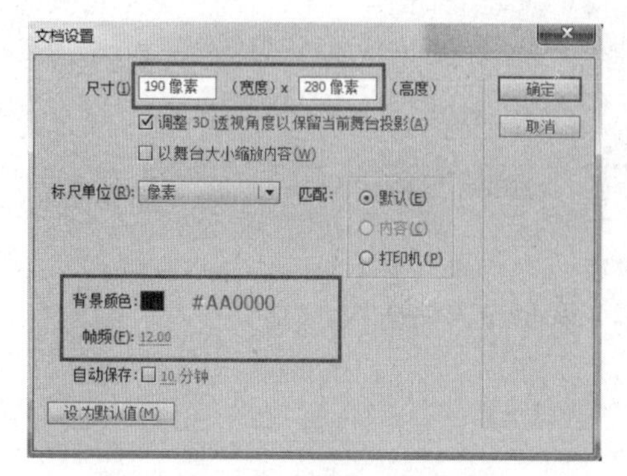

图 3-1-14　设置文档属性

图 3-1-15　创建“礼品盒”影片剪辑元件

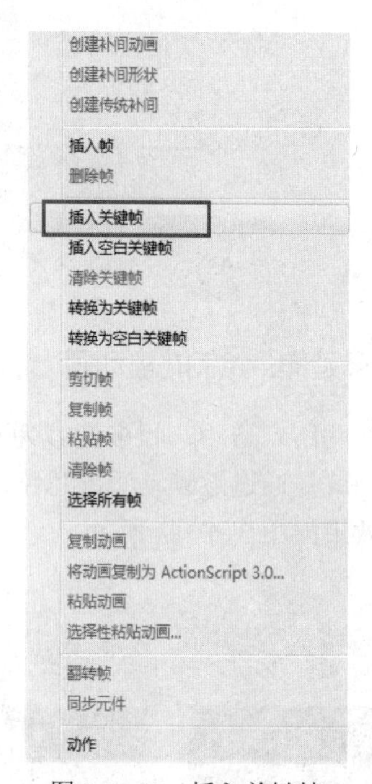

图 3-1-16　插入关键帧

温馨提示：

① 插入关键帧相当于将前一个关键帧的内容复制并粘贴到该帧，插入空白关键帧则该帧处没有内容。插入帧相当于将前一个关键帧的内容延长至该帧，常用来将元素保持在舞台上。

② 插入帧、插入关键帧、插入空白关键帧的快捷键分别为 F5、F6、F7 键。

06　在第 2 关键帧处删除底下的图片，保留上面的图片。

在“02.png”图片上单击右键，选择“剪切”命令（或按 Ctrl+X 组合键），单击选中剩下的“01.png”图片，按 Delete 键删除该图片。单击右键，选择“粘贴到当前位置”命令（或按 Ctrl+Shift+V 组合键），使第 2 关键帧处只有 02.png 图片。

07　将库中的 03.png～18.png 依次放置在第 13～18 关键帧处。

参照 05、06 步骤，在第 3～18 帧处插入关键帧，并在这些关键帧上放置对应的库中图片。设置好后的时间轴如图 3-1-17 所示。

08　将“礼品盒”元件拖入舞台。

回到“场景 1”中，将制作好的“礼品盒”元件拖入到舞台并调整好位置。

09　按 Ctrl+S 组合键，保存文档；按 Ctrl+Enter 组合键，测试预览动画效果。

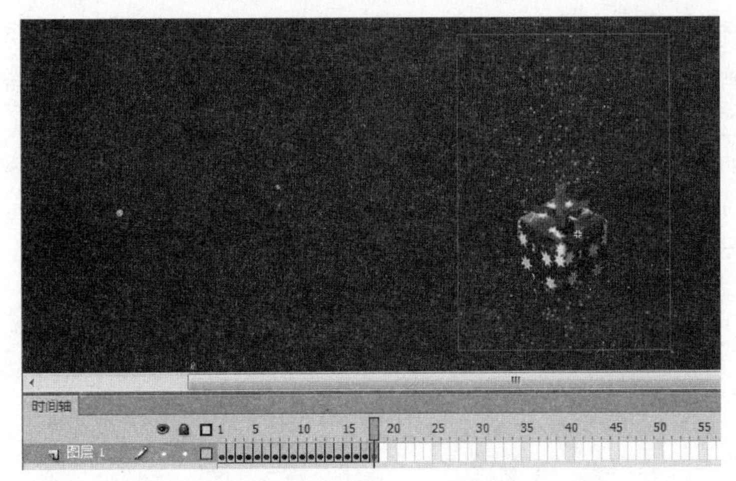

图 3–1–17　第 1～18 关键帧

任务评价

报告人：	指导教师：	完成日期：
任务实施过程汇报：		
工作创新点		
小组交互评价		
指导教师评价		

思考练习

1. 选择题

（1）按（　　）键可在选择的帧上创建普通帧；按（　　）键可在选择的帧上创建关键帧。

A. F6　　B. F5　　C. F7　　D. F9

（2）若要通过拖动方式复制帧，可在时间轴中选中要复制的帧，按住（　　）键将其拖动到目标位置。

A. Alt　　B. Shift　　C. Ctrl　　D. Tab

（3）下列关于逐帧动画的描述，错误的是（　　）。

A. 逐帧动画更改每一帧中的舞台内容

B. 逐帧动画适合于每一帧中的图像都在更改而不是仅仅简单地在舞台中移动的复杂动画

C. 在逐帧动画中，Flash 会保存每个完整帧的内容

D. 时间轴特效是逐帧动画的一种

（4）如图 3-1-18 所示，下列描述正确的是（　　）。

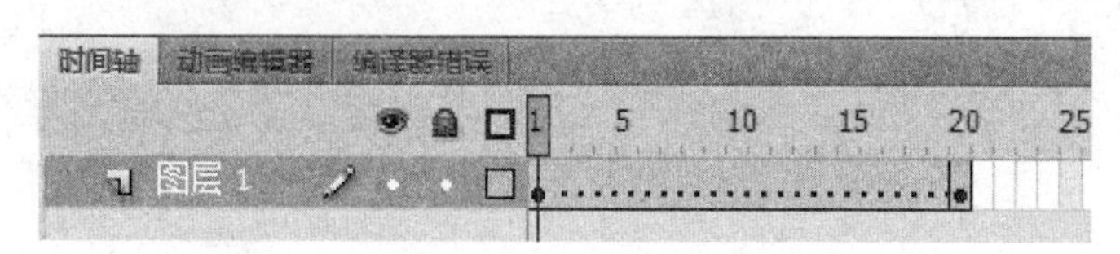

图 3-1-18　图层的帧

A. 这是一个正确的逐帧动画　　　　B. 这是一个有错误的补间形状

C. 这是一个正确的补间动画　　　　D. 这是一个有错误的传统补间

（5）时间轴下部有三个按钮，从左到右依次表示（　　）。

A. 插入图层、插入图层文件夹、删除图层

B. 插入图层、插入运动引导层或者遮罩层、删除图层

C. 插入图层、插入图层文件夹、删除舞台上的对象

D. 插入图层、插入多个图层、删除舞台上的对象

2. 判断题

（1）引导层、被引导层、遮罩层和被遮罩层都属于 Flash 制作中图层的类型。（　　）

（2）创建一个关键帧可以用快捷键 F5 实现。（　　）

（3）逐帧动画的原理是在时间轴上逐个建立具有不同内容属性的关键帧，这些关键帧中的图形将保持大小、形状、位置、色彩的连续变化，从而实现播放过程中的连续变化的动画效果。（　　）

任务拓展

Flash 效果扫一扫

本次任务实现的是人物的原地跳舞动画，请结合逐帧动画的制作过程与基本思路，并利用增加背景图片的方式，实现人物的奔跑，即人物有位移上的变化。

效果图如图 3-1-19 所示。

图 3-1-19　人物奔跑动画

任务 3.2　制作旋转的风车

任务描述

Flash 效果扫一扫

本任务制作一个旋转风车的动画，此动画为传统补间动画。在制作过程中，主要是在动画对象的起始帧和结束帧之间建立补间，并适当设置补间的属性，从而实现动画效果，如图 3–2–1 所示。

图 3–2–1　旋转的风车

本任务是在“旋转风车”影片剪辑元件中，实现一个传统补间动画的制作。

本任务涉及的重要步骤和实现见表 3–2–1。

表 3–2–1　任务实现归纳

序号	重 要 步 骤	具 体 实 现
1	步骤 2：“风车”图形绘制	线条工具、选择工具和颜色填充
2	步骤 3：传统补间动画效果的创建	在关键帧之间“创建传统补间”

任务目标

1. 了解传统补间动画的应用领域。
2. 掌握创建传统补间动画的方法。
3. 掌握实现元件大小、颜色、位置、透明度等改变的动画制作方法。

任务实施

知识储备

3.2.1 传统补间动画

在 Flash CS5 之前，补间动画主要指的是传统补间动画和形状补间动画（有时也特指传统补间动画）。对于这两种动画，就是设置起始帧和终止帧的对象，由 Flash 自动生成其他过渡形态的动画。其中，形状补间动画是用于形状的动画，传统补间（也称动画补间或动作补间）动画是用于图形及元件的动画。

1. 传统补间动画

传统补间动画是在动画对象的起始关键帧和终止关键帧之间建立传统补间的动画。比如，在 Flash 的时间轴面板上，在一个关键帧上放置一个元件，然后在另一个关键帧改变这个元件的大小、颜色、位置、透明度等。在两个关键帧之间单击右键，选择“创建传统补间”命令，Flash 就会自动根据二者之间的帧的值创建动画，如图 3-2-2 所示。

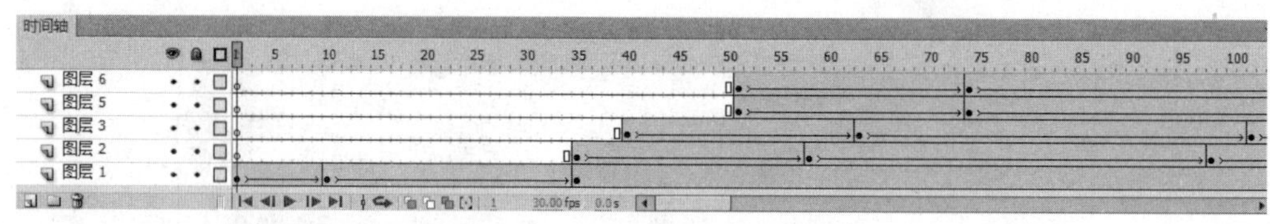

图 3-2-2 传统补间动画的时间轴

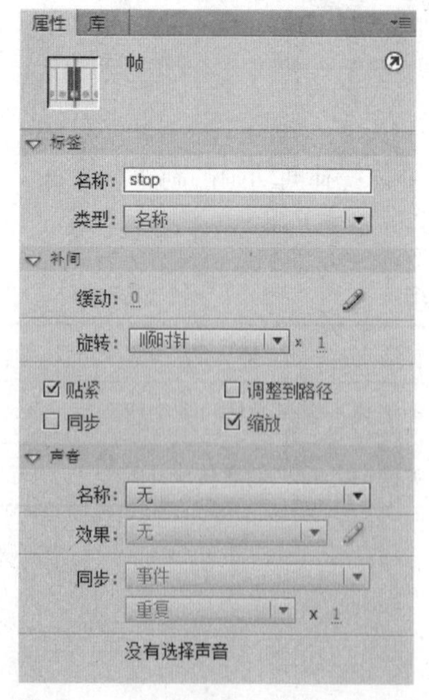

图 3-2-3 补间动画中帧的属性设置

2. 帧的属性

创建传统补间动画后，选择补间动画上的任意一帧，在“属性”面板上可以对该帧和补间的相关参数进行设置。比如，为标签命名或设置补间的旋转等，如图 3-2-3 所示。

① 在帧标签名称中输入标签名后，在时间轴上就会显示该名称，如图 3-2-4 所示。这样便于标记某段补间动画，也可为 ActionScript 识别此帧。

② 帧标签类型包括名称、注释和锚记，如图 3-2-5 所示。其中，注释是一种解释，方便文件的修改；锚记是动画记忆点，发布成 HTML 文件时，在浏览器的地址栏中输入锚点，这样可以直接跳转到对应的片段播放。

本教材项目 1 中的“欢迎来到 Flash 大家庭”就是一个简单的传统补间动画，如图 3-2-6 所示。

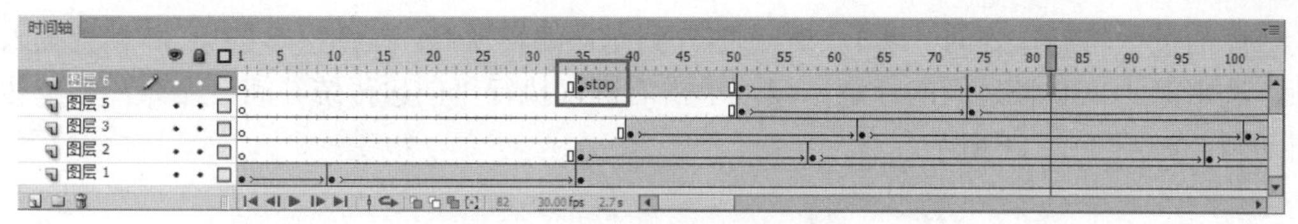

图 3–2–4　为帧做标记后的时间轴

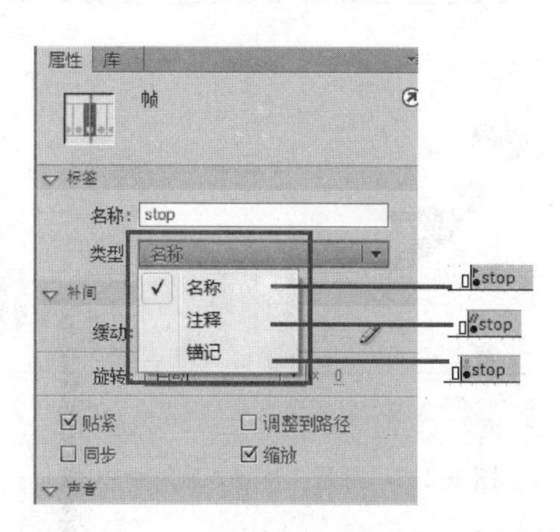

图 3–2–5　帧的标签类型及时间轴上的图标

图 3–2–6　“欢迎来到 Flash 大家庭”传统补间动画

操作实践

步骤 1：导入素材到舞台。

按 Ctrl+N 组合键，新建名为“制作旋转风车”的 Flash 文件。

右键单击舞台空白区域，选择文档属性，设置 Flash 文档为大小“1 024×550”。单击“文件”→“导入”→“导入到舞台”菜单，选中素材库中的“风车带我飞.jpg”文件，将素材导入到舞台中，如图 3–2–7 所示。

步骤 2：创建“风车”图形元件。

按 Ctrl+F8 组合键，创建“风车”图形元件，如图 3–2–8 所示。在元件编辑窗口绘制风车，如图 3–2–9 所示。

步骤 3：创建“旋转风车”影片剪辑元件。

按 Ctrl+F8 组合键，创建“旋转风车”的影片剪辑元件，如图 3–2–10 所示。

在库面板中将制作好的“风车”元件拖入到元件编辑窗口，在图层 1 的第 30 帧处插入关键帧，选中第 1～30 帧之间的任意一帧，单击右键，执行“创建传统补间”命令，创建传统补间动画，如图 3-2-11 所示。

图 3-2-7　背景图片导入到舞台中

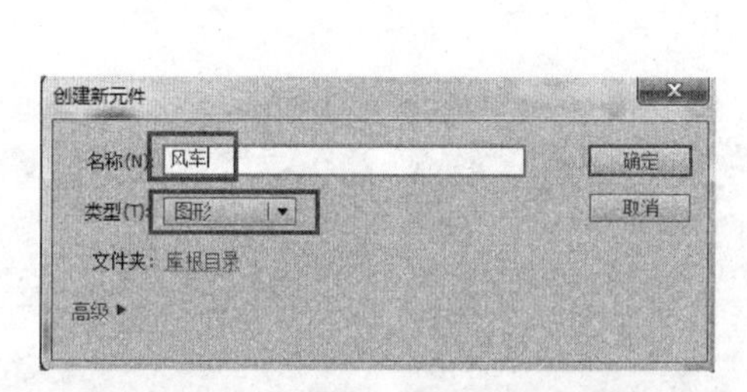

图 3-2-8　创建“风车”图形元件

图 3-2-9　绘制“风车”

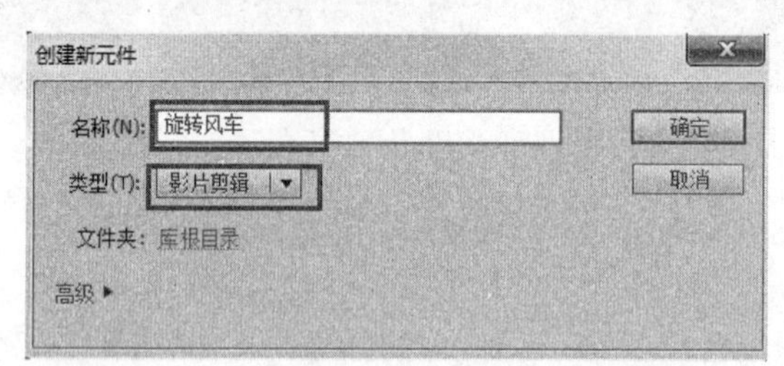

图 3-2-10　创建“旋转风车”影片剪辑元件

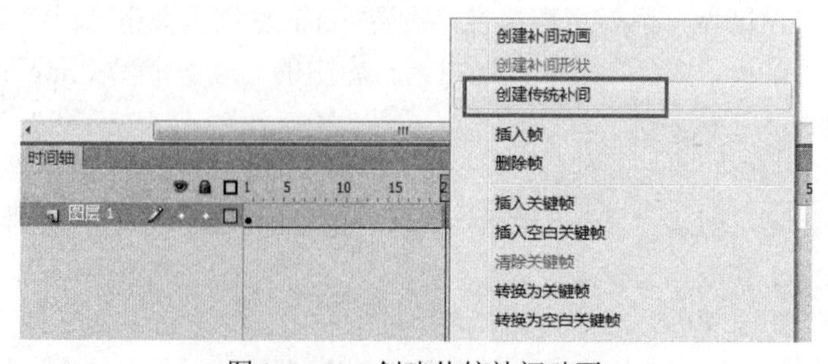

图 3-2-11　创建传统补间动画

选中任一补间帧，打开“属性”面板，对“帧”设置缓动、旋转和旋转次数，其值分别为 5、逆时针和 1，如图 3–2–12 所示。

步骤 4：在舞台上拖入“旋转风车”元件。

返回舞台，新建“风车”图层，放在“背景”图层的上方，将库面板中的“旋转风车”元件拖入到舞台。

为了突出阳光的动态效果，还可以在太阳上增加阳光照射的动画效果。最终效果如图 3–2–13 所示。

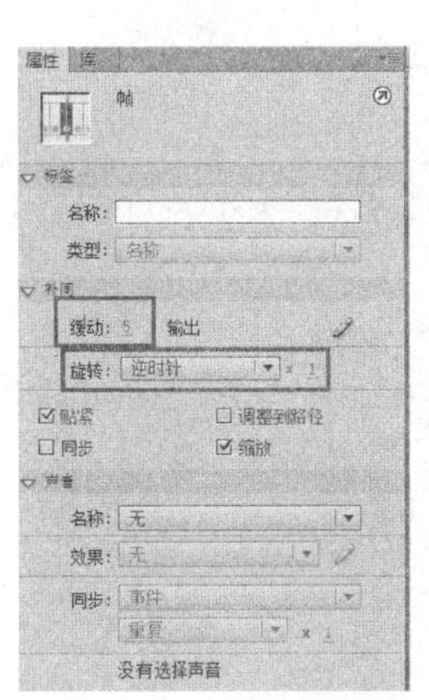

图 3–2–12　补间属性设置

图 3–2–13　旋转风车效果图

任务延伸：手机促销广告

这是一个具有 4 个动画元素的广告动画。首先出现文字“买菁懋手机指定产品”，然后出现“手机图片”，紧接着两者消失，出现文字“获惊喜大礼包”，最终出现“礼品盒”动画效果，如图 3–2–14 所示。

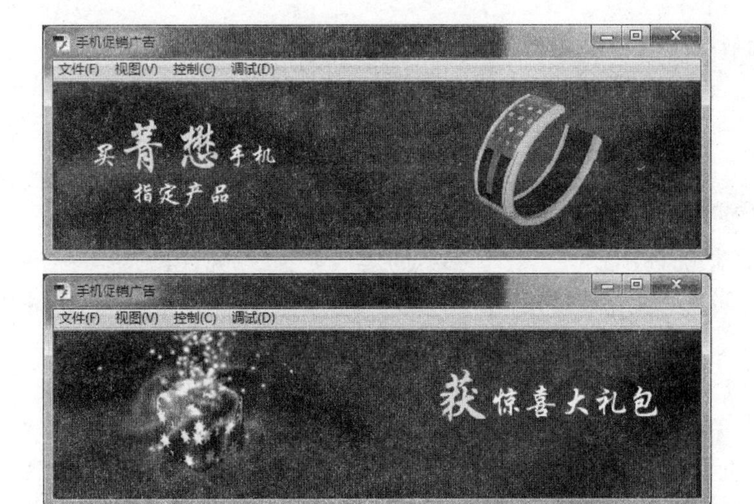

图 3–2–14　促销广告动画

Flash 效果扫一扫

4 个动画元素、动画效果及其实现方法见表 3–2–2。

表 3–2–2　促销广告动画实现过程

序号	动画名称	动画效果	实现方法
1	文字出现、消失动画 1	（1）移动；（2）模糊→清晰→模糊	传统补间动画
2	手机展示动画	模糊→清晰→模糊	传统补间动画
3	文字出现、消失动画 2	（1）移动；（2）模糊→清晰→模糊	传统补间动画
4	礼品盒动画	绚烂展示	逐帧动画

01　新建 Flash 文档并设置文档属性。

按 Ctrl+N 组合键，新建一个“手机促销广告”文档，并设置文档属性，大小为 600×150 像素，帧频为 12 fps，并设置背景色为深红色（#AA0000），如图 3–2–15 所示。

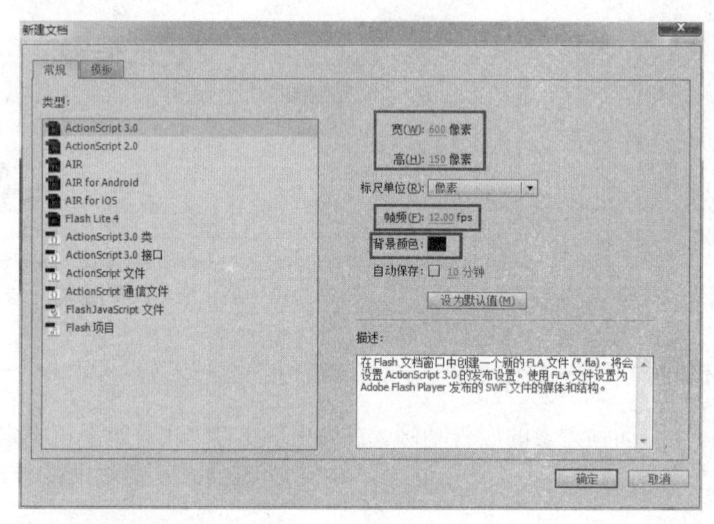

图 3–2–15　新建文档

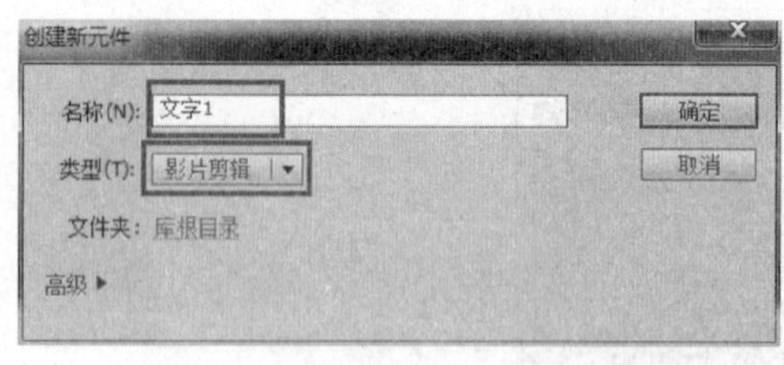

图 3–2–16　创建“文字 1”元件

02　创建“文字 1”元件。

按 Ctrl+F8 组合键，创建一个“文字 1”影片剪辑元件，如图 3–2–16 所示。

选择“文本工具”，在元件编辑窗口中输入“买菁懋指定手机”，如图 3–2–17 所示。

03　创建“文字 2”元件。

同理于上一步骤，创建“文字 2”元件，并输入文字“获惊喜大礼包”，如图 3–2–18 所示。

04　创建“手机”元件。

按 Ctrl+F8 组合键，新建“手机”影片剪辑元件，如图 3–2–19 所示。

将素材库中的“手机素材.png”图片导入到舞台，如图 3–2–20 所示。

05　将“文字 1”“文字 2”“手机”和“礼品盒”元件分别拖入舞台并创建补间动画（即“文字 1”“文字 2”和“手机”元件的出现动画及消失动画）。

图 3–2–17　文字 1

图 3–2–18　文字 2

图 3–2–19　创建“手机”元件

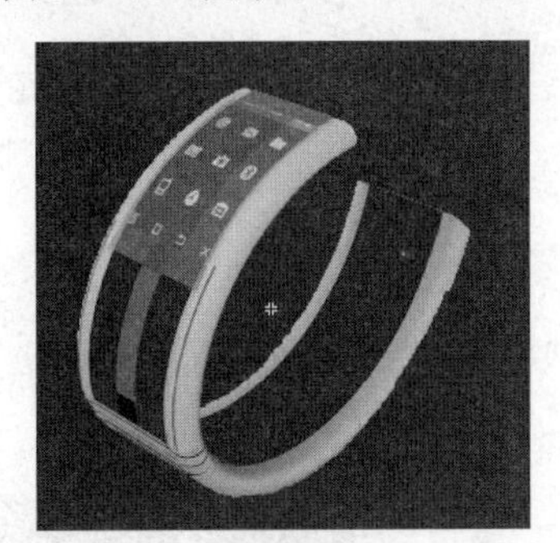

图 3–2–20　将手机素材导入到舞台

回到场景中，分别在“图层 1”中放置背景图片，在“图层 2”中拖入“文字 1”元件并创建补间动画，在“图层 3”中拖入“文字 2”元件并创建补间动画，在“图层 4”中拖入“手机”元件并创建补间动画，在“图层 5”中拖入“礼品盒”元件。完成后的时间轴图示如图 3–2–21 所示。

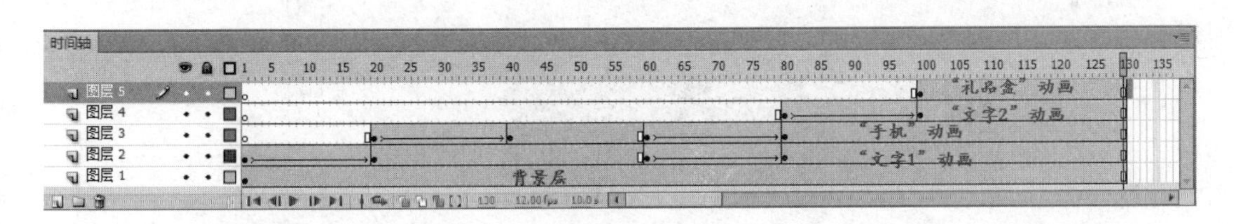

图 3–2–21　场景中的图层

① 将素材库中的“背景”导入到舞台中，“图层 1”中放置该图片，并在第 130 帧处插入普通帧，以延长“图层 1”在影片中的长度，如图 3–2–21 中的图层 1 所示。

② 新建“图层 2”，并在第 130 帧处插入普通帧。将“文字 1”元件拖入到舞台的左边，在该图层第 20 帧处插入关键帧。使用“任意变形工具”缩小第 1 帧时“文字 1”的大小，并调整第 1 帧时“文字 1”的 Alpha 值（即透明度）为“0”，如图 3–2–22 所示。另外，调整第 20 帧时“文字 1”的位置，使其上移，如图 3–2–23 所示。

在第 1 和第 20 帧之间选中任意一帧，单击右键，选择“创建传统补间”命令，实现“文字 1”的传统补间动画。时间轴的表现如图 3–2–21 所示。

③ 同理，制作“图层 3”的“手机”出现补间动画。首先，新建“图层 3”，在第 20 帧处插入关键帧，将库中的“手机”元件拖入到该关键帧处，调整好其大小，并在第 40 帧处插入关键帧。回到第 20 帧处，设置“手机”元件的 Alpha 值为“0”，如图 3–2–24 所示。

最后，在第 20 帧和第 40 帧之间创建传统补间动画。时间轴的表现如图 3-2-21 所示。

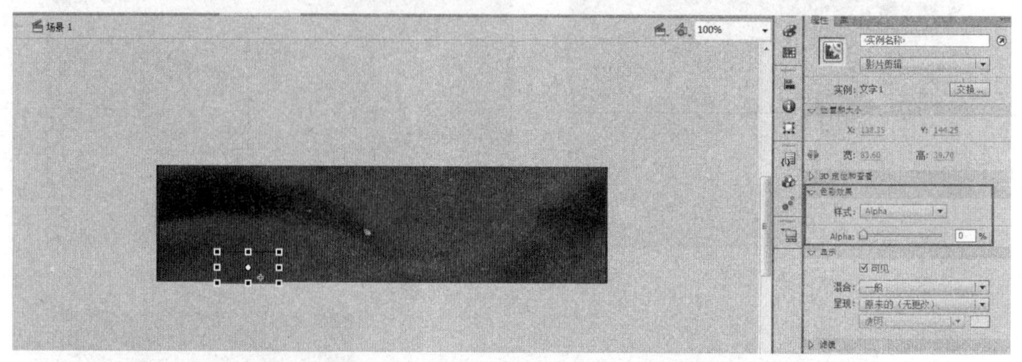

图 3-2-22　第 1 帧时“文字 1”元件的大小、位置和 Alpha 值

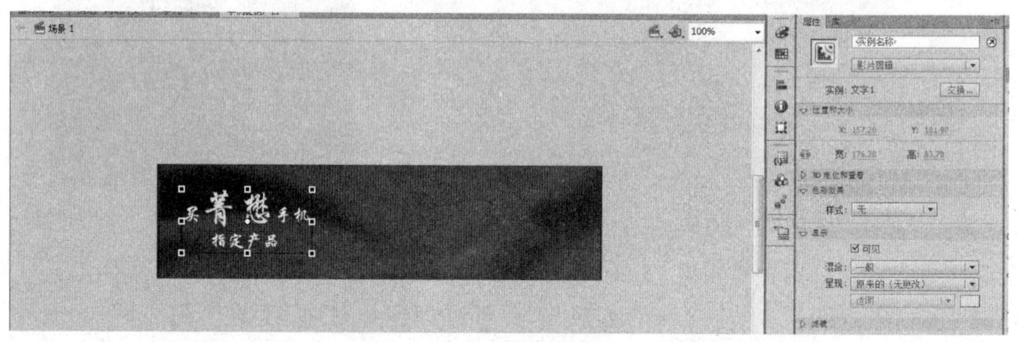

图 3-2-23　第 20 帧时“文字 1”元件的大小、位置和 Alpha 值

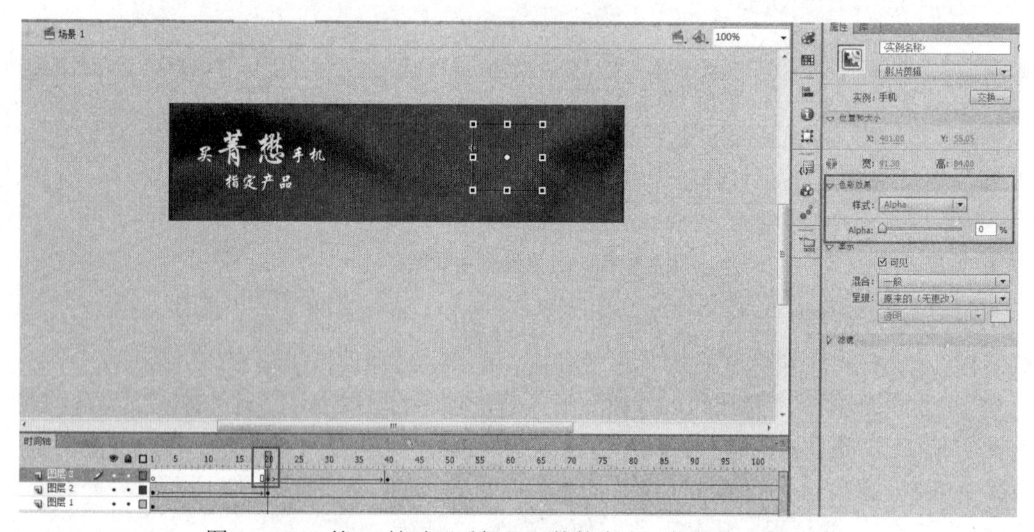

图 3-2-24　第 20 帧时“手机”元件的大小、位置和 Alpha 值

④ 在“图层 2”和“图层 3”中，分别制作“文字 1”和“手机”元件消失的补间动画。首先，在“图层 2”和“图层 3”的第 60 帧和第 80 帧处分别插入关键帧。设置第 80 帧处“文字 1”和“手机”元件的 Alpha 值都为“0”。分别在“图层 2”和“图层 3”的第 60～80 帧之间创建传统补间动画。时间轴的表现如图 3-2-21 所示。

⑤ 在“图层 4”中创建“文字 2”元件出现的补间动画。新建“图层 4”，在第 80 帧处插入关键帧，将库中的“文字 2”元件拖入到舞台的右下方，并设置其 Alpha 值为“0”，如图 3–2–25 所示。在第 100 帧处插入关键帧，将“文字 2”元件上移，并设置其 Alpha 值为“100%”（或“样式”设置为“无”），如图 3–2–26 所示。

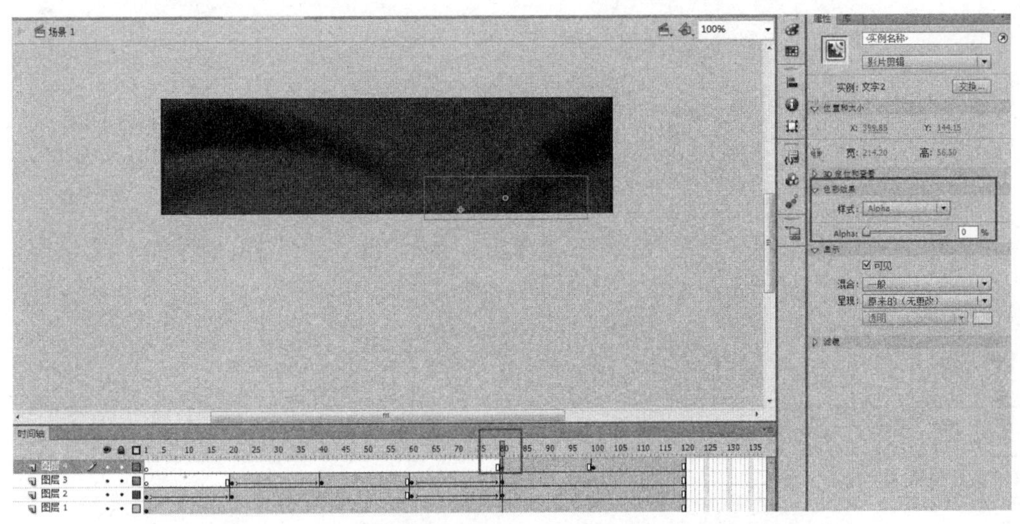

图 3–2–25　第 80 帧时“文字 2”元件的大小、位置和 Alpha 值

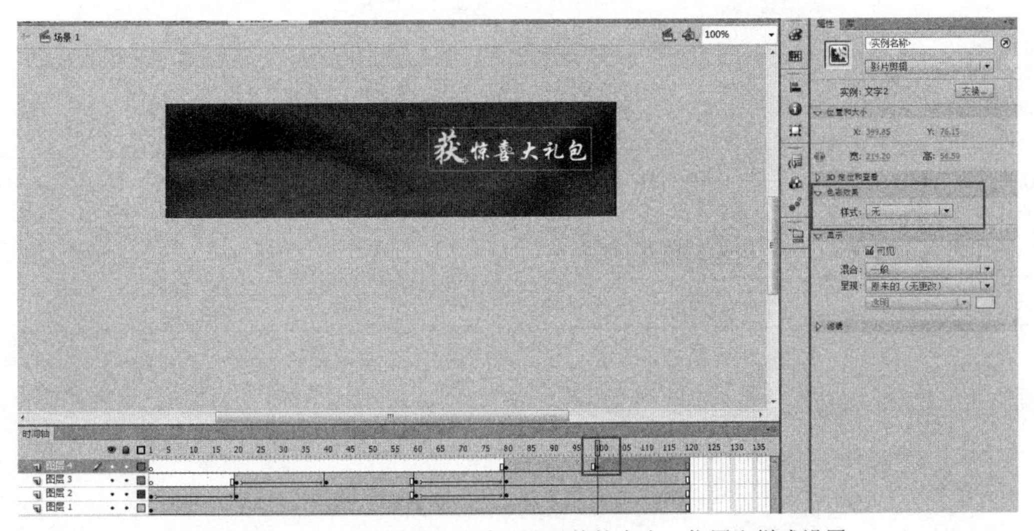

图 3–2–26　第 100 帧时“文字 2”元件的大小、位置和样式设置

最后，在第 80 帧和第 100 帧之间创建传统补间动画。时间轴的表现如图 3–2–21 所示。

⑥ 在“图层 5”中拖入“礼品盒”元件。首先，新建“图层 5”，在第 100 帧处插入关键帧，并将制作好的“礼品盒”影片剪辑元件拖入到舞台的左边，如图 3–2–27 所示。

06　按 Ctrl+S 组合键，保存文档；按 Ctrl+Enter 组合键，进行预览测试。

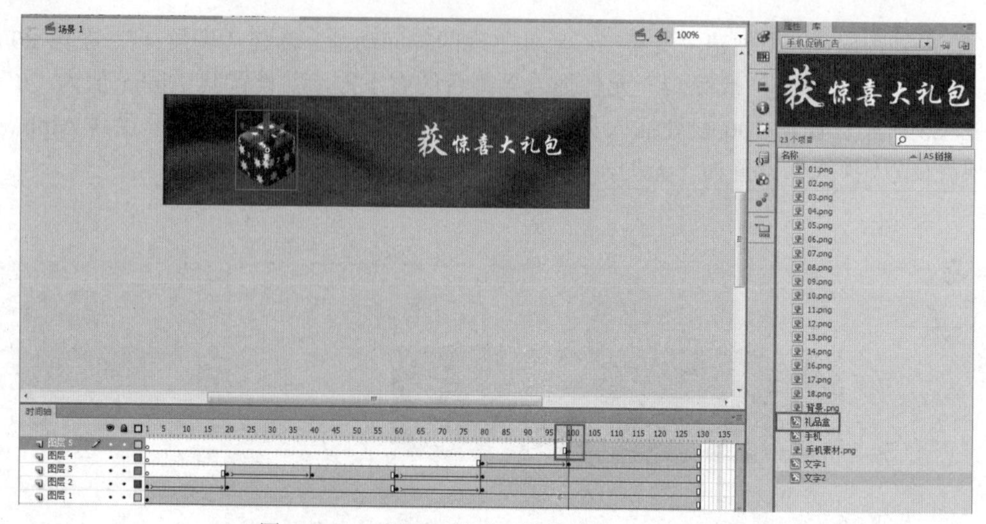

图 3-2-27　第 100 帧时“礼品盒”元件的位置

任务评价

报告人：	指导教师：	完成日期：
任务实施过程汇报：		
工作创新点		
小组交互评价		
指导教师评价		

思考练习

选择题：

（1）下列对象中，无法直接用来制作传统补间动画的是（　　）。

A. 图形元件　　B. 按钮　　C. 文本块　　D. 矢量形状

（2）关于为传统补间动画分布对象，描述正确的是（　　）。

A. 用户可以快速将某一帧中的对象分布到各个独立的层中，从而为不同层中的对象创建补间动画

B. 每个选中的对象都将被分布到单独的新层中，没有选中的对象也分布到各个独立的层中

C. 没有选中的对象将被分布到单独的新层中，选中的对象则保持在原来的位置

D. 以上说法都错

（3）以下关于逐帧动画和传统补间动画的说法，正确的是（　　）。

A. 两种动画模式下，Flash 制作软件都必须记录完整的各帧信息

B. 前者必须记录各帧的完整记录，而后者不用

C. 前者不必记录各帧的完整记录，而后者必须记录完整的各帧记录

D. 以上说法均不对

（4）两个关键帧中的图像都是图形，则这两个关键帧之间可以设置的动画类型有（　　）。

A. 形状渐变　　B. 位置渐变　　C. 颜色渐变　　D. 文字渐变

（5）关键帧是定义在动画中变化的帧。下列关于关键帧的描述，错误的是（　　）。

A. 在传统补间动画中，可以在动画的重要位置定义关键帧，让 Flash 创建关键帧之间的帧内容

B. 关键帧可以设置帧标签，一般帧不可以

C. 没有制作补间动画时，一般帧会显示上一个关键帧的内容

D. 关键帧与一般帧都可以绑定动作脚本

（6）如果要制作一个对象逐渐消失的动画，可以用到下列选项中的（　　）。

A. 分离命令　　B. Alpha 属性　　C. 矢量化　　D. 自定义颜色

任务拓展

Flash 效果扫一扫

结合本次任务所学，创建一个阖家欢乐的传统补间动画。动画效果是先打开两扇门，显示左右两边的对联，然后一家人逐渐由模糊到清晰地出现，继而“抬头见喜”的四字横幅出现。效果图如图 3-2-28 所示。

图 3-2-28　阖家欢乐

本次扩展任务中提供的素材有对联、门和人物，如图 3-2-29 所示。

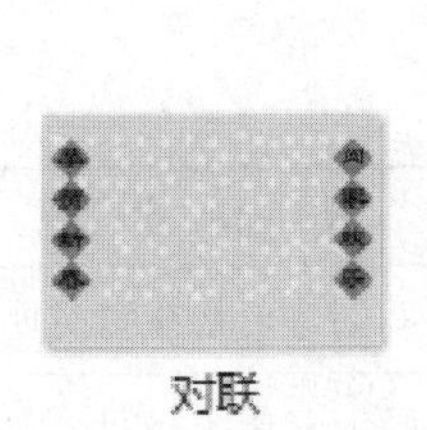

对联

门

人

人0

图 3-2-29　素材图片

任务 3.3　制作 Loading 下载条效果

任务描述

在打开一个网站、动画或游戏界面时，经常可以看到一些 Loading 下载条。这些下载条的动画，可以增加界面的趣味性，转移用户等待时的注意力，如图 3–3–1 所示。

本任务制作 Loading 下载条（本例中为滚动条）的动画，此动画为形状补间动画。在制作过程中，主要是设置补间两端的形状，过渡帧上创建形状补间，从而完成动画制作。效果如图 3–3–2 所示。

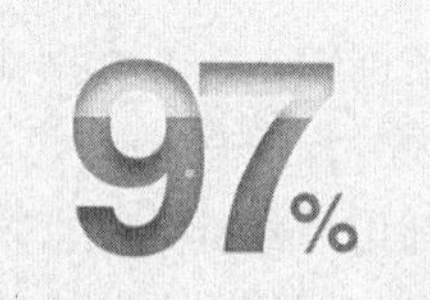

图 3–3–1　各种式样的 Loading 效果

Flash 效果扫一扫

图 3–3–2　本任务“Loading 下载条”效果图

本任务主要是通过起始和终止关键帧的形状改变，实现 Loading 下载条动画。

本任务涉及的重要步骤见表 3–3–1。

表 3–3–1　任务实现归纳

序号	重 要 步 骤	具 体 实 现
1	“Loading 动画”元件的创建	关键帧之间创建形状补间动画
2	“旋转风车”元件的创建	关键帧之间创建传统补间动画

任务目标

1. 理解形状补间动画的基本原理。
2. 掌握图形、文本、组、实例或位图图像等分离操作的方法。
3. 能够进行形状补间动画的制作。
4. 掌握传统补间动画和形状补间动画制作的区别。
5. 了解 ActionScript 代码控制动画的播放。

任务实施

知识储备

3.3.1　形状补间动画

正如任务 3.2 所述，传统补间动画就是设置起始帧和终止帧的对象，由 Flash 自动生成其他过渡形态的动画；而形状补间动画只要设置起始帧和终止帧对象上的形状，由 Flash 自动生成其他过渡形状的动画。当设定起始帧和终止帧上的形状，并创建了形状补间动画之后，Flash 会按形状过渡的规律，通过运算得到过渡帧的形状，从而形成形状补间动画。这是形状补间动画的基本原理。

形状补间即补间两端为形状，只有当两端都为形状时，才可创建形状补间动画。对于非“形状”属性者，可以通过 Ctrl+B 组合键进行打散（也称分离），再进行形状补间动画的制作。关于绘制对象是图形还是形状，可以参考图 3–3–3 所示。

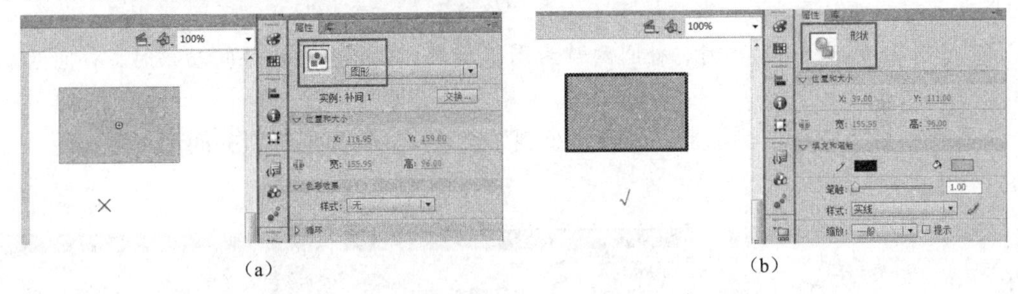

（a）　　　　　　　　　　　　（b）

图 3–3–3　绘制为“图形”和“形状”的区别

（a）图形；（b）形状

形状补间两端的“对象”必须具有分解属性。通过工具箱中的工具绘制的图形都具有分解属性。若要对组、实例或位图图像应用形状补间，应先分离这些元素；若要对文本应用形状补间，应将文本分离两次，从而将文本转换为形状属性，如图 3–3–4 所示。

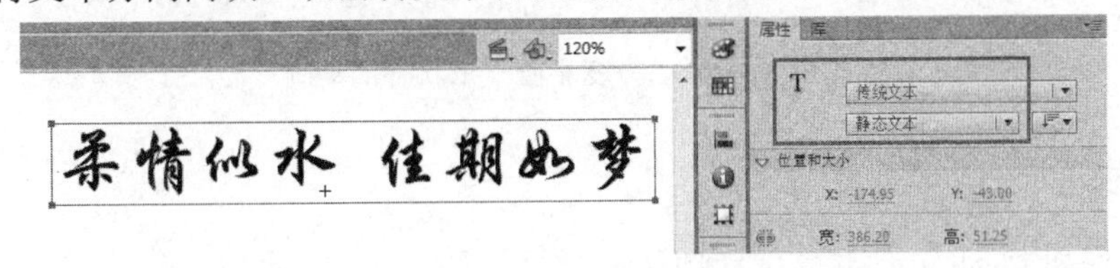

（a）

图 3–3–4　文本的分离

（a）分离前

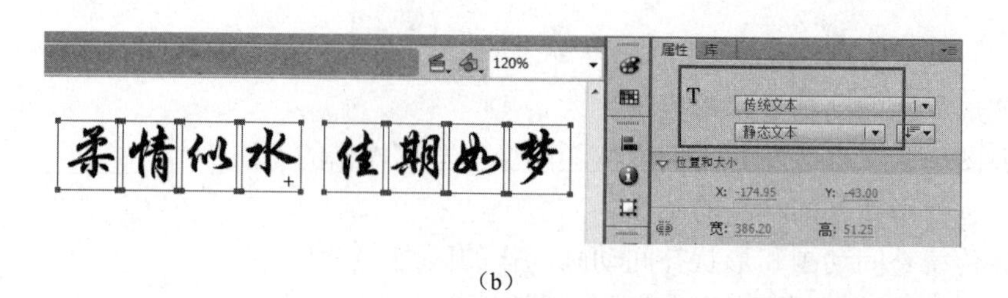

(b)

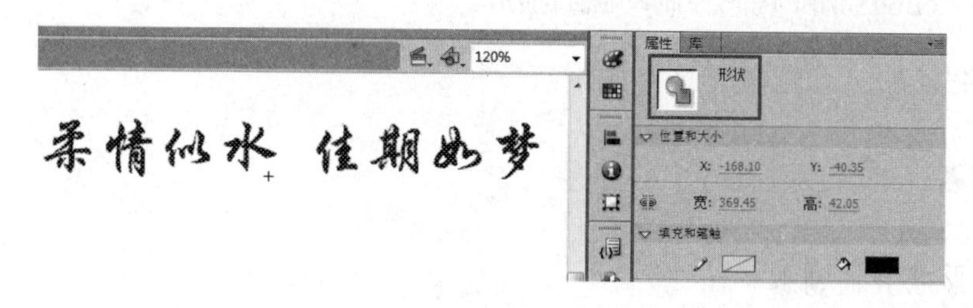

(c)

图 3-3-4　文本的分离（续）

(b) 第一次分离；(c) 第二次分离

温馨提示：

① 在 Flash 中，只有将文本或图形打散后，才能创建形状补间动画（选择“修改”→“分离”命令或使用 Ctrl+B 组合键）。

② 创建形状补间动画时，为了控制图形间对应部位的变形，使变形更有规律，制作出的变形效果更有趣，可以通过添加形状提示（选择“修改”→“形状”→“添加形状提示”命令）。

③ 在创建传统补间动画时，补间两端为图形属性；在创建形状补间动画时，补间两端为形状属性。

本教材项目 1 中的实例示范“小方变小圆”就是一个简单的形状补间动画，如图 3-3-5 所示。

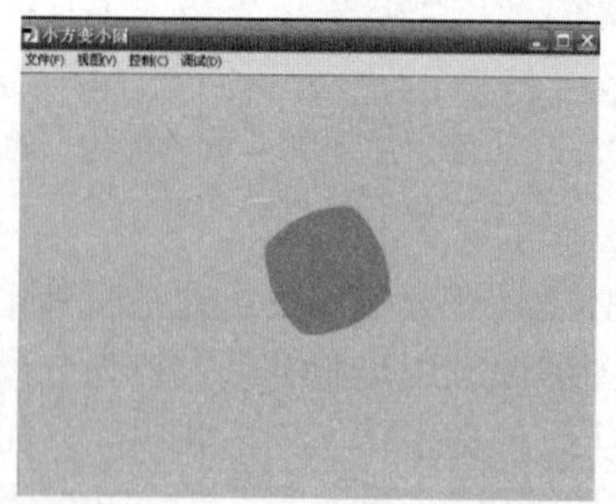

图 3-3-5 “小方变小圆”形状补间动画

操作实践

步骤 1：新建 Flash 文档并设置文档属性。

按 Ctrl+N 组合键，新建一个名为“Loading 下载条”的文档。文档属性中，大小设置为 1 024×512，帧频为 24 fps，背景颜色为粉红（#FFCCCC），如图 3-3-6 所示。

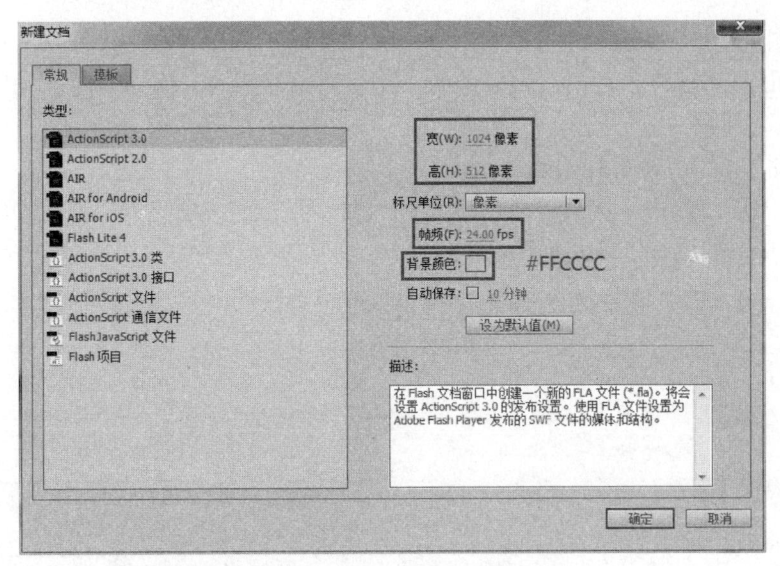

图 3–3–6　新建文档的文档属性设置

步骤 2：创建“文字”影片剪辑元件。

按 Ctrl+F8 组合键创建一个名为“文字”的影片剪辑元件，如图 3–3–7 所示。在“文字”元件的编辑窗口中，在第 40 帧处插入普通帧，并分别在第 1 帧、第 10 帧、第 20 帧和第 30 帧处插入关键帧，选择“文本工具”（快捷键 T），输入文字内容。各关键帧时的文本如图 3–3–8 所示。

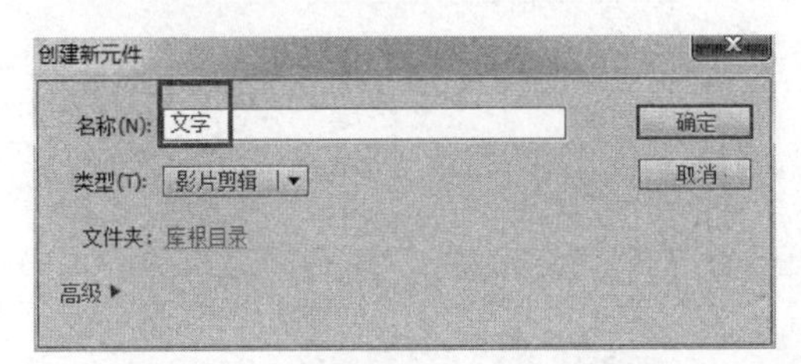

图 3–3–7　创建“文字”影片剪辑元件

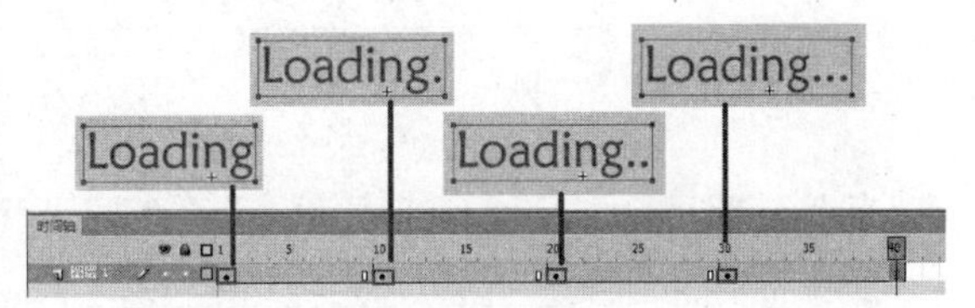

图 3–3–8　“文字”元件中第 1、10、20、30 帧时的文本

步骤 3：创建“Loading 动画”影片剪辑元件。

按 Ctrl+F8 组合键，创建一个名为“Loading 动画”的影片剪辑元件，该元件最终效果如图 3–3–9 所示。

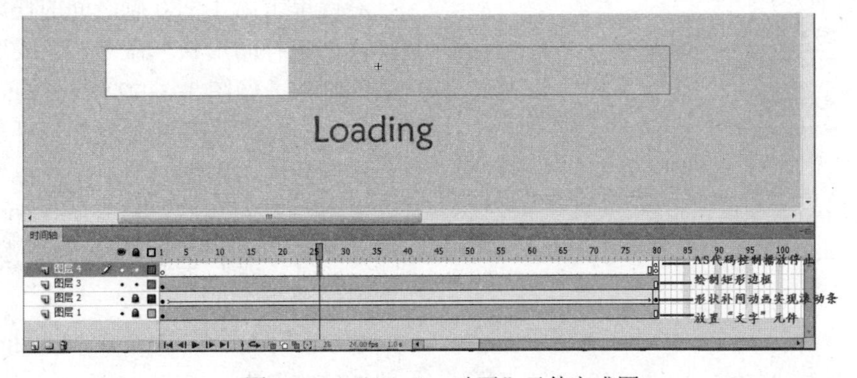

图 3–3–9　“Loading 动画”元件完成图

① 在“图层 1”中拖入“文字”元件。

在“Loading 动画”元件中，将库中的“文字”元件拖入，作为“图层 1”的内容。在 80 帧处，插入普通帧。

② 在“图层 2”中设置起始帧。

在新建“图层 2”中，选择“矩形工具”，笔触为“无”，填充为“白色”(#FFFFFF)，绘制一个小矩形，如图 3–3–10 所示。

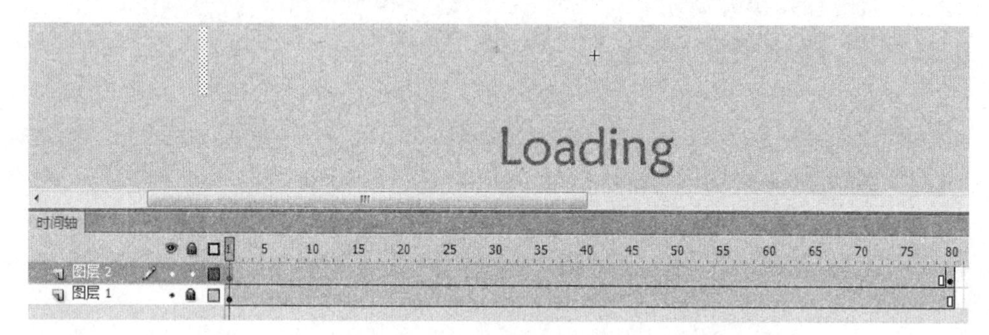

图 3–3–10 “Loading 动画”元件中“图层 2”的第 1 帧

③ 在“图层 2”中设置终止帧。

在第 80 帧处，插入关键帧，选择“任意变形工具”将小矩形水平方向上、向右拉伸，如图 3–3–11 所示。

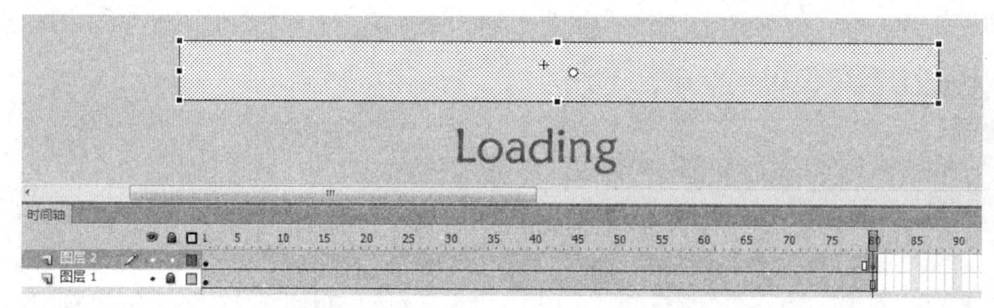

图 3–3–11 “Loading 动画”元件中“图层 2”的第 80 帧

图 3–3–12 在第 1～80 帧之间选择“创建补间形状”

④ 在“图层 2”的起始帧和终止帧之间创建形状补间动画。

右键单击第 1～80 帧之间的任意一帧，选择“创建补间形状”命令，完成形状补间动画的制作，如图 3–3–12 所示。

⑤ 在“图层 3”中绘制矩形外边框。

在新建的“图层 3”中，选择“矩形工具”，笔触设置为“1”且为“蓝色”(#0099CC)，填充为“无”。在白色矩形条的外边绘制一个边框，如图 3–3–13 所示。

⑥ 在“图层 4”中设置“Loading 动画”元件播放的停止。

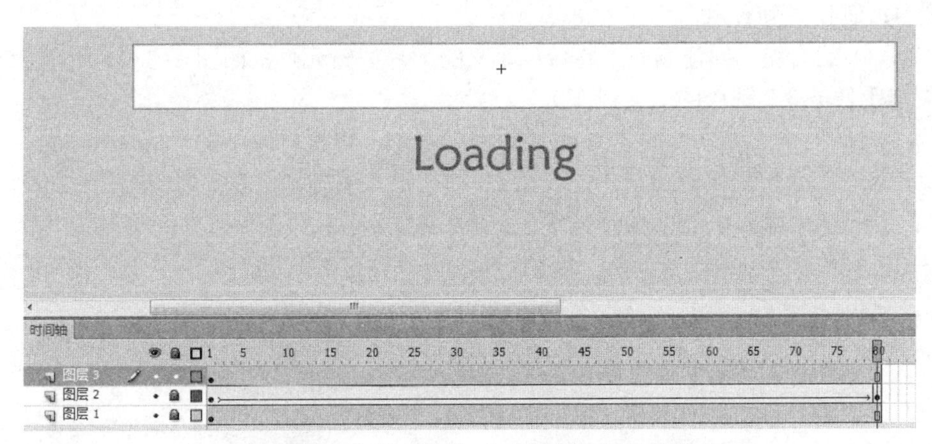

图 3–3–13　在“图层 3”中绘制矩形外边框

在新建“图层 4”的第 80 帧处创建关键帧。右键单击该关键帧，选择“动作”命令，如图 3–3–14 所示。

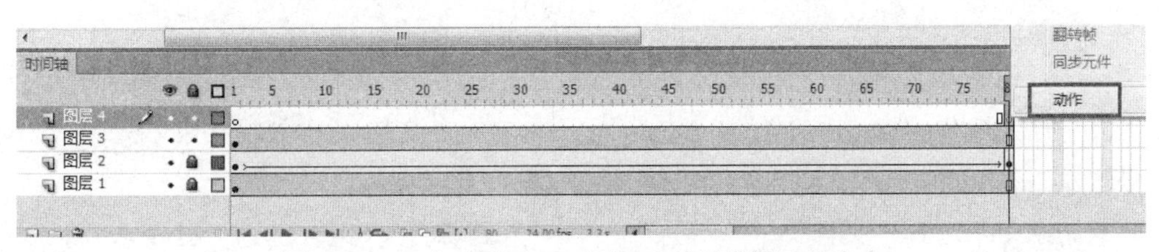

图 3–3–14　在“图层 4”的第 80 帧处设置动作命令

在弹出的“动作”窗口中，输入 ActionScript（简称 AS）代码“stop( );”，实现元件播放的停止，如图 3–3–15 所示。（备注：其他元件或对象使用该元件时，该元件动画效果不会重复播放了。）

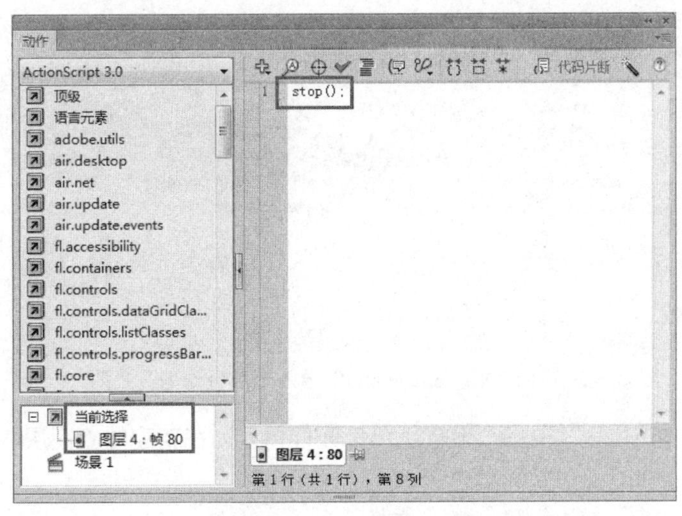

图 3–3–15　第 80 帧的 AS 代码

步骤 4：制作“旋转风车”影片剪辑元件。

按 Ctrl+F8 组合键，创建名为“旋转风车”的影片剪辑元件，如图 3–3–16 所示。（备注：此步骤类似于任务 3.2 制作的旋转风车）

选择“文件”→“导入”→“导入到舞台”命令，将素材库中的“image2.png”文件导入到“旋转风车”元件的编辑窗口中。在第 20 帧处插入关键帧，右键单击第 1～20 帧之间的任意一帧，选择“创建传统补间动画”命令，在“属性”面板中，设置补间旋转为“顺时针”，如图 3–3–17 所示。

图 3–3–16　创建“旋转风车”影片剪辑元件

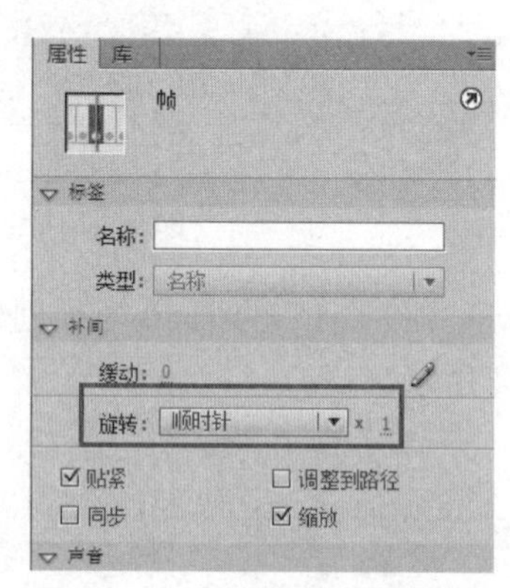

图 3–3–17　传统补间的属性设置

步骤 5：场景编辑。

回到场景中，选择“文件”→“导入”→“导入到舞台”（组合键为 Ctrl+R），将素材库中的“image.png”导入到场景的“图层 1”中，如图 3–3–18 所示。

图 3–3–18　把“image.png”导入到舞台作为背景图

依次在新建的“图层 2”中将“旋转风车”元件拖入，在新建的“图层 3”中将“Loading 动画”元件拖入，如图 3–3–19 所示。

步骤 6：按 Ctrl+Enter 组合键，测试预览。

图 3–3–19　场景中的时间轴

温馨提示：

使用“矩形工具”绘制矩形时，在附属工具栏中有“对象绘制”的选项按钮，该按钮控制着绘制的对象是“图形”属性还是“形状”属性。

任务延伸：阿喜吹泡泡

Flash 效果扫一扫

“阿喜吹泡泡”动画主要实现了两个动画画面。其中，吹泡泡动画效果，主要是通过关键帧之间创建形状补间动画实现的；而帽子的移动和爆炸效果的出现，主要是采用关键帧的重新设置实现的。效果如图 3–3–20 所示。

图 3–3–20　“阿喜吹泡泡”动画效果

01　在“阿喜吹泡泡”的 Flash 文档中创建“阿喜”图形元件。

按 Ctrl+N 组合键，创建名为“阿喜吹泡泡”的 Flash 文档。按 Ctrl+F8 组合键，创建名为“阿喜”的图形元件，如图 3–3–21 所示。

02　绘制“阿喜”图形元件。

① 选择“椭圆工具”“线条工具”“选择工具”“任意变形工具”等绘制图形，如图 3–3–22 所示。

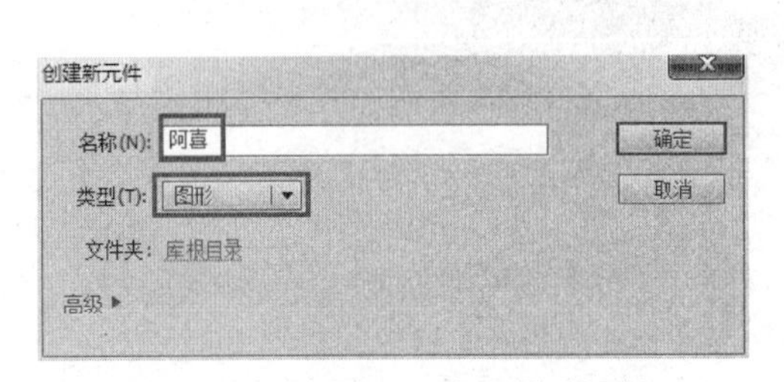

图 3–3–21　创建“阿喜”图形元件

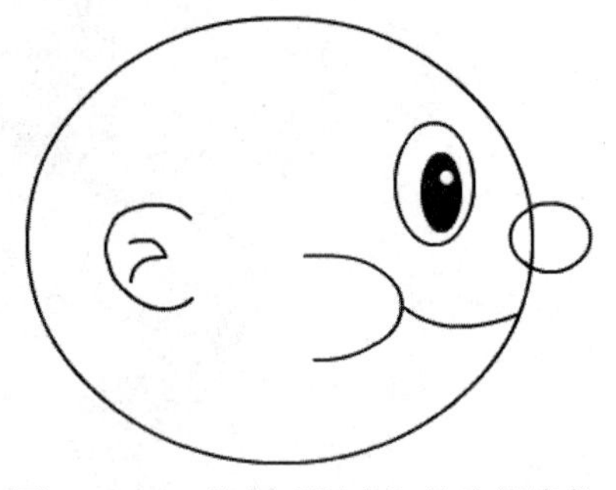
图 3–3–22　绘制“阿喜”的头部线条

② 填充颜色。选择“颜料桶工具”和“颜色”面板，为脸部和鼻子填充“径向渐变”颜色，如图 3–3–23 所示。选择“渐变变型工具”，调整颜色变化区域，如图 3–3–24 所示。

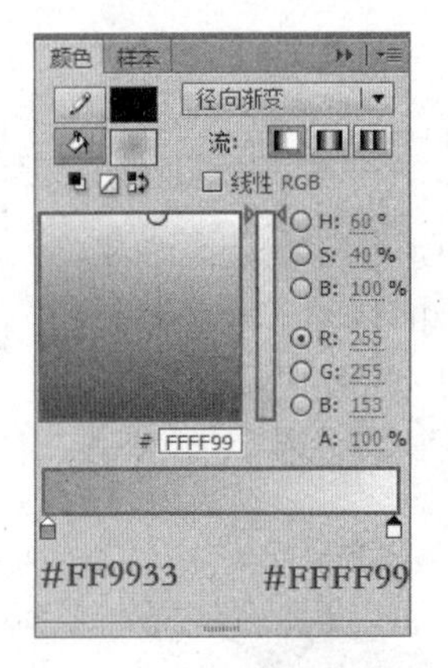

图 3–3–23　径向渐变设置

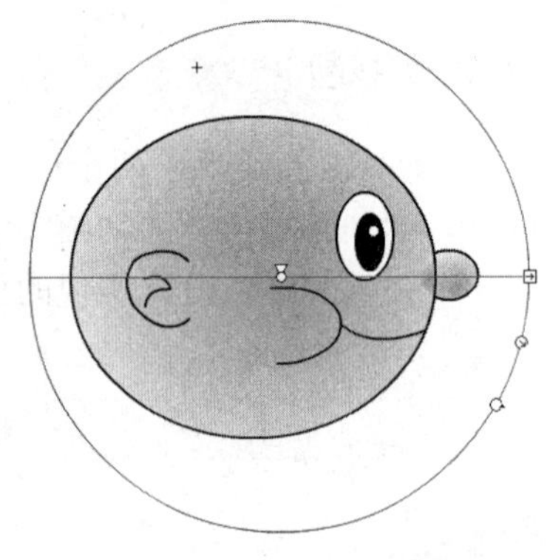
图 3–3–24　调整渐变区域

03　绘制“帽子”影片剪辑元件。

按 Ctrl+F8 组合键，创建“帽子”影片剪辑元件，如图 3–3–25 所示。

① 选择工具栏中的绘图工具，完成如图 3–3–26 所示的线条绘制。

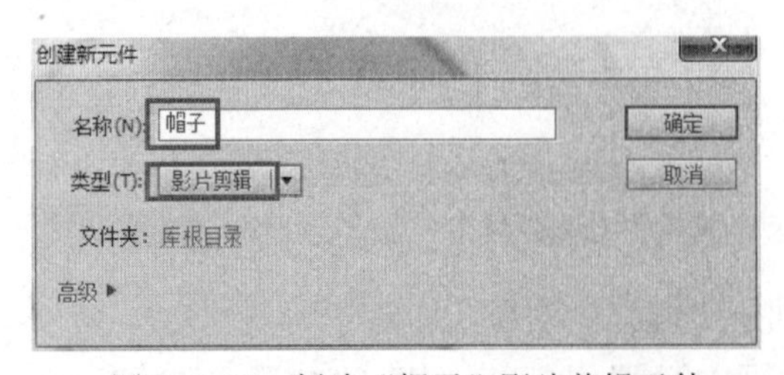

图 3–3–25　创建“帽子”影片剪辑元件

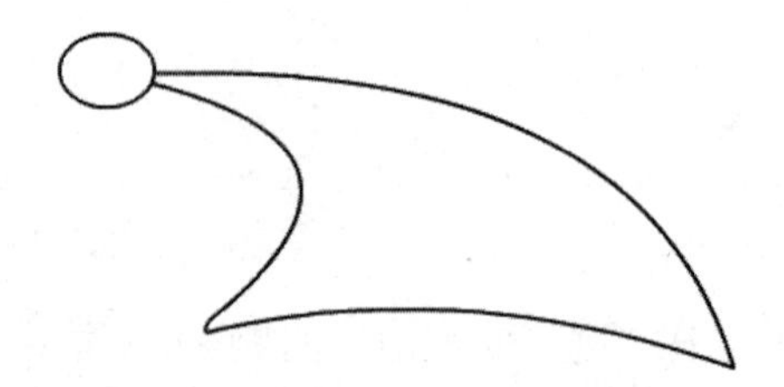
图 3–3–26　“帽子”线条

② 选择“颜料桶工具”“渐变变形工具”等为图形填充径向渐变颜色，如图 3–3–27 所示。渐变效果如图 3–3–28 所示。

04　创建“吹管”图形元件。

吹管的颜色填充值为#00CCFF，效果如图 3–3–29 所示。

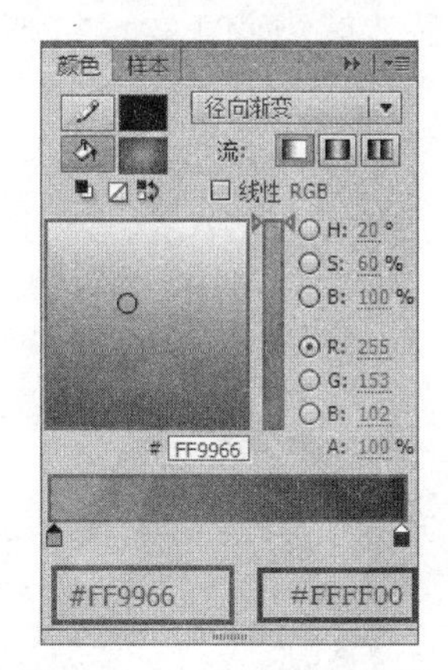

图 3–3–27　径向渐变设置

图 3–3–28　“帽子”颜色填充

图 3–3–29　“吹管”图形元件效果

05　设置“阿喜”图层、“帽子”图层、“吹管”图层。

回到场景 1 中，分别将“阿喜”元件、“帽子”和“吹管”元件拖到对应图层上并调整好位置，如图 3–3–30 所示。

06　创建帽子甩动动画。

为所有图层插入 80 帧普通帧的长度。在“帽子”图层的第 30 帧处，插入关键帧。选择“修改”→“变形”→“水平翻转”，改变帽子的方向，如图 3–3–31 所示。

图 3–3–30　场景中两个图层的设置

图 3–3–31　“帽子”水平翻转

07　在“泡泡”图层中创建形状补间动画。

① 在新建的“泡泡”图层中的第 10 帧处插入关键帧，绘制一个小椭圆，填充径向渐变

的颜色，如图 3-3-32 所示。

② 在第 30 帧处插入关键帧，选择“任意变形工具”，将泡泡拉大；选择“渐变变形工具”，拉大渐变填充的范围。右键单击第 10～30 帧之间任意一帧，选择“创建补间形状”命令，创建形状补间动画，如图 3-3-33 所示。

08　绘制爆炸效果。在第 31 帧处插入空白关键帧，绘制爆炸效果，如图 3-3-34 所示。

09　按 Ctrl+S 组合键，保存文档；按 Ctrl+Enter 组合键，测试预览。

图 3-3-32　在“泡泡”图层第 10 帧处绘制泡泡

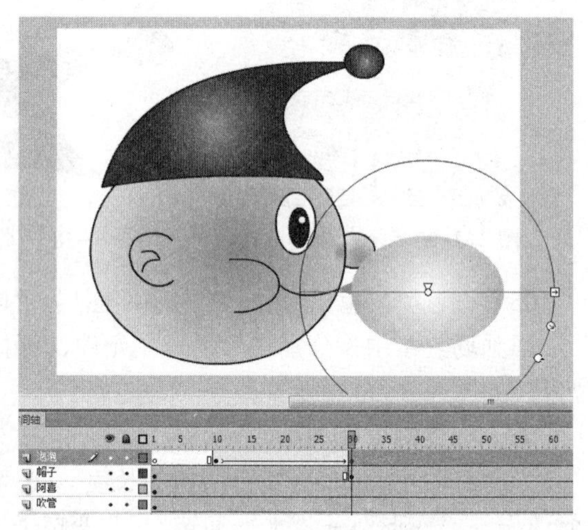

图 3-3-33　在第 10～30 帧之间创建形状补间动画

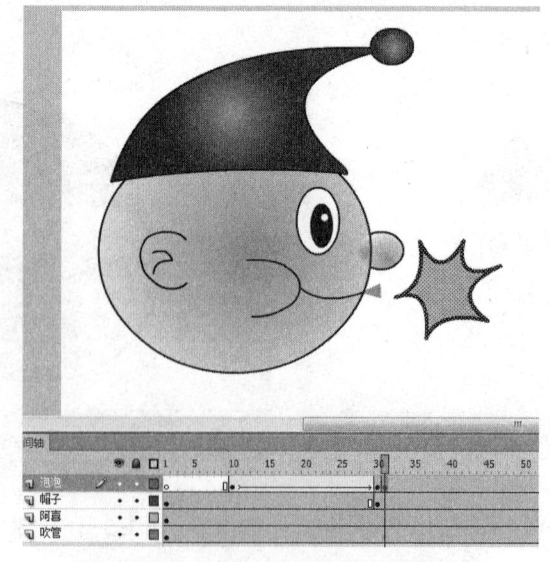

图 3-3-34　在第 31 帧处增加爆炸图形

任务评价

报告人：	指导教师：	完成日期：
任务实施过程汇报：		
工作创新点		
小组交互评价		
指导教师评价		

思考练习

选择题：

（1）下列变化过程无法通过“形状补间”实现的是（　　）。

A. 一个圆形颜色逐渐变浅直至消失

B. 一个圆形沿折线移动

C. 一个圆形从舞台左边移动到右边

D. 一个红色的圆形逐渐变成绿色的圆形

（2）下列关于形状补间动画的描述，错误的是（　　）。

A. Flash 中一次只能对一个形状进行补间，而不能同时补间多个形状

B. 补间形状可以用于创建变形的效果

C. Flash 支持对形状的位置、大小、颜色和不透明度进行补间

D. 对于文本块，可以经过多次分离操作，最终转化为形状后才能进行形状补间

（3）Flash 中的形状补间动画和动作补间动画的区别是（　　）。

A. 两种动画很相似

B. 在现实中两种动画都不常用

C. 形状补间动画比动作补间动画容易

D. 形状补间动画只能对打散的物体进行制作，动作补间动画能对元件的实例进行制作

（4）制作形状补间动画，使用形状提示，能获得最佳变形效果的说法中正确的是（　　）。

A. 在复杂的变形动画中，不用创建一些中间形状，而仅仅使用开始和结束两个形状

B. 确保形状提示的逻辑性

C. 如果将形状提示按逆时针方向从形状的右上角位置开始，则变形效果将会更好

D. 以上说法都错

（5）关于“传统补间”与“补间形状”，说法正确的是（　　）。

A. 两者都可以制作位置、大小、颜色和不透明度逐渐过渡的动画

B. Flash CS4 新增的“补间动画”，已经可以完全替代这两种补间，并且功能更强

C. 文字可以直接制作成补间形状动画

D. 传统补间动画只能用元件的实例进行制作

（6）形状补间只能用于（　　）。

A. 矢量图形　　B. 任何图形　　C. 任何图像　　D. 位图

（7）在时间轴中，表示形状补间使用的颜色是（　　）。

A. 蓝色　　B. 红色　　C. 绿色　　D. 黄色

（8）在制作形状渐变动画时，在属性栏中会有一个混合选项，当调节这个混合选项时，发现动画并没有发生变化，这可能是因为（　　）。

A. 这个选项只针对其他动画，对形状渐变动画不起作用

B. 这个选项最少在某一帧上有两个图形时才可以起作用

C. 这个选项要在两个关键帧上均有两个图形时才可以起作用

D. 这个选项要由三个帧制作的形状渐变动画起作用

任务拓展

变脸是川剧艺术中塑造人物的一种特技，是揭示剧中人物内心思想感情的一种浪漫主义手法。变脸，原指戏曲中的情绪化妆，后来指一种瞬间多次变换脸部妆容表演特技。许多剧种都有这种表演，以川剧最为著名。

Flash 效果扫一扫

请结合本次任务所学，运用形状补间动画的原理制作一个变脸的动画。效果如图 3-3-35 所示。

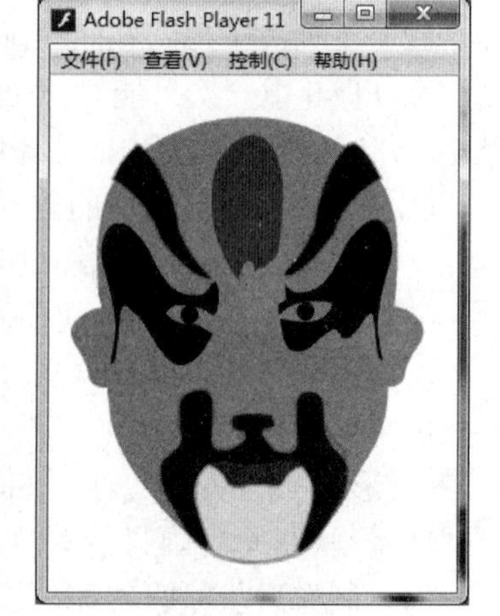

图 3-3-35　变脸动画

任务 3.4　丛林射飞镖

任务描述

通过上几个任务和实例的学习，逐渐掌握了逐帧动画、传统补间动画和形状补间动画。Adobe公司推出的 Flash CS5 及以后版本中，多了单独的补间动画。那么，补间动画和以前学习的传统补间动画及形状补间动画都有什么区别或相同点呢？

Flash 效果扫一扫

本次任务通过制作一个在丛林中射飞镖的动画，来实现补间动画的制作过程。该动画的制作过程中，主要是实现将多个旋转、快速移动的飞镖射到大树上。最终效果如图 3-4-1 和图 3-4-2 所示。

图 3-4-1　丛林射飞镖（1）

图 3-4-2　丛林射飞镖（2）

任务目标

1. 了解补间动画的应用领域。
2. 掌握创建补间动画的方法。
3. 了解补间动画、传统补间动画和形状补间动画的异同。
4. 了解补间动画中较为常见的关键帧类型。

任务实施

知识储备

3.4.1 补间动画

补间动画是在 Flash CS5 中引入的，其功能强大且易于创建。补间动画是通过为一个帧中的对象属性指定一个值并为另一帧中的相同属性指定另一个值创建的动画。Flash 计算这两个帧之间该属性的值。

与 Flash 较早的版本不同，该补间动画模型是基于对象的，它将补间直接应用于对象而不是关键帧，且自动记录运动路径并生成属性关键帧。用户使用“选择工具”或“部分选择工具”就可以改变路径的形状。

1. 补间动画的对象类型

① 影片剪辑元件。

② 图形元件。

③ 按钮元件。

④ 文本字段。

2. 补间动画的对象的属性

① 2D 的 X 轴和 Y 轴位置。

② 3D 的 Z 轴位置（仅限影片剪辑）。

③ 2D 的旋转。

④ 3D 的 X 轴、Y 轴和 Z 轴旋转（仅限影片剪辑）。

⑤ 倾斜 X 轴和 Y 轴。

⑥ 缩放 X 轴和 Y 轴。

⑦ 颜色效果。

⑧ 滤镜属性（不含应用于图形元件的滤镜）。

3. 举例说明创建补间动画的过程

① 在时间轴上绘制一个五角星，然后按 F8 快捷键将其转换为影片剪辑元件。

② 在第 20 帧处按 F5 快捷键插入普通帧。

③ 选择第 1 帧，单击右键，选择“创建补间动画”命令。

④ 选择第 20 帧，单击右键，选择“插入关键帧”→“旋转”命令。

⑤ 选择工具栏上的“3D 旋转工具”，在第 1 帧或第 20 帧处做一个角度旋转，完成动画，如图 3–4–3 所示。

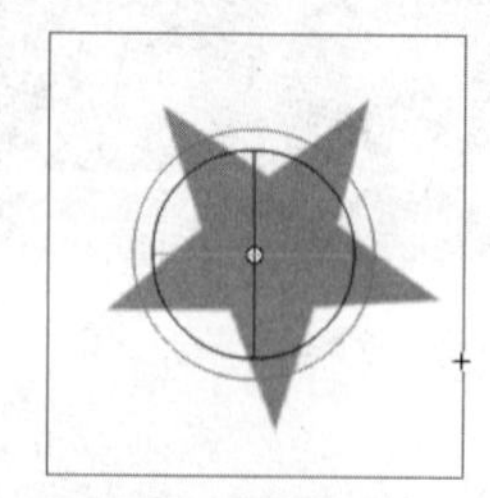

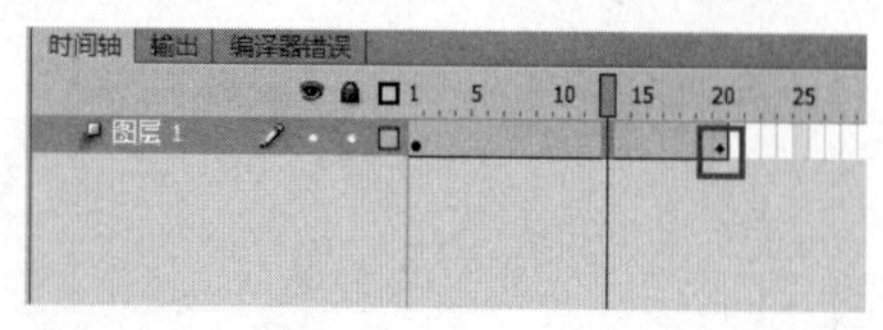

图 3–4–3 补间动画

4. 属性关键帧

前面已经介绍过，根据作用的不同，关键帧也可以分成关键帧、空白关键帧和属性关键帧。

在补间范围的某一帧，若编辑补间对象的某一属性，则在当前帧将出现一个菱形的黑点，称为属性关键帧。

下面说明插入属性关键帧的过程。

如图 3–4–3 所示，在上述创建补间动画之后，第 1～20 帧就属于补间范围。右键单击第 12 帧，选择“插入关键帧”命令，出现“位置”“缩放”“倾斜”“旋转”“颜色”“滤镜”“全部”等选项。根据所需要的动画效果进行选择即可，如图 3–4–4 所示。

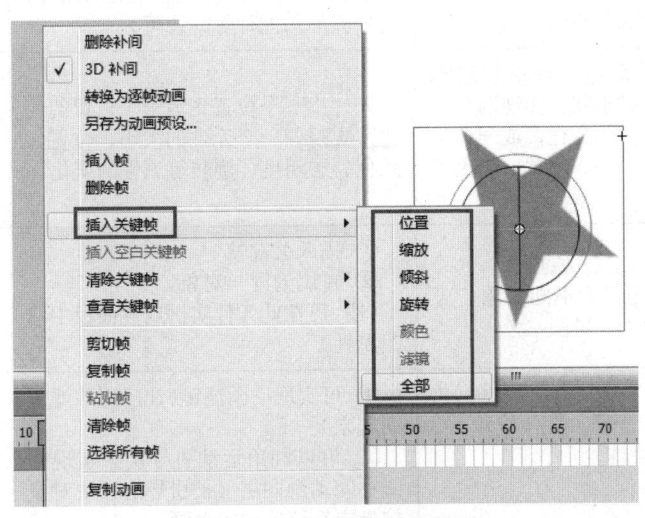

图 3–4–4　属性关键帧的插入

温馨提示：

① 属性关键帧是 Flash CS4 中新引入的概念，指补间动画记录对象属性值变化的帧。

② 对于属性关键帧而言，根据插入关键帧选择的不同，有位置关键帧、缩放关键帧、倾斜关键帧、旋转关键帧、颜色关键帧、滤镜关键帧等。

3.4.2　补间形状、补间动画、传统补间的异同

在 Flash 中，补间形状（即形状（变形）动画）只能针对矢量图形进行，也就是说，进行变形动画的首、尾关键帧上的图形应该都是矢量图形。

在 Flash 中，传统补间（即动作（动画）补间动画）只能针对非矢量图形进行，也就是说，进行运动动画的首、尾关键帧上的图形都不能是矢量图形，它们可以是组合图形、文字对象、元件的实例、被转换为“元件”的外界导入图片等。转为元件后，能修改的属性参数比较多，因此，在表 3–4–1 所列的组成对象中统一为元件。

在 Flash 中，补间动画是通过为一个帧中的对象属性指定一个值并为另一个帧中的相同属性指定另一个值创建的动画。Flash 计算这两个帧之间该属性的值。补间动画中可补间的对象包括：影片剪辑元件、图形元件、按钮元件、文本字段等。补间动画中可补间的对象属性包括：2D 的 X 轴和 Y 轴位置，3D 的 Z 轴位置（仅限影片剪辑），2D 的旋转，3D 的 X 轴、Y 轴和 Z 轴旋转，倾斜 X 轴和 Y 轴，缩放 X 轴和 Y 轴，颜色效果，滤镜属性等。

关于补间形状、补间动画和传统补间的异同归纳见表 3–4–1。

表 3-4-1　补间形状、补间动画、传统补间的异同

区别	补间形状（形状补间动画）	传统补间（动作（动画）补间动画）	补间动画
在时间轴上的表现	淡绿色背景有实心箭头	淡紫色背景有实心箭头	淡蓝色背景
组成	矢量图形 （注：若使用图形元件、按钮、文字，则必先打散，即转化为矢量图形再变形）	元件 （注：非矢量图形（组合图形、文字对象、元件的实例、被转换为“元件”的外界导入图片等）皆可）	同左
效果	矢量图形由一种形状逐渐变为另一种形状。实现两个矢量图形之间的变化，或一个矢量图形的大小、位置、颜色等变化	元件由一个位置到另一个位置的变化。实现同一个元件的大小、位置、颜色、透明度、旋转等属性的变化	同左
关键	① 插入空白关键帧 ② 首尾可为不同对象，可分别打散为矢量图	① 插入关键帧 ② 首尾为同一对象 （注：可在此元件实例属性面板中修改属性）	只需首关键帧即可 （注：对首关键帧应用“补间动画”）
特性		① 可实现动画滤镜（让应用的滤镜动起来） ② 可以利用运动引导层来实现传统补间动画图层（被引导层）中对象按指定轨迹运动的动画	可实现动画滤镜 （让应用的 滤镜动起来）

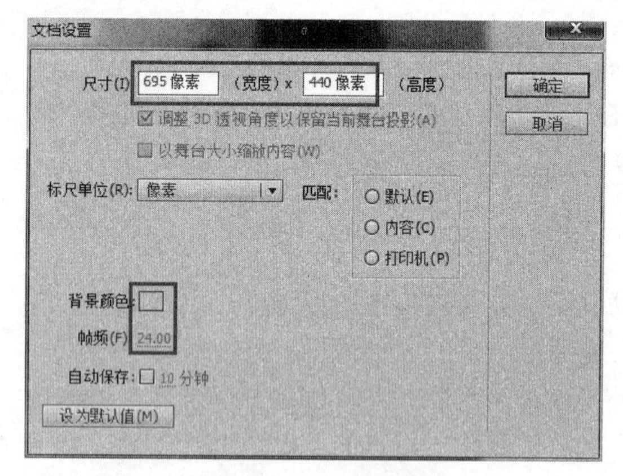

图 3-4-5　文档设置

操作实践

步骤 1：新建文档并设置文档属性。

按 Ctrl+N 组合键，新建一个 Flash 文档。设置文档尺寸为“695×440”，背景色为“黄绿色（#99ff00）”，帧频为“24”fps，如图 3-4-5 所示。

步骤 2：设置背景图层。

将场景中的图层 1 重新命名为“背景”，按 Ctrl+R 组合键，将素材文件“丛林射飞镖背景图.png”导入到舞台，如图 3-4-6 所示。

步骤 3：新建图层并命名。

新建 7 个图层，自下而上依次命名为“飞镖”“飞镖 1”“飞镖 2”“飞镖 3”“飞镖 4”“飞镖 5”“飞镖 6”，如图 3-4-7 所示。

步骤 4：在“飞镖”图层中创建“飞镖”影片剪辑元件。

选择“飞镖”图层的第 1 帧，选择“矩形工具”，设置“笔触颜色”为“无”，填充色为从白到黄的径向渐变，在编辑区绘制一个矩形，如图 3-4-8 所示。选择工具栏中的“添加锚点工具”，在绘制的矩形上添加锚点，并选择“部分选择工具”调整图像。

图 3–4–6　将素材导入到背景图层

图 3–4–7　新建图层并命名

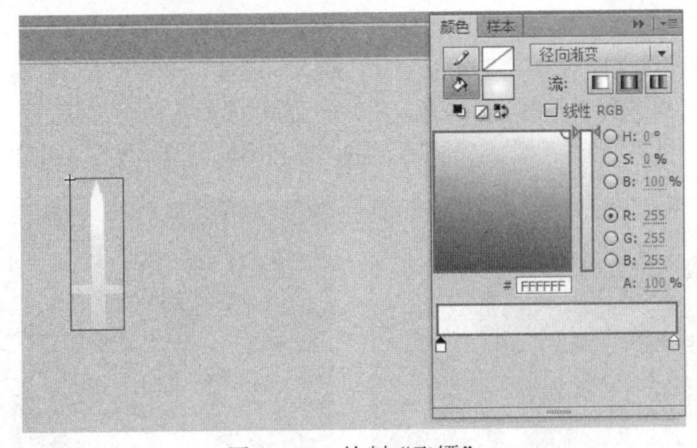

图 3–4–8　绘制“飞镖”

选择“飞镖”图层，将场景中的飞镖转换为影片剪辑元件并命名为“飞镖”。将该元件调整到场景的左下侧，如图 3–4–9 所示。

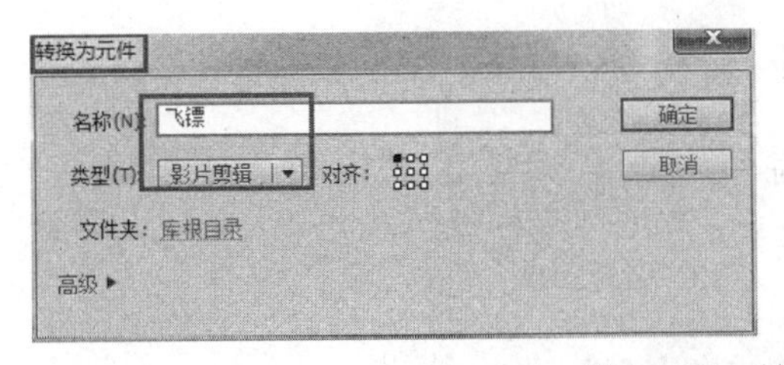

图 3–4–9　转换为影片剪辑元件

步骤 5：在“飞镖”图层的第 1 帧创建补间动画，并将补间范围拖动到其他图层。

右键单击“飞镖”图层的第 1 帧，选择“创建补间动画”命令。调整补间范围末端的飞镖的位置，将其调整到射在背景图的树干上，如图 3–4–10 所示。

按 Alt 键，分别拖动该补间范围到其他飞镖图层。在其他飞镖图层的第 1 帧调整飞镖的位置，如图 3–4–11 所示。

图 3–4–10　补间范围末端的飞镖位置

图 3–4–11　飞镖的初始位置

步骤 6：在“飞镖 1”图层的补间范围中设置位置关键帧。

右键单击“飞镖 1”图层的第 8 帧，选择“插入关键帧”→“位置”命令，在该图层的第 8 帧插入位置关键帧。调整第 8 帧的飞镖位置，在补间动画“属性”面板中，设置“缓动”为“–30”。同理，第 15 帧处也设置位置关键帧，并做出位置调整和属性设置，如图 3–4–12 所示。

图 3–4–12　第 8、15 帧飞镖的位置

步骤 7：同理，为“飞镖 2”“飞镖 3”“飞镖 4”“飞镖 5”“飞镖 6”图层设置位置关键帧并调整位置。各图层的位置关键帧如图 3–4–13 所示。

图 3–4–13　各图层的位置关键帧

步骤 8：延长飞镖在树干上的时间。

为了延长飞镖在树干上的时间，选择“飞镖”图层的补间范围外的大约 10 帧处插入关键帧。

步骤 9：按 Ctrl+S 组合键，保存文档；按 Ctrl+Enter 组合键，测试预览。

温馨提示：

为了延长飞镖在树干上的停留时间，可以选择任意一个飞镖补间动画图层，在其补间范围外的某一帧处插入关键帧。

实例示范：行驶中的轮船

补间动画是通过对不同帧中的对象属性指定不同值而创建的动画。为了说明这种动画的创建过程，通过实例“行驶中的轮船”进行说明。动画效果如图 3–4–14 所示。

Flash 效果扫一扫

图 3–4–14 行驶中的轮船

01 创建 Flash 文档。

按 Ctrl+N 组合键，创建 Flash 文档。文档设置尺寸为“400×500”像素，帧频为“12”fps，如图 3–4–15 所示。

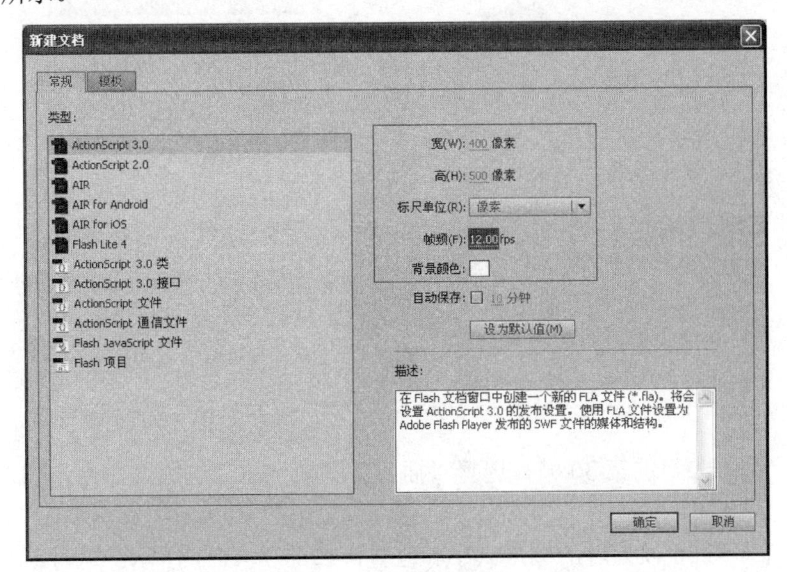

图 3–4–15 新建文档

02　将背景图导入到“图层 1”。

按 Ctrl+R 组合键，将素材库中的“背景图”导入到舞台中，如图 3–4–16 所示。

图 3–4–16　将背景图导入到“图层 1”

03　创建“船”图形元件。

按 Ctrl+F8 组合键，创建一个名为“船”的图形元件。按 Ctrl+R 组合键，将素材库中的“船.png”导入到舞台中，如图 3–4–17 所示。

04　将“船”元件拖入到“图层 2”的舞台中。

在新建的“图层 2”中，将“库”面板中的“船”元件拖入到舞台中，并调整其大小，如图 3–4–18 所示。

05　创建补间动画。

选中两个图层的第 30 帧，按 F5 快捷键插入帧。右键单击“图层 2”的第 1 帧，选择“创建补间动画”命令，如图 3–4–19 所示。

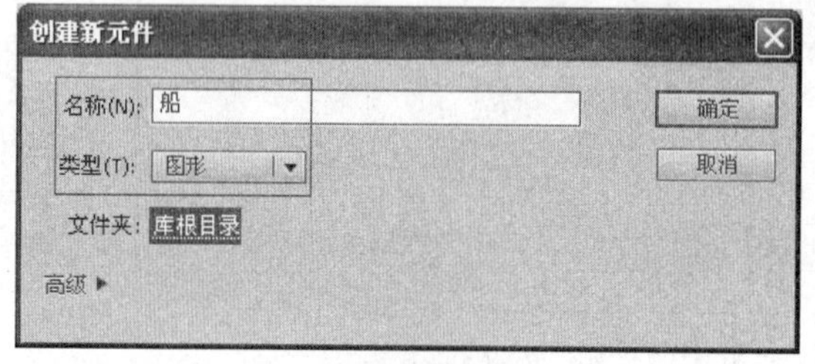

图 3–4–17　创建“船”图形元件

图 3–4–18　将“船”元件拖入到“图层 2”中

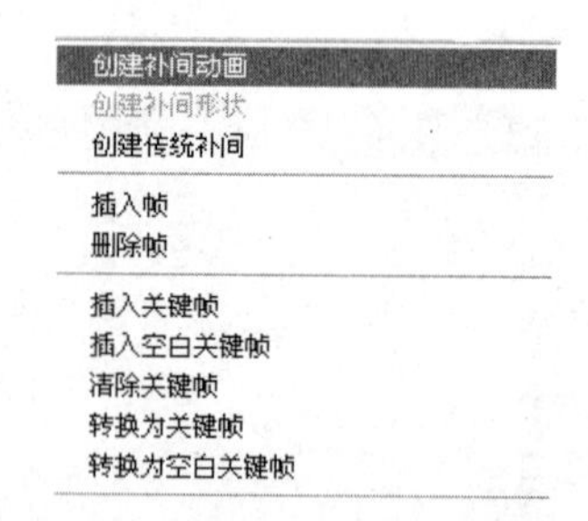

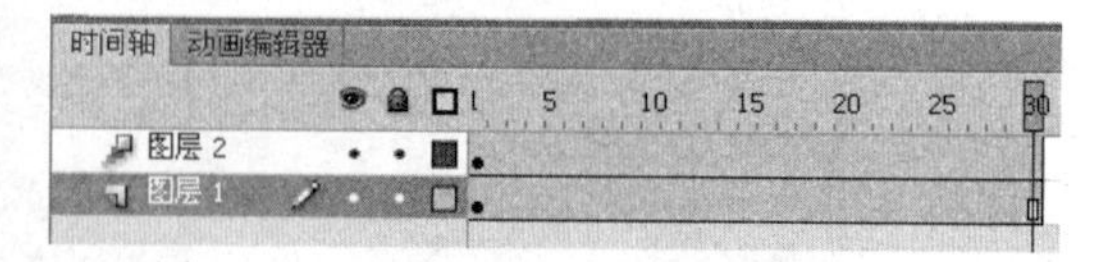

图 3–4–19　创建补间动画

右键单击“图层 2”的第 30 帧，选择“插入关键帧”→“位置”命令，插入位置属性关键帧，如图 3–4–20 所示。

调整该帧（即第 30 帧）时的图形大小和位置，如图 3–4–21 所示。这时，会在舞台上形成一条从第 1 帧到第 30 帧的路径曲线。

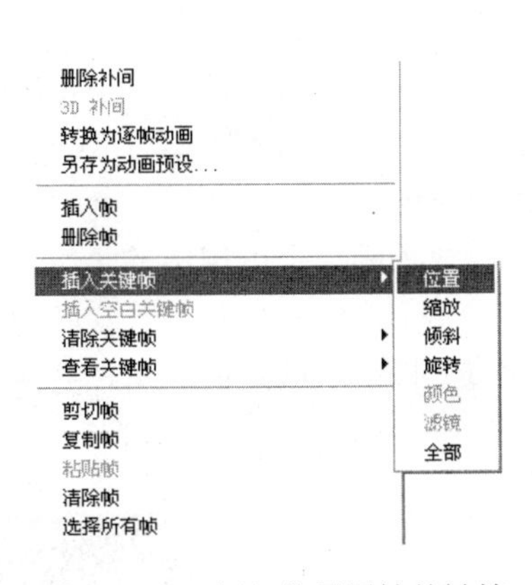

图 3–4–20　插入位置属性关键帧

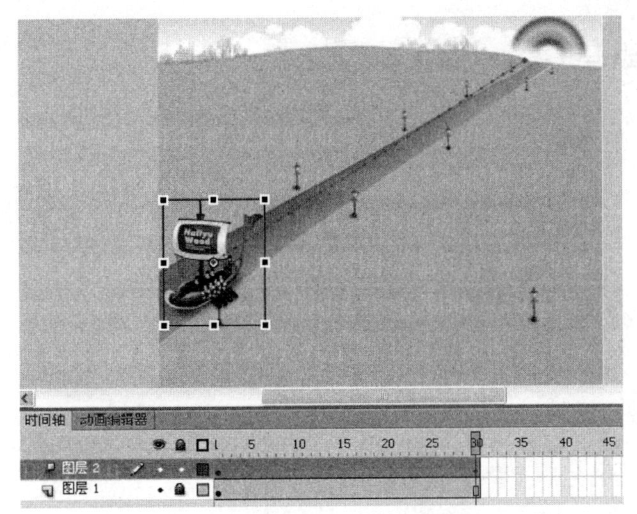

图 3–4–21　调整第 30 帧处的图形大小和位置

温馨提示：

① 在创建补间动画的过程中，创建延长帧（即在第 30 帧处插入帧）和创建补间动画的操作顺序可以交换。

② 在关键帧处创建补间动画时，文档的帧频是多少，创建的补间动画范围就将默认为多少。如果创建补间范围前已有图层的帧数多于帧频，那么创建的补间动画将与已有的帧数一致。

③ 为了延长第 30 关键帧的播放时间，可在第 40 帧处插入帧。

06　按 Ctrl+S 组合键，保存文档；按 Ctrl+Enter 组合键，测试预览。

任务评价

报告人：	指导教师：	完成日期：
任务实施过程汇报：		
工作创新点		
小组交互评价		
指导教师评价		

思考练习

判断题：

（1）在 Flash CS6 中创建的补间动画是不同于传统补间动画的一种动画形式。（　　）

（2）补间动画和形状补间动画一样，操作的对象都是矢量图形。（　　）

（3）补间动画中，补间范围是在时间轴中显示为具有蓝色背景的单个图层中的一组帧，其舞台上的对象的一个或多个属性可以随着事件而改变。（　　）

（4）补间动画的补间是直接应用于对象的，而不是关键帧，且自动记录运动路径并生成属性关键帧。（　　）

任务拓展

本次任务主要涉及补间动画。参考“行驶中的轮船”的实例示范，创建一个飞机飞行的补间动画。

Flash 效果扫一扫

效果如图 3-4-22 所示。

图 3-4-22　飞机飞行

任务 3.5 《衩头凤·红酥手》文字动画

任务描述

宋词《钗头凤·红酥手》记述的是陆游和表妹唐婉的爱情。该词写于作者陆游和唐婉在沈园相遇之时，和唐婉的《钗头凤》为姊妹篇。

Flash 创作思路：运用遮罩动画的方式，为每一句文字呈现逐渐显示的效果。全诗共 16 句，故创建 16 个含有遮罩动画的影片剪辑元件，然后将其拖入到场景中。实例效果如图 3-5-1 所示。

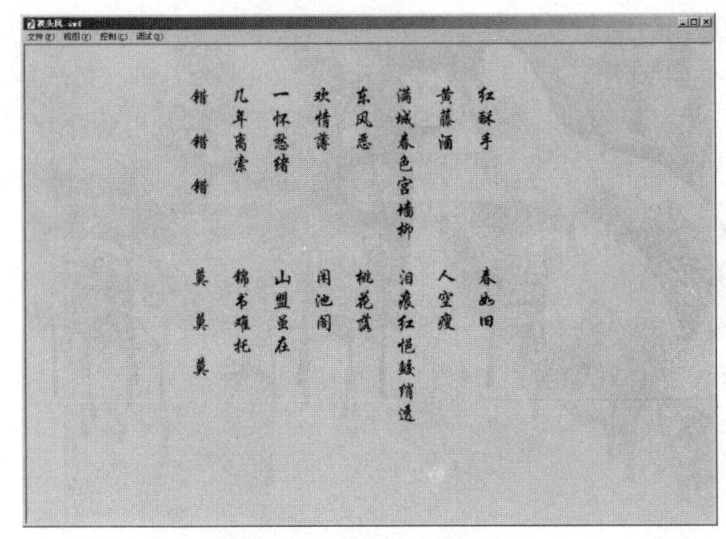

图 3–5–1 “衩头凤”实例

Flash 效果扫一扫

创作过程中，进行如下的设计预定。

① 为了提高元件创建效率，采用“直接复制”第一个“遮罩 01”元件的方式。

② 为了摆好“遮罩 01”等元件之间的位置，采用“显示网格”的方式，有规律地摆放。

③ 事先约定，播放动画时每个文字占用 5 帧。所以，创建遮罩动画元件时，根据诗词句子的长短，终止关键帧的位置有所调整。

任务目标

1. 理解遮罩动画的基本原理。
2. 理解遮罩层和被遮罩层之间的关系。
3. 能够进行遮罩动画的制作。
4. 了解 ActionScript 代码控制动画的播放。

任务实施

知识储备

3.5.1　遮罩动画

遮罩动画的功能是非常强大的，可以用多种不同的方式实现不同的效果。在 Flash 中，遮罩可以使动画制作变得方便、快捷，大大提高工作效率。

遮罩动画是通过设置遮罩层及其关联图层中对象的位移、形变来产生一些特殊的动画效果。这种位移或形变可能发生在遮罩层，也可能发生在被遮罩层。遮罩动画至少要有两个图层才能完成。上面的图层称为“遮罩层”，下面的图层称为“被遮罩层”。为了得到特殊的显示效果，可以在遮罩层上创建一个任意形状的“视窗”（即遮罩层），遮罩层下方（即被遮罩层）的对象可以通过该“视窗”显示出来，而“视窗”之外的对象将不会显示。

遮罩动画在 Flash 中有着广泛的应用，比如水波、百叶窗、放大镜、望远镜、聚光灯等。

比如，在图 3–5–2 中，图 3–5–2（a）为被遮罩层，即打算显示出来的内容，放在“小孩点火”图层中（如图 3–5–3 所示）。图 3–5–2（b）中的白色五角星为遮罩层，即一个“视窗”，放在“五角星”图层中（如图 3–5–3 所示）。选择“五角星”图层为遮罩层后，显示的遮罩动画如图 3–5–2（c）所示，只显示遮罩层（即“视窗”）以内的内容。

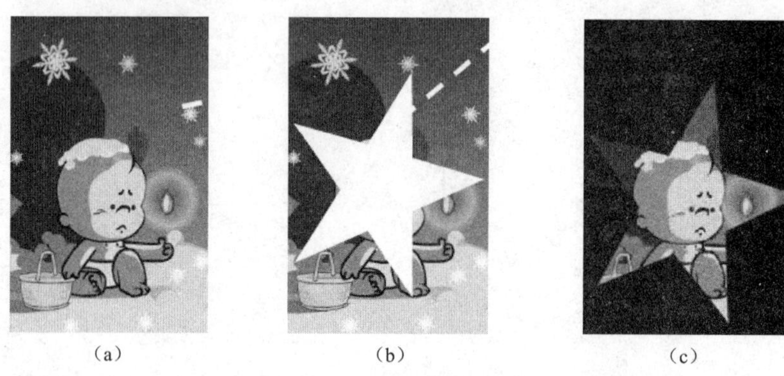

图 3–5–2　被遮罩层、遮罩层与遮罩动画

（a）被遮罩层；（b）遮罩层；（c）遮罩动画

图 3–5–3　遮罩动画创建之前与之后

操作实践

步骤 1：新建 Flash 文档。

按 Ctrl+N 组合键，新建名为“衩头凤”的 Flash 文档，文档属性设置为大小“1 048×786”，帧频为“6” fps，如图 3–5–4 所示。

步骤 2：创建“遮罩 01”影片剪辑元件，如图 3–5–5 所示。

①“遮罩 01”元件的“图层 1”中，选择“文本工具”，采取“华文行楷”字体，“30”点的大小，“垂直”方向上书写文字：红酥手，如图 3–5–6 所示。

②“图层 2”中绘制矩形。在新建的“图层 2”中，绘制矩形。该矩形预备作为遮罩层使用。在第 15 帧处，插入关键帧，并移动矩形至完全覆盖“红酥手”三个汉字，如图 3–5–7 所示。

③ 在第 1～15 帧之间创建传统补间动画。在“图层 2”的第 1～15 帧之间，单击右键，选择“创建传统补间”命令，创建补间动画。

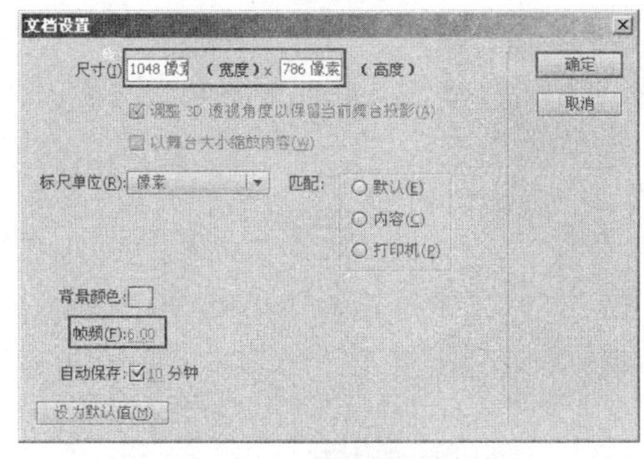

图 3–5–4　文档属性设置

图 3–5–5　创建“遮罩 01”影片剪辑元件

图 3–5–6　“遮罩 01”元件“图层 1”文字

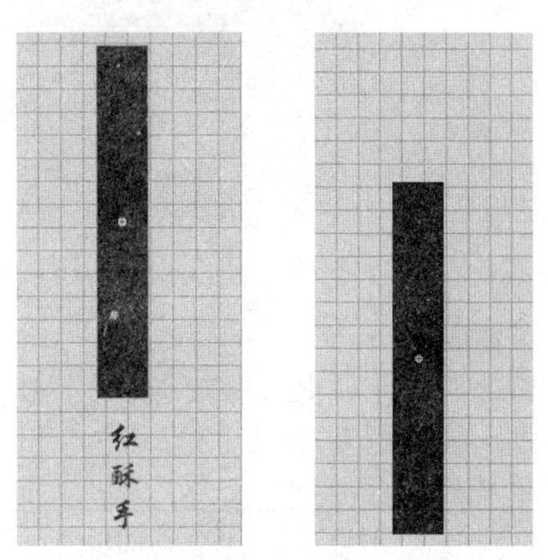

图 3–5–7　在“图层 2”中绘制矩形，并在第 15 帧处覆盖文字

④ 为“图层 2”设置遮罩层。右键单击“图层 2”图标，选择“遮罩层”命令，将“图层 2”设置为遮罩层，“图层 1”自动为被遮罩层，如图 3–5–8 所示。

⑤ 增加元件动画停止播放命令。新建的“图层 3”中，在第 15 帧处插入关键帧，右键单击，选择“动作”命令，输入代码“stop();”，如图 3–5–9 所示。

图 3–5–8　选择“遮罩层”命令

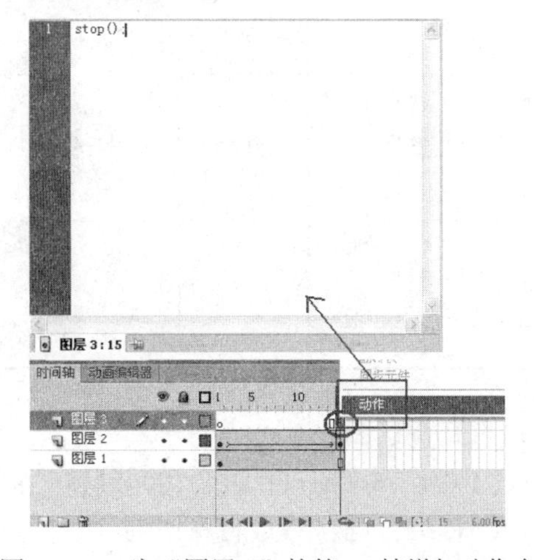

图 3–5–9　为“图层 3”的第 15 帧增加动作命令

步骤 3：创建“遮罩 02”、“遮罩 03”、…、“遮罩 18”元件。

右键单击库中的“遮罩 01”元件，选择“直接复制”命令，如图 3-5-10 所示，并为新元件命名为“遮罩 02”。最终库中的元件如图 3-5-11 所示。

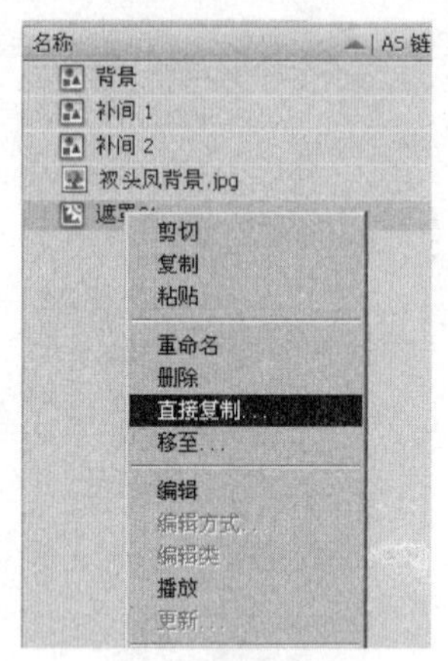

图 3-5-10 “直接复制”元件

图 3-5-11 库中元件

温馨提示：

16 个影片元件中，根据文字的长短，时间轴的长度要有所调整，见表 3-5-1。

表 3-5-1 16 个影片元件的时间轴

序号	元件名称	时间轴	时间轴图示
1	遮罩 01 遮罩 02 遮罩 04 遮罩 05 遮罩 09 遮罩 10 遮罩 12 遮罩 13 （三个汉字）	15 帧	时间轴 动画编辑器 图层 3 图层 2 图层 1
2	遮罩 03 遮罩 11 （七个汉字）	35 帧	时间轴 动画编辑器 图层 3 图层 2 图层 1
3	遮罩 06 遮罩 07 遮罩 14 遮罩 15 （四个汉字）	20 帧	图层 3 图层 2 图层 1
4	遮罩 08 遮罩 16 （三个汉字+两空格）	25 帧	图层 4 图层 2 图层 1

步骤 4：设置背景图。

回到场景 1 中，按 Ctrl+F8 组合键，创建“背景”图形元件，如图 3-5-12 所示。

① 按 Ctrl+R 组合键，将素材库中的“衩头凤背景.jpg”导入到编辑窗口。

② 回到场景 1 中，拖入库中“背景”元件，调整好位置，并设置该元件“色彩效果”中

“样式”的 Alpha 值为“8%”，如图 3–5–13 所示。

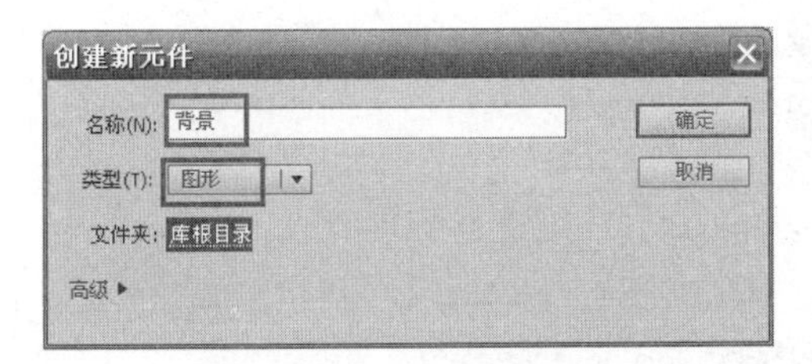

图 3–5–12　创建“背景”图形元件

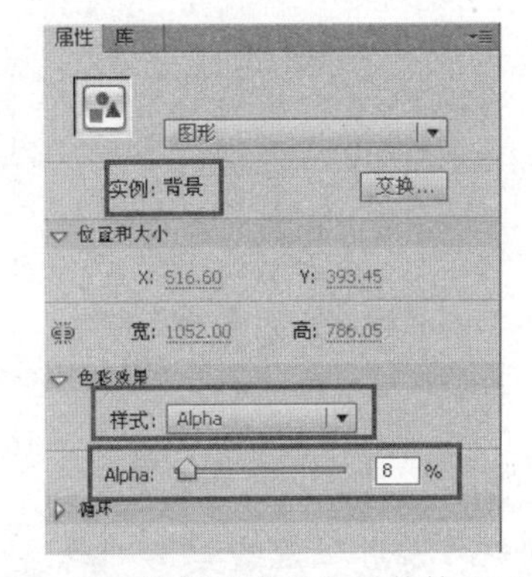

图 3–5–13　设置“背景”元件的 Alpha 值

步骤 5：在图层 2 第 10、25、40 等帧处依次插入关键帧，对应拖入“遮罩 01”“遮罩 02”“遮罩 03”等元件。

最终的时间轴如图 3–5–14 所示。16 个元件都拖入后的舞台如图 3–5–15 所示。

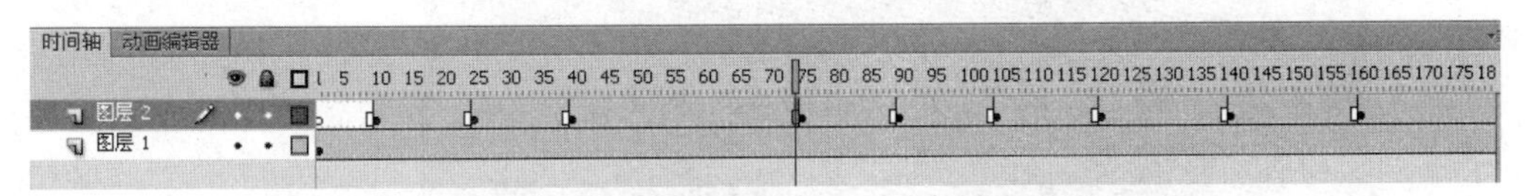

图 3–5–14　“图层 2”时间轴部分图示

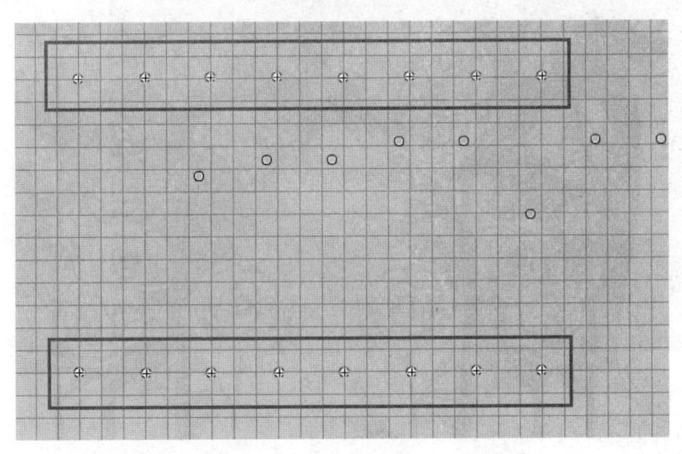

图 3–5–15　16 个元件都拖入后的舞台

步骤 6：在图层 3 中设置停止播放的控制命令。

在新建的“图层 3”中，选择第 400 帧处，插入关键帧，设置“stop( );”动作命令，停止播放动画，如图 3–5–16 所示。

步骤 7：按 Ctrl+S 组合键，保存文档；按 Ctrl+Enter 组合键，测试预览。

温馨提示：

① 为了使整个画面更有艺术气息，可以给动画添加背景音乐。

② 添加背景音乐的步骤是，先将音乐文件导入库中，然后在新建层的帧的“属性”面板上设置该音乐。

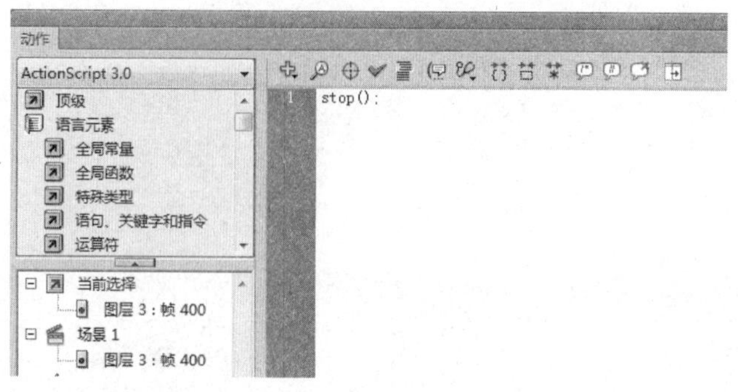

图 3-5-16　为第 400 帧设置停止命令

任务延伸：滚动字幕效果

本次实例使用文本作为遮罩层，补间形状动画作为被遮罩层，完成滚动字幕动画的制作。效果如图 3-5-17 所示。

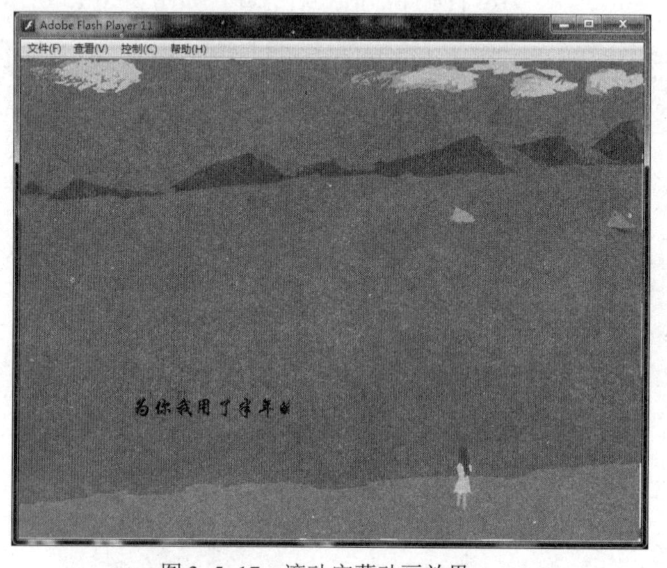

Flash 效果扫一扫

图 3-5-17　滚动字幕动画效果

01　新建文档并设置文档属性。

按 Ctrl+N 组合键，新建一个 Flash 文档。文档尺寸设置为“690×517”，帧频为“24” fps，如图 3-5-18 所示。

02　将背景图片导入到舞台。

重命名图层 1 为“背景”图层，按 Ctrl+R 组合键，选择素材库中的“滚动字幕背景图.jpg”，将该文件导入到舞台中，如图 3-5-19 所示。

03　在“歌词”图层中创建“歌词”影片剪辑元件，并设置好在场景中的位置。

在新建的“歌词”图层中，选择“文本工具”，在“属性”面板中设置字体为“华文行楷”，大小为“23”点等。在舞台中输入歌词文字“为你我用了半年的积蓄　漂洋过海地来看你”，如图 3-5-20 所示。

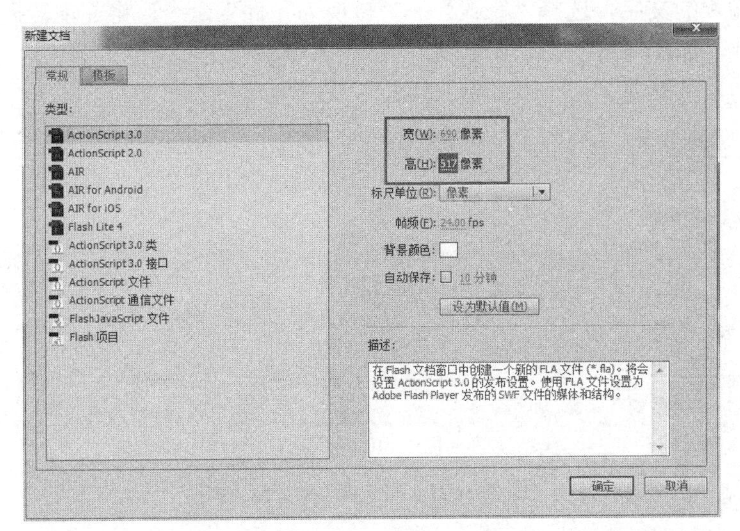

图 3-5-18　文档设置

图 3-5-19　将背景图导入到舞台

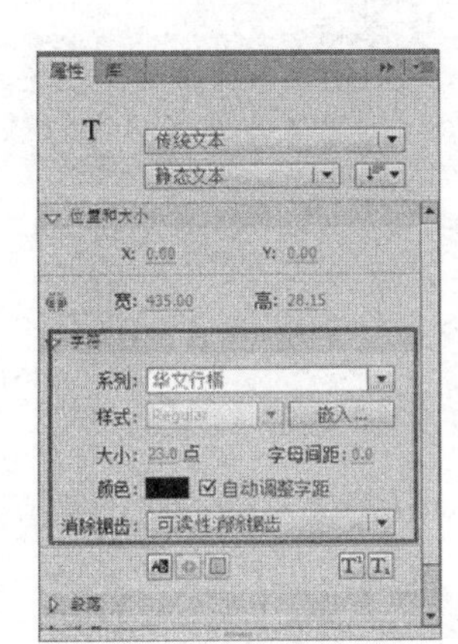

为你我用了半年的积蓄　漂洋过海地来看你

图 3-5-20　设置“文本工具”并输入文本

选择已经输入的文字，选择“修改”→“转换为元件”命令，将文本转换为名为“歌词”的影片剪辑元件，如图 3–5–21 所示。

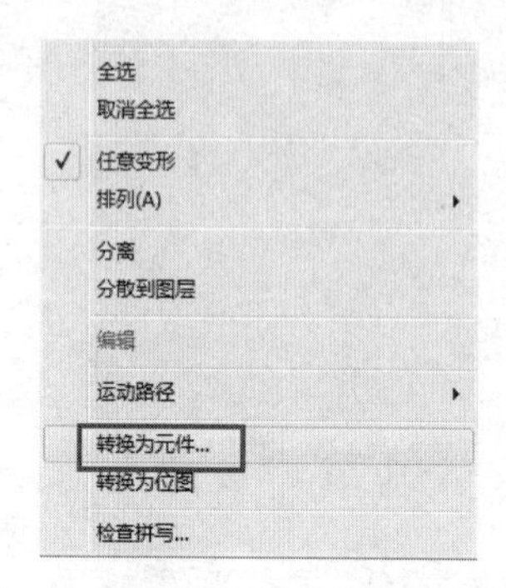

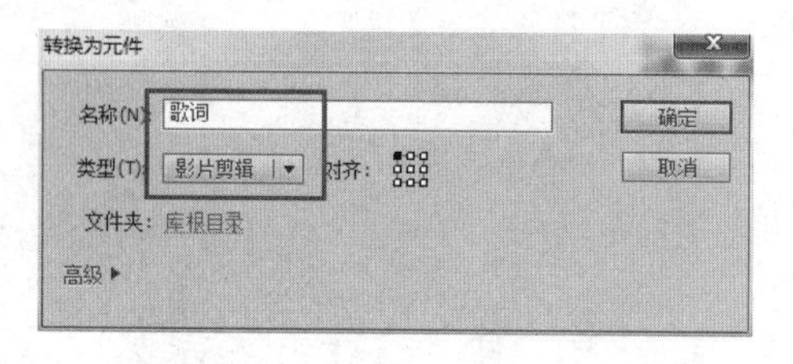

图 3–5–21　将文本转换为元件

04　在两个图层的第 50 帧处插入帧。

在“背景”图层和“歌词”图层的第 50 帧处，按 F5 快捷键插入帧，以延长播放时间，如图 3–5–22 所示。

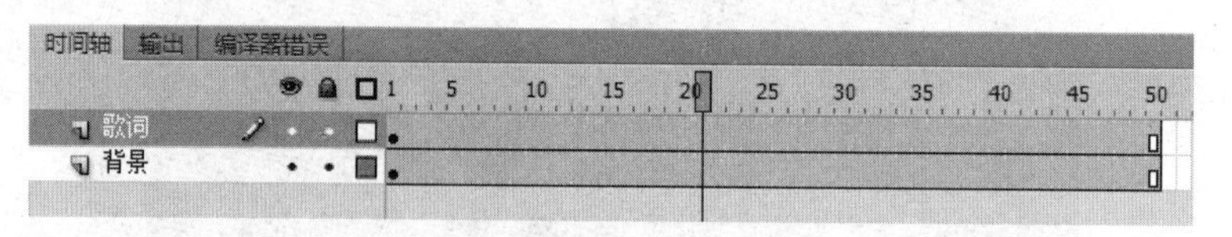

图 3–5–22　复制“歌词”图层

05　在“矩形”图层中绘制矩形。

新建名为“矩形”的图层，选择“矩形工具”，设置笔触颜色为“无”，填充颜色为“黄色（#FFFF00）”，在舞台上绘制一个长条形的矩形。该矩形应能完全覆盖歌词。在第 50 帧处，插入关键帧，使第 50 帧处的矩形完全覆盖歌词，如图 3–5–23 所示。

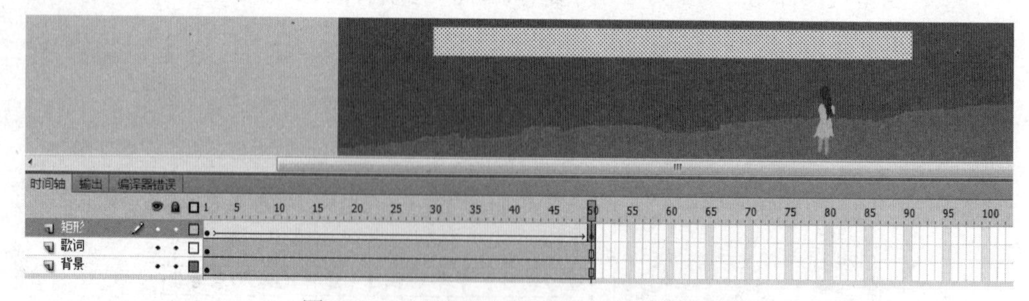

图 3–5–23　“矩形”图层第 50 帧时的矩形

选择“任意变形工具”，调整第 1 帧时的矩形大小，使第 1 帧处的矩形在整个歌词的最左边，如图 3–5–24 所示。

06　设置“矩形”图层为遮罩层。

右键单击“矩形”图层，选择“遮罩层”命令，将“矩形”图层设置为遮罩层。它下面的“歌词”图层自动成为被遮罩层，如图 3–5–25 所示。

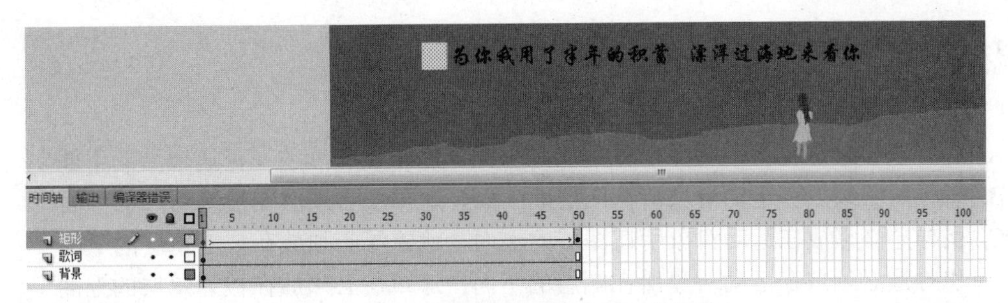

图 3–5–24　“矩形”图层第 1 帧时的矩形

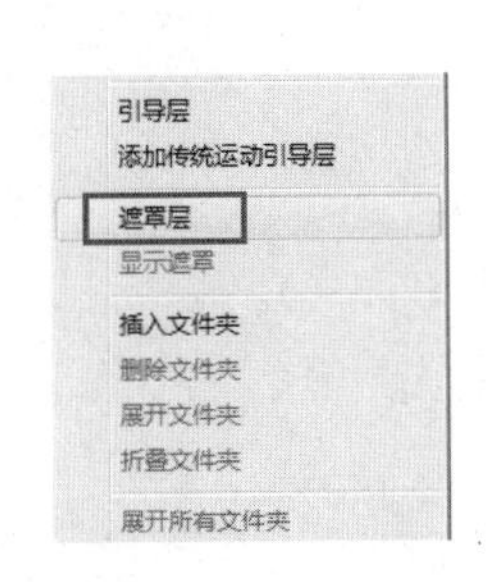

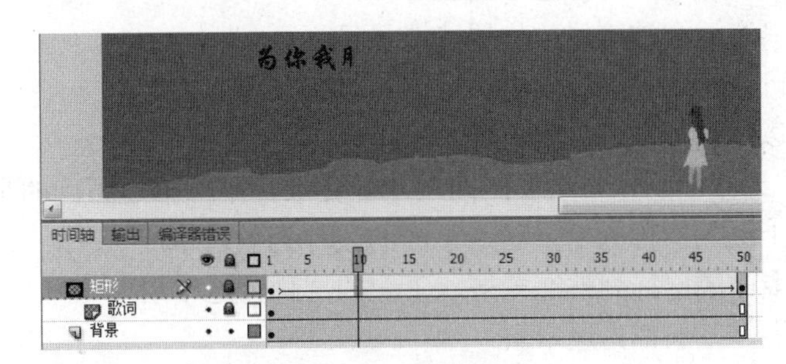

图 3–5–25　将“矩形”图层设置为遮罩层

07　按 Ctrl+S 组合键，保存文档；按 Ctrl+Enter 组合键，测试预览。

任务评价

报告人：	指导教师：	完成日期：
任务实施过程汇报：		
工作创新点		
小组交互评价		
指导教师评价		

思考练习

1. 选择题

（1）关于“遮罩层”和“引导层”，下面说法正确的是（　　）。

A. 引导层必须放在运动对象所在图层的下面，遮罩层必须放在被遮罩层的下面

B. 引导层必须放在运动对象所在图层的上面，遮罩层必须放在被遮罩层的上面

C. 引导层必须放在运动对象所在图层的上面，遮罩层必须放在被遮罩层的下面

D. 引导层必须放在运动对象所在图层的下面，遮罩层必须放在被遮罩层的上面

（2）Flash 中的“遮罩”可以有选择地显示部分区域。下列描述正确的是（　　）。

A. 只有被遮罩的位置才能显示

B. 只有没有被遮罩的位置才能显示

C. 可以由用户进行设定选项 A 或选项 B 方式

D. 以上选项均不正确

（3）遮罩的制作必须要用两层才能完成，下面描述正确的是（　　）。

A. 上面的层称为遮罩层，下面的层称为被遮罩层

B. 上面的层称为被遮罩层，下面的层称为遮罩层

C. 上、下层都为遮罩层

D. 以上答案都不对

（4）做带有颜色或透明度变化的遮罩动画应该（　　）。

A. 改变被遮罩的层上对象的颜色或 Alpha 值

B. 再做一个和遮罩层大小、位置、运动方式一样的层，在其上进行颜色或 Alpha 变化

C. 直接改变遮罩颜色或 Alpha 值

D. 以上答案都不对

（5）下列对创建遮罩层的说法错误的是（　　）。

A. 将现有的图层直接拖到遮罩层下面

B. 在遮罩层下面的任何地方创建一个新图层

C. 选择“修改”→”时间轴”→“图层属性”，然后在“图层属性”对话框中选择“被遮罩”

D. 以上都不对

（6）在 Flash 中使用“遮罩图层”，可以有选择地显示“被遮罩图层”的部分区域。下面有关对遮罩的理解，正确的是（　　）。

A. 反遮罩，只有被遮罩的位置才能显示

B. 正遮罩，只有没有被遮罩的位置才能显示

C. 自由遮罩，可以由用户进行设定正遮罩或反遮罩

D. 灰度遮罩，根据遮罩层的灰度调整被遮罩层的不透明度

（7）下列关于遮罩动画的描述错误的是（　　）。

A. 遮罩层中可以使用填充形状、文字对象、图形元件的实例或影片剪辑作为遮罩对象

B. 可以将多个图层组织在一个遮罩层之下来创建复杂的效果

C. 一个遮罩层只能包含一个遮罩对象

D. 可以将一个遮罩应用于另一个遮罩

2. 判断题

（1）多层遮罩动画实际就是利用一个遮罩层同时遮罩多个被遮罩层的遮罩动画。（　　）

（2）可以在按钮内部创建遮罩层来丰富动画效果。（　　）

任务拓展

Flash 效果扫一扫

大家在 KTV 演唱或者欣赏 MV 动画的时候，经常会发现它们的字幕都有提示演唱的功能，即该句歌词文字都是提前出现，随着演唱的进行，字幕的颜色在逐渐发生变化。请结合本节所学，在原有的文字滚动效果的基础上，实现如图 3–5–26 所示的动画效果。

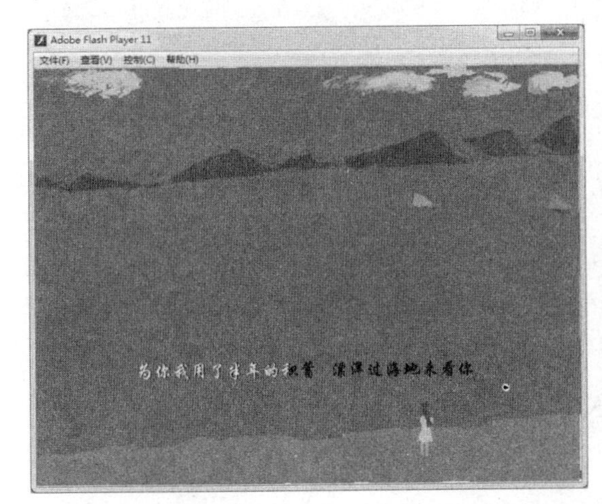

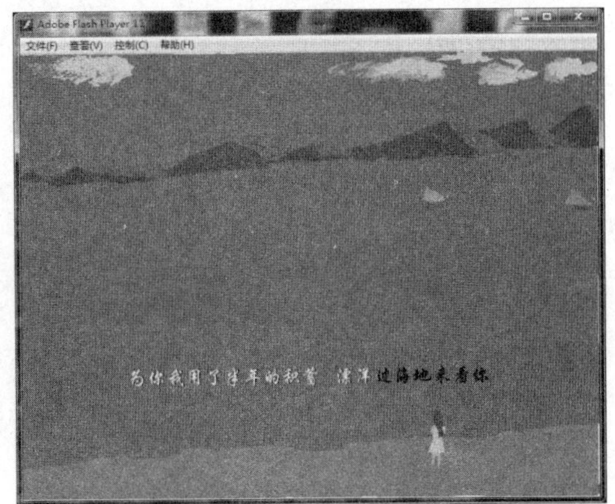

图 3–5–26　KTV 字幕滚动效果

温馨提示：

① 复制“歌词”图层。右键单击“歌词”图层，选择“复制图层”命令，复制该图层，得到名为“歌词复制”的图层，如图 3–5–27 所示。

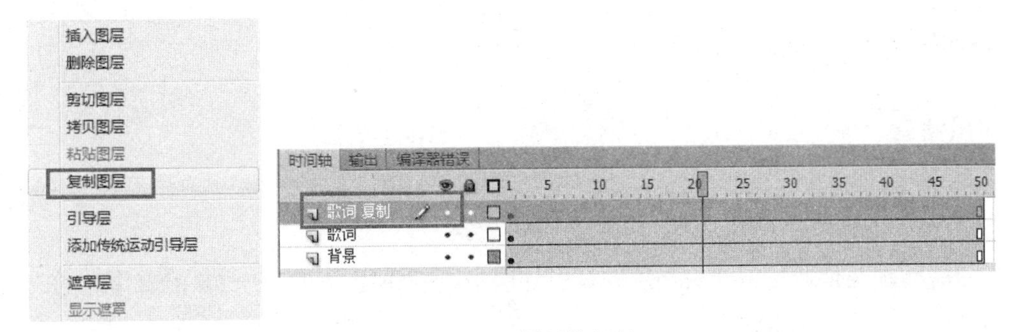

图 3–5–27　图层的复制

② 可参考光盘中的源文件。

任务3.6 漫天飞舞的蝴蝶

任务描述

创作动画，实现一群美丽的蝴蝶在草地上漫天飞舞。

飞舞的蝴蝶包含两个动作：一是蝴蝶本身扇动翅膀的动作，这是一个频率高、无规律的翅膀扇动运动；另一个是忽快忽慢和无规律的前进运动。前进运动是该动画的主体运动，可以通过引导层动画实现。翅膀扇动可以通过逐帧动画或传统补间动画实现。

Flash 效果扫一扫

效果图如图 3–6–1 所示。

图 3–6–1 漫天飞舞的蝴蝶

任务目标

1. 理解引导层和被引导层。
2. 掌握引导层动画的创建。
3. 了解引导线绘制过程中的细节要求。
4. 元件的使用。

任务实施

知识储备

3.6.1 引导层动画

引导层动画是指通过创建引导层并在引导层中绘制路径，可以使对象沿着指定的路径运动的动画。

引导层动画中，需要两个图层：一个是引导层，用于放置做引导用的运动路径（也称引导线）；另一个是被引导层，用于放置被引导对象，如图 3–6–2 所示。

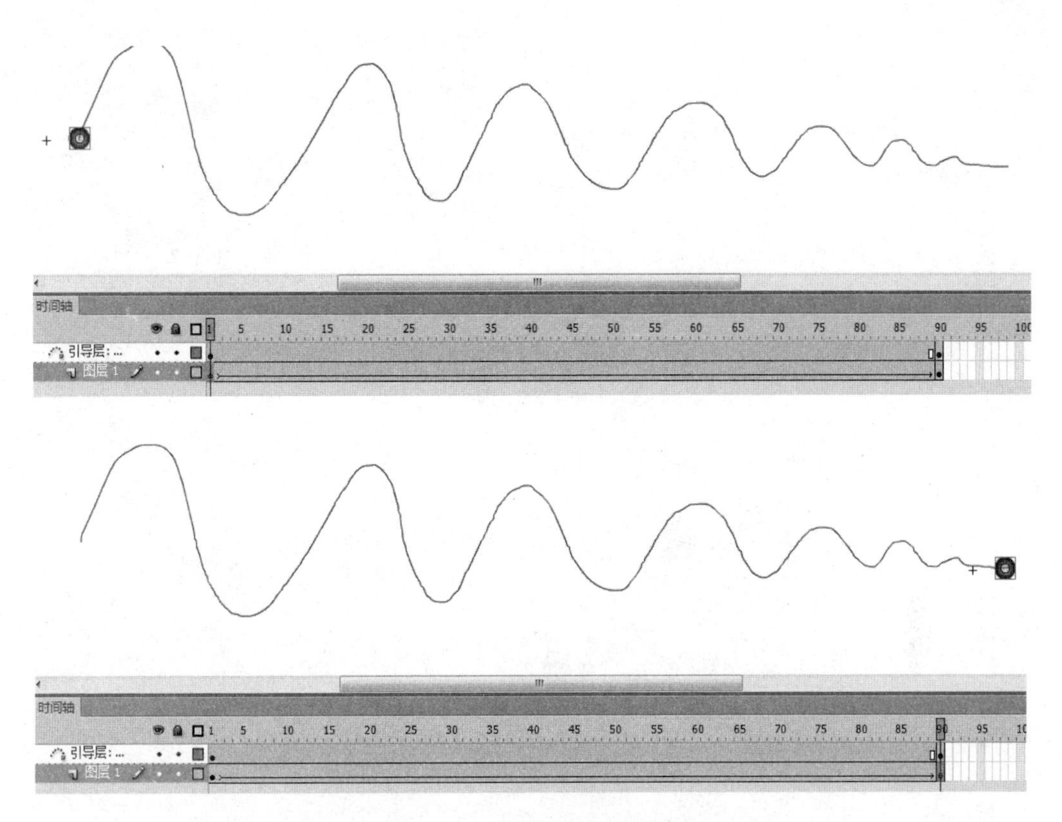

图 3–6–2　引导层和被引导层

在创建引导层动画时，一条引导线可以同时作用于多个对象，一个影片可以创建多个引导图层。引导层是一种特殊的图层，引导层中的内容在输出影片中是不可见的。Flash 会自动把引导层隐藏。

温馨提示：

① 引导线不能出现中断，应是一条流畅的，从头到尾连续贯穿的线条。

② 在引导层中绘制引导线时，引导线不能闭合。

③ 引导线运行重叠，比如螺旋状引导线，但在重叠处的线段必须保持圆润，使 Flash 可辨认出线段走向，否则会引导失败。

④ 被引导层中的对象在被引导运动时，还可进行更细致的设置，比如运动方向（选择“属性”面板上的“路径调整”选项）。

操作实践

步骤 1：绘制舞台背景。

按 Ctrl+N 组合键，新建名为“飞舞的蝴蝶”的 Flash 文档。按 Ctrl+F8 组合键，创建名为“背景”的图形元件，选择“矩形工具”绘制矩形，并填充线性渐变色，如图 3–6–3 所示。

回到场景 1 中，将“背景”元件拖入到舞台中。然后按 Ctrl+R 组合键，将素材文件夹中的“草”导入编辑窗口，复制多次，并调整为如图 3–6–4 所示效果。

（a）

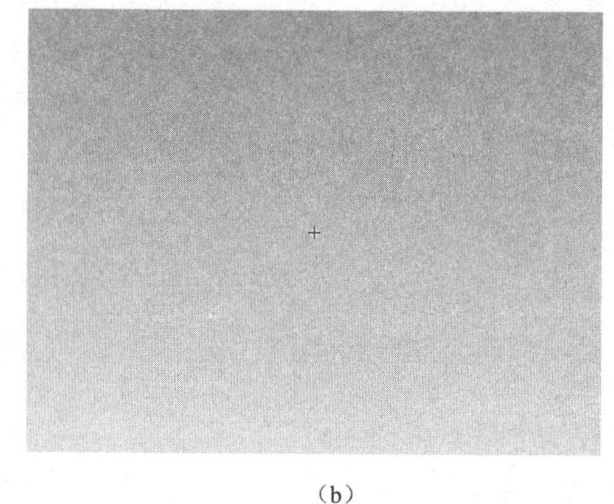

（b）

图 3–6–3　创建“背景”图形元件

图 3–6–4　场景中图层 1 的背景效果

步骤 2：创建“肚子”图形元件。

按 Ctrl+F8 组合键，创建名为“肚子”的图形元件，在编辑窗口中绘制蝴蝶肚子等图形，并填充颜色，如图 3–6–5 所示。

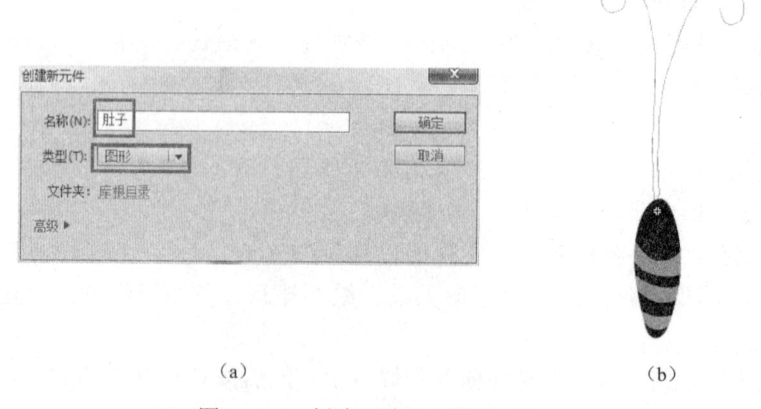

（a）　　（b）

图 3–6–5　创建“肚子”图形元件

步骤3：创建“翅膀”图形元件。

按Ctrl+F8组合键，创建名为“翅膀”的图形元件，在编辑窗口中绘制蝴蝶翅膀图形，并填充颜色，如图3–6–6所示。

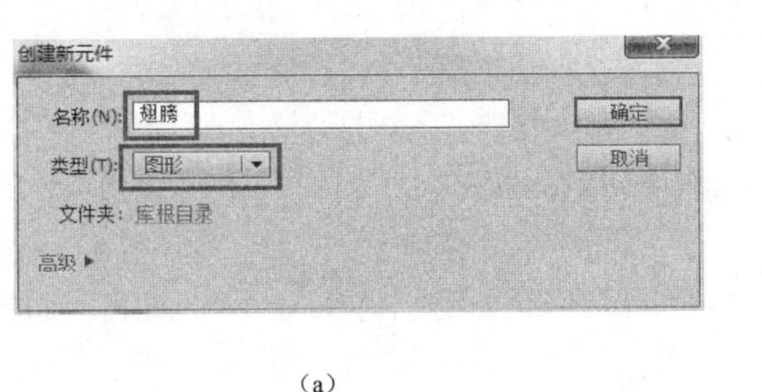

（a）

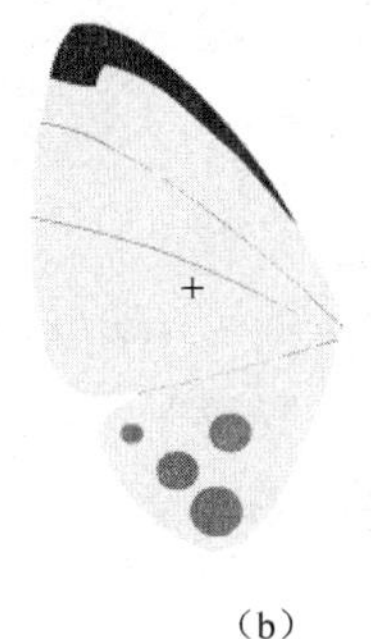

（b）

图3–6–6　创建“翅膀”图形元件

步骤4：创建“蝴蝶”图形元件。

按Ctrl+F8组合键，创建名为“蝴蝶”的图形元件，分别在“图层1”“图层2”和“图层3”中放置蝴蝶的左翅膀、肚子和右翅膀（右翅膀可由左翅膀经过“修改”→“变形”→“水平翻转”操作或按Ctrl+H组合键实现）。

① 在“图层1”中创建蝴蝶左翅膀扇动动画。分别在第1、3、5帧插入关键帧，在第3帧处，选择“任意变形工具”，选中图形，移动图形中心点到最右边（以保证扇动翅膀时翅膀向内缩放），再进行图形缩放调整，最后在第1、3帧之间和第3、5帧之间创建传统补间动画，如图3–6–7所示。

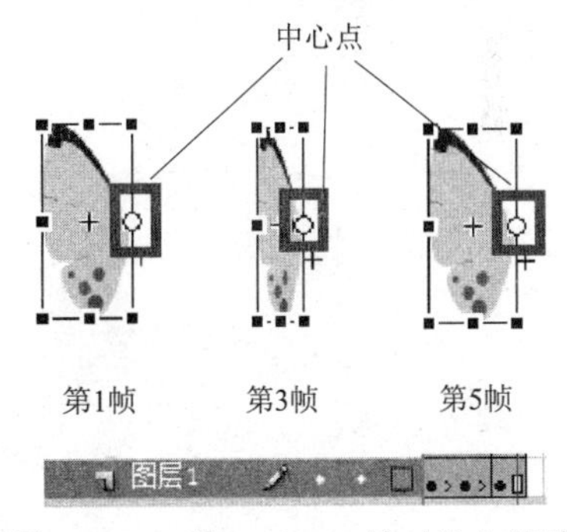

图3–6–7　第1、3、5帧时的左翅膀

② 将“肚子”元件拖入到“图层2”中。

③ 操作过程类似于①，在“图层3”中创建蝴蝶右翅膀扇动动画。并将图层2调整到最上面，即肚子应该在左、右翅膀的上面，如图3–6–8所示。

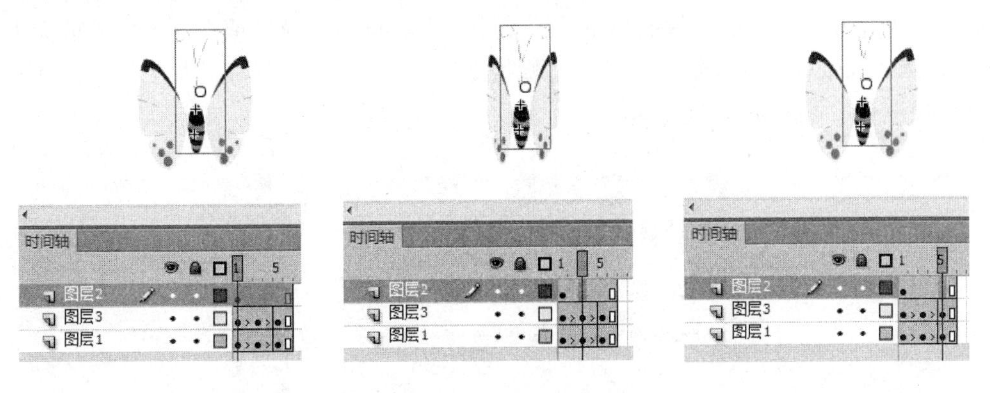

图3–6–8　“蝴蝶”元件的图层

步骤5：创建“蝴蝶2”影片剪辑元件，实现形状补间动画。

按Ctrl+F8组合键，创建名为“蝴蝶2”的影片剪辑元件，如图3–6–9所示。

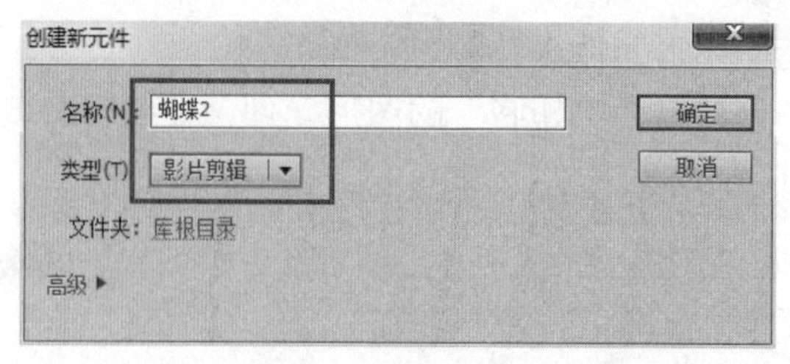

图 3-6-9　创建“蝴蝶 2”影片剪辑元件

① 在“图层 1”中拖入“蝴蝶”元件，并在第 125 帧处插入普通帧。

② 创建“引导层”并绘制曲线。右键单击“图层 1”，选择“添加传统运动引导层”命令。选择“铅笔工具”在该引导层中绘制一段连续的曲线，作为蝴蝶飞舞的路径，如图 3-6-10 所示。

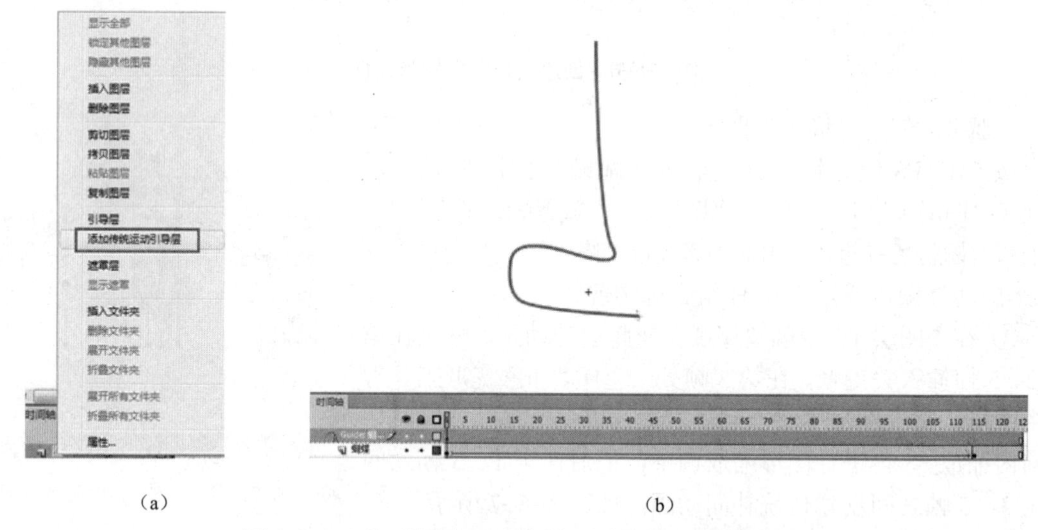

图 3-6-10　为“图层 1”添加的“引导层”绘制引导线

（a）为“图层 1”添加引导层；（b）在引导层上绘制引导线

③ 调整好“图层 1”（被引导层）起始帧和终止帧的图形位置。在“图层 1”的第 1 帧处，将“蝴蝶 2”元件调整到引导线的最下端，并使其中心点和引导线重合（可用“放大工具”调整）。在第 115 帧处插入关键帧，并将“蝴蝶 2”元件调整到引导线的最上端，并使其中心点和引导线重合，如图 3-6-11 所示。

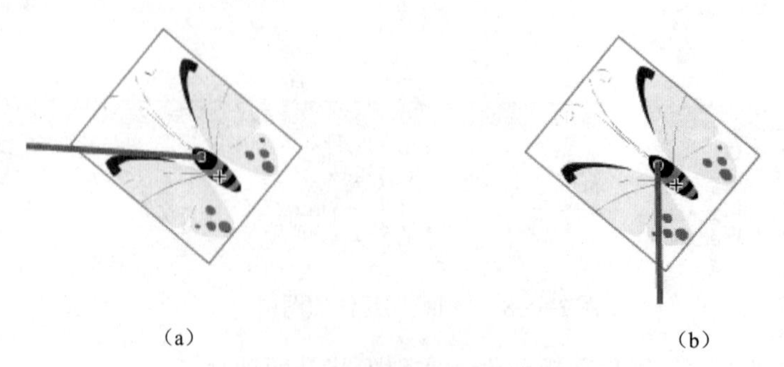

图 3-6-11　设置关键帧时的图形位置

（a）第 1 帧的重合处（引导线最下端）；（b）第 115 帧的重合处（引导线最上端）

最终“蝴蝶 2”元件的时间轴如图 3–6–12 所示。

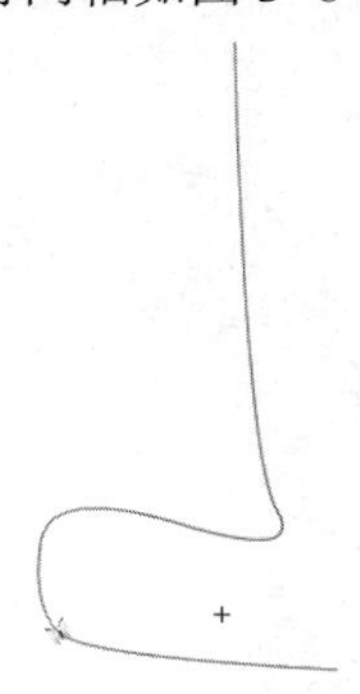

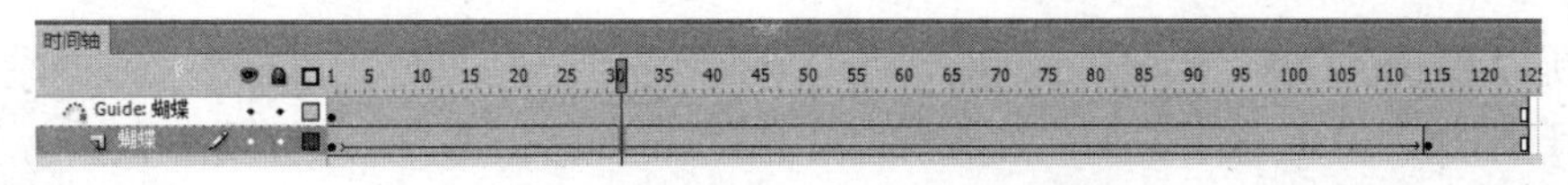

图 3–6–12　“蝴蝶 2”元件的时间轴

温馨提示：

被引导层中的蝴蝶在被引导运动时，还可进行运动方向的设置（选择“属性”面板上的“调整路径”选项），如图 3–6–13 所示。

图 3–6–13　调整到路径

步骤 6：在场景的“图层 2”中放置多个“蝴蝶 2”元件。

回到场景 1 中，新建“图层 2”，将库中的“蝴蝶 2”元件拖入到“图层 2”中，并复制多个“蝴蝶 2”元件，调整它们的大小、方向和位置，如图 3–6–14 所示。

图 3–6–14　在“图层 2”中放置多个“蝴蝶 2”元件

步骤 7：按 Ctrl+S 组合键，保存文档；按 Ctrl+Enter 组合键，测试预览。

任务延伸：行驶的汽车

本实例主要是通过引导层动画创建汽车沿着曲线行驶的动画效果。最终效果如图 3–6–15 所示。

图 3-6-15 “行驶的汽车”最终效果图

Flash 效果扫一扫

01 新建 Flash 文档，绘制山路背景。

按 Ctrl+N 组合键，新建名为“行驶的汽车”的 Flash 文档。在文档舞台中绘制山路背景图，如图 3-6-16 所示。

02 创建“汽车”图形元件。

按 Ctrl+F8 组合键，创建名为“汽车”的图形元件。在编辑窗口中绘制汽车图形，如图 3-6-17 所示。

图 3-6-16 山路背景图

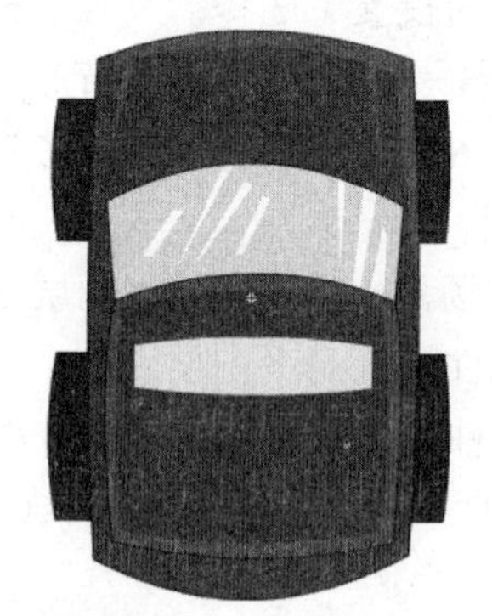

图 3-6-17 “汽车”元件

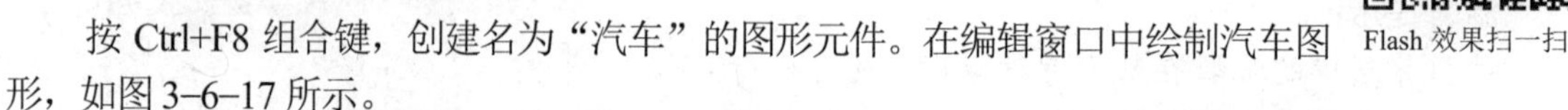

03 为“汽车”元件所在的图层 2（被引导层）添加传统运动引导层。

回到场景中，新建“图层 2”，将库中“汽车”元件拖入舞台中。右键单击“图层 2”，选择“添加传统运动引导层”命令，为“图层 2”创建引导层，如图 3-6-18 所示。

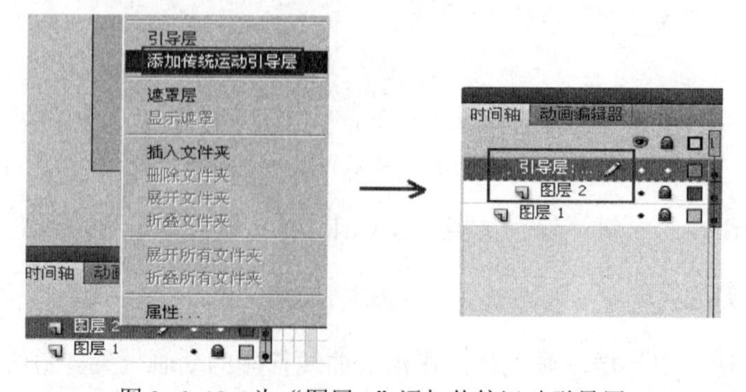

图 3-6-18 为“图层 2”添加传统运动引导层

04　在引导层中绘制引导线。

在“引导层”中，选择“铅笔工具”，绘制一条沿着山路的连续曲线，如图 3–6–19 所示。

05　在被引导层（即“图层 2”）中设置起始帧和终止帧。

在“图层 1”“图层 2”“引导层”的第 100 帧分别创建普通帧、关键帧、普通帧。在“图层 2”的第 1 帧、第 100 帧分别将“汽车”元件移动到引导线的起始端和终止端，且使其中心点与引导线重合，如图 3–6–20 所示。

图 3–6–19　在“引导层”中绘制的引导线

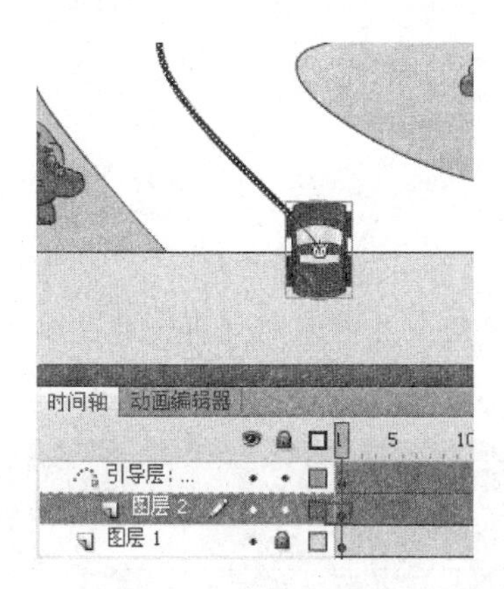

图 3–6–20　设置第 1 帧和第 100 帧时“汽车”的位置

06　创建传统补间动画。

右键单击“图层 2”的第 1～100 帧之间任意一帧，选择“创建传统补间”命令，创建补间动画，如图 3–6–21 所示。

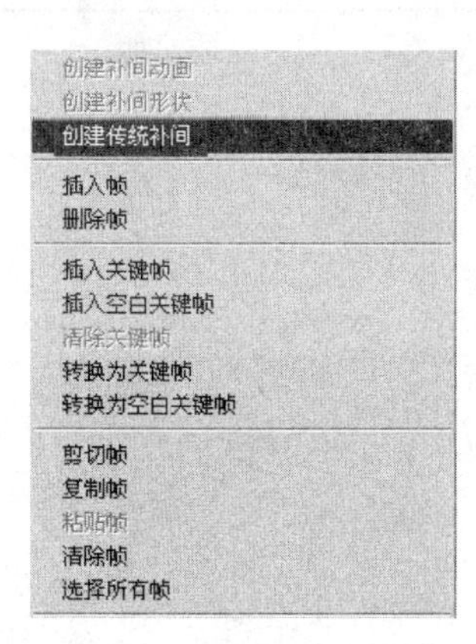

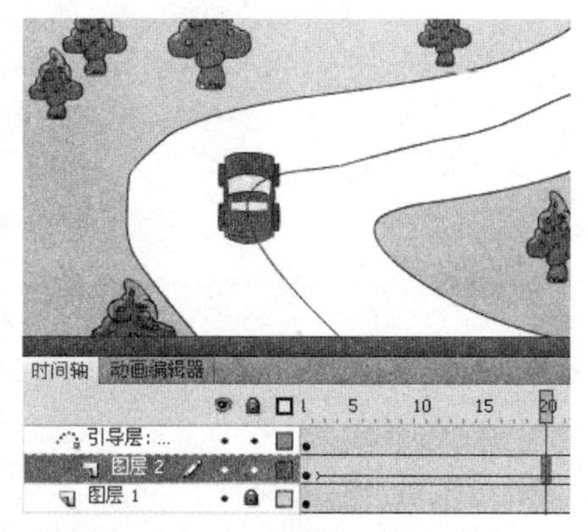

图 3–6–21　在第 1～100 帧之间创建传统补间动画

为了改变被引导层中对象的运动方向，使汽车行驶更加真实，需设置“调整到路径”。单击第 1～100 帧之间任意一帧，查看“属性”面板，选择“调整到路径”选项，如图 3–6–22 所示。

07　按 Ctrl+S 组合键，保存文档；按 Ctrl+Enter 组合键，测试预览。

温馨提示：

① 为了使汽车行驶更加真实，绘制引导线时应避免出现小距离弯曲过多，如图 3–6–23 所示，和图 3–6–23（b）相比，图 3–6–23（a）所示的汽车行驶可能就不够平稳。

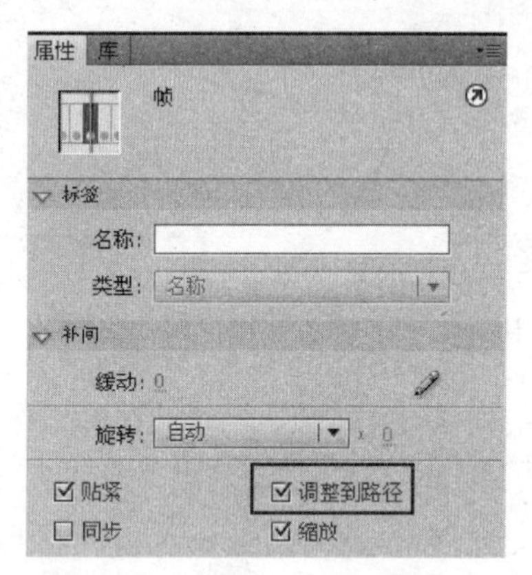

图 3–6–22　选择“调整到路径”

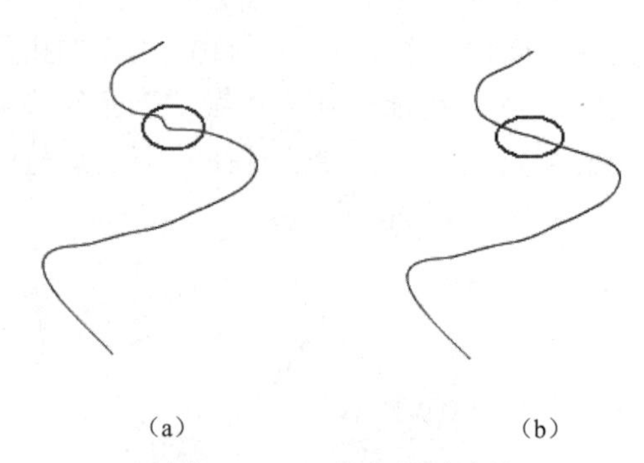

图 3–6–23　汽车行驶路线

② 为了调整行驶过程中的路线偏差，可以在两个关键帧之间再创建关键帧，并用“任意变形工具”等调整。比如“行驶的汽车”实例中，最终时间轴如图 3–6–24 所示。

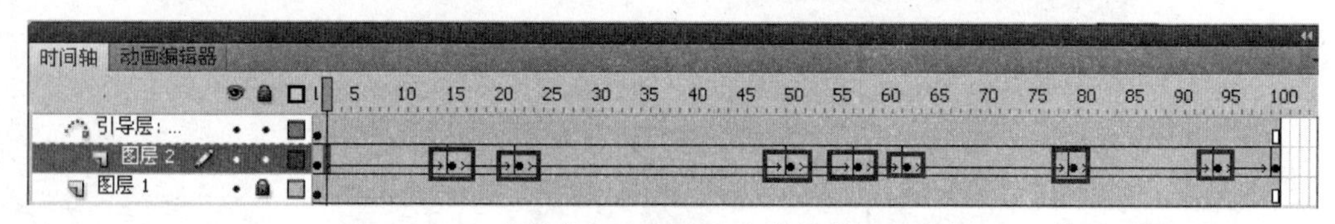

图 3–6–24　传统补间中创建多个关键帧并调整图形

任务评价

<table>
<tr><td>报告人：</td><td>指导教师：</td><td>完成日期：</td></tr>
<tr><td colspan="3">任务实施过程汇报：</td></tr>
<tr><td>工作创新点</td><td colspan="2"></td></tr>
<tr><td>小组交互评价</td><td colspan="2"></td></tr>
<tr><td>指导教师评价</td><td colspan="2"></td></tr>
</table>

思考练习

1. 选择题

（1）在制作引导动画时，下列工具中不可能绘制出所需引导路径的是（　　）。

A.“铅笔”工具　　B.“椭圆”工具　　C.“刷子”工具　　D.“矩形”工具

（2）如果想制作沿路径运动的动画，那么舞台上的对象不应该是（　　）。

A. 形状　　B. 元件实例　　C. 按钮实例　　D. 组

（3）如果在一个图层中，一个对象在舞台上从上部运动到下部，那么该图层包含（　　）。

A. 两个关键帧

B. 两个关键帧和它们之间的补间帧

C. 一个关键帧和它前面的补间帧

D. 一个空白关键、一个关键帧，以及它们之间的补间帧

（4）关于使普通图层和运动引导层关联起来的描述，不正确的是（　　）。

A. 可以将普通图层拖动到引导层下面形成关联

B. 一个运动引导层可以与多个被引导层关联

C. 选择运动引导层下面的图层，选择菜单“修改”→“时间轴”→“图层属性”，然后在图层属性对话框中选择“被引导”

D. 一个普通图层可以与两个引导层关联

（5）如果希望沿路径运动的对象在运动过程中根据运动的方向自动调整自身的角度，应该使用（　　）。

A. 调整到路经选项　　B. 缓动选项　　C. 旋转选项　　D. 同步选项

（6）下列关于引导层，说法正确的是（　　）。

A. 为了在绘画时帮助对齐对象，可以创建引导层

B. 可以将其他层上的对象与在引导层上创建的对象对齐

C. 引导层出现在发布的 SWF 文件中

D. 引导层是用层名称左侧的辅助线图标表示的

（7）关于运动补间动画，说法正确的是（　　）。

A. 运动补间是发生在不同元件的不同实例之间的

B. 运动补间是发生在相同元件的不同实例之间的

C. 运动补间是发生在打散后的相同元件的实例之间的

D. 运动补间是发生在打散后的不同元件的实例之间的

（8）如果想制作沿路径运动的动画，舞台上的对象应该是（　　）。

A. 形状　　B. 元件实例　　C. 矢量图形　　D. 组

（9）下列选项中，可以新建一个“引导层”的操作是（　　）。

A. 在图层上单击鼠标右键，选择“添加传统运动引导层”

B. 在图层上单击鼠标右键，选择“引导层”

C. 在图层上单击鼠标右键，选择“属性”，再选择“引导层”

D. 以上选项都正确

（10）在创作引导层动画的过程中，为了使辅助对象更好地吸附到引导线的两端，通常需激活（　　）。

A. 吸附至引导线　　B. 吸附至对象　　C. 贴紧至引导线　　D. 贴紧至对象

2. 判断题

（1）在影片播放的时候，可以显示创建的引导层。　　（　　）

（2）引导层是 Flash 中的特殊图层之一，它位于被引导层的下方。　　（　　）

3. 上机练习题

导入“景色.jpg”图片作为背景，在 Flash 中绘制树叶，制作树叶飘动引导动画，效果如图 3-6-25 所示。

图 3-6-25　树叶飘动效果

任务拓展

Flash 效果扫一扫

参考本次任务，运用引导层的方式创作飞舞的蝴蝶。其中要求蝴蝶飞舞过程中，需要在花朵上停留一段时间，然后再离去。动画效果如图 3-6-26 所示。

图 3-6-26　“飞舞的蝴蝶”动画效果

温馨提示：

对于本拓展任务中蝴蝶身体和翅膀部分的绘图，可以分层进行。参考图如图 3-6-27 所示。

图 3-6-27　“蝴蝶身体”和“蝴蝶翅膀”的绘制效果

任务 3.7　人物行走动画

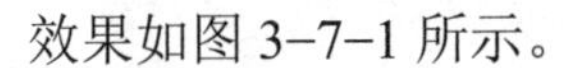

任务描述

在动画制作过程中，有一些动画是模拟动物或机械的复杂运动。在这些动画中，为了使角色动作更加逼真、符合真实的形象，骨骼动画技术应运而生。本任务就是使用骨骼工具创建人物行走的动画。

Flash 效果扫一扫

效果如图 3-7-1 所示。

图 3-7-1　人物行走动画

任务目标

1. 了解骨骼动画创作的基本原理。

2. 能够创建简单的骨骼动画和形状骨骼动画。
3. 掌握常见的骨骼动画属性。

任务实施

知识储备

3.7.1 关于骨骼动画

在动画设计软件中，运动学系统分为正向运动学和反向运动学两种。正向运动学指的是对于有层级关系的对象来说，父对象的动作将影响到子对象，而子对象的动作将不会对父对象造成任何影响。如，当对父对象进行移动时，子对象同时也会随着移动；而子对象移动时，父对象不会产生移动。由此可见，正向运动中的动作是向下传递的。

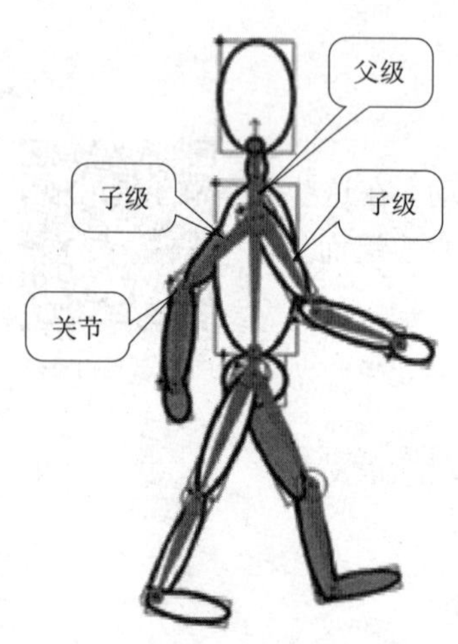

图 3–7–2 连接对象的骨架

与正向运动学不同，反向运动学动作传递是双向的，当父对象进行位移、旋转或缩放等动作时，其子对象会受到这些动作的影响；反之，子对象的动作也将影响到父对象。反向运动是通过一种连接各种物体的辅助工具来实现的运动，这种工具就是 IK（Inverse Kinematics）骨骼，也称为反向运动骨骼。使用 IK 骨骼制作的反向运动学动画，就是所谓的骨骼动画，如图 3–7–2 所示。

在 Flash 中，创建骨骼动画一般有两种方式：一种方式是为实例添加与其他实例相连接的骨骼，使用关节连接这些骨骼。骨骼允许实例连一起运动；另一种方式是在形状对象（即各种矢量图形对象）的内部添加骨骼，通过骨骼来移动形状的各个部分以实现动画效果。骨骼动画的优势在于无须绘制运动中该形状的不同状态，也无须使用补间形状来创建动画。

3.7.2 创建骨骼动画

1. 定义骨骼

Flash CS6 中提供了一个“骨骼工具”，使用该工具可以向影片剪辑元件实例、图形元件实例或按钮元件实例添加 IK 骨骼。在工具箱中选择“骨骼工具”，在一个对象中单击，用鼠标拖向另一个对象，释放鼠标后就可以创建这 2 个对象间的连接。此时，两个元件实例间将显示出创建的骨骼。在创建骨骼时，第一个骨骼是父级骨骼，骨骼的头部为圆形端点，有一个圆圈围绕着头部。骨骼的尾部为尖形，有一个实心点，如图 3–7–3～图 3–7–5 所示。

2. 选择骨骼

在创建骨骼后，可以使用多种方法来对骨骼进行编辑。要对骨骼进行编辑，首先需要选择骨骼。在工具箱中选择“选择工具”，单击骨骼即可选择该骨骼。在默认情况下，骨骼显示的颜色与姿势图层的轮廓颜色相同，骨骼被选择后，将显示该颜色的相反色，如图 3–7–6 所示。

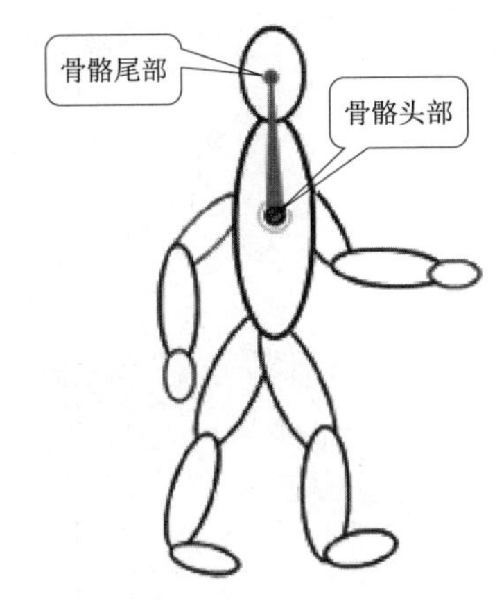

图 3–7–3　创建骨骼

图 3–7–4　创建分支骨架

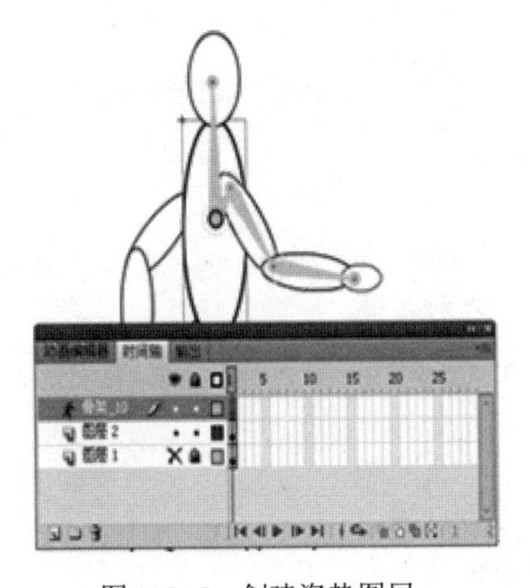

图 3–7–5　创建姿势图层

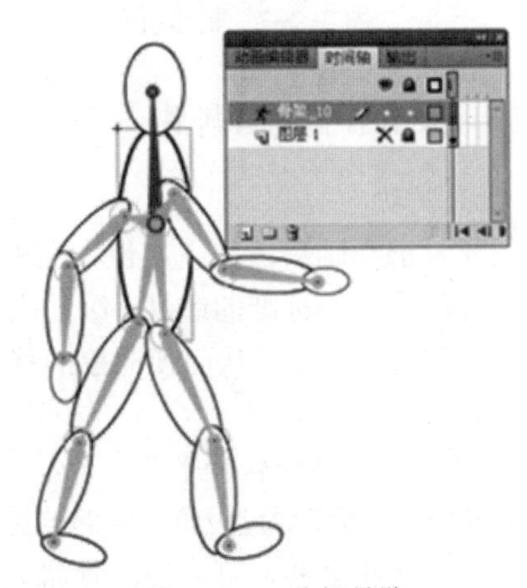

图 3–7–6　选择骨骼

如果需要快速选择相邻的骨骼，可以在选择骨骼后，在“属性”面板中单击相应的按钮进行选择。如单击“父级”按钮，将选择当前骨骼的父级骨骼；单击“子级”按钮，将选择当前骨骼的子级骨骼；单击“下一个同级”按钮或“上一个同级”按钮，可以选择同级的骨骼。

3. 删除骨骼

在创建骨骼后，如果需要删除单个骨骼及其下属的子骨骼，只需要选择该骨骼后按 Delete 键即可。如果需要删除所有的骨骼，可以右击姿势图层，选择关联菜单中的“删除骨骼”命令。此时实例将恢复到添加骨骼之前的状态，如图 3–7–7 所示。

4. 创建骨骼动画

在为对象添加了骨架后，就可以创建骨骼动画了。在制作骨骼动画时，可以在开始关键帧中制作对象的初始姿势，在后面的关键帧中制作对象不同的姿态，Flash 会根据反向运动学的原理计算出连接点间的位置和角度，创建从初始姿态到下一个姿态转变的动画效果。

在完成对象的初始姿势的制作后，在“时间轴”面板中右击动画需要延伸到的帧，选择关联菜单中的“插入姿势”命令，如图 3–7–8 所示。在该帧中选择骨骼，调整骨骼的位置或旋转角度。此时 Flash 将在该帧创建关键帧，按 Enter 键测试动画即可看到创建的骨骼动画效果了。

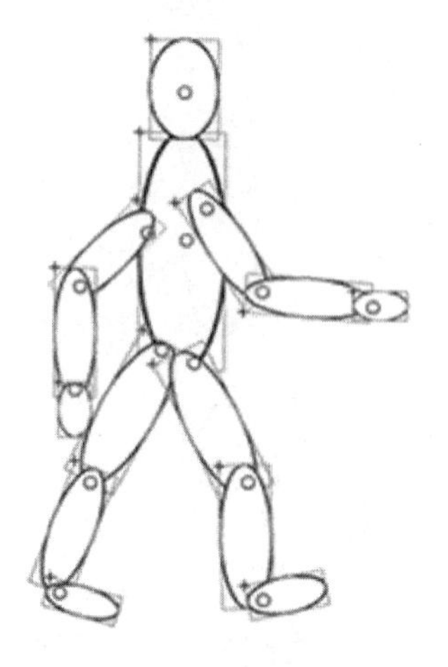

图 3–7–7　删除所有骨骼

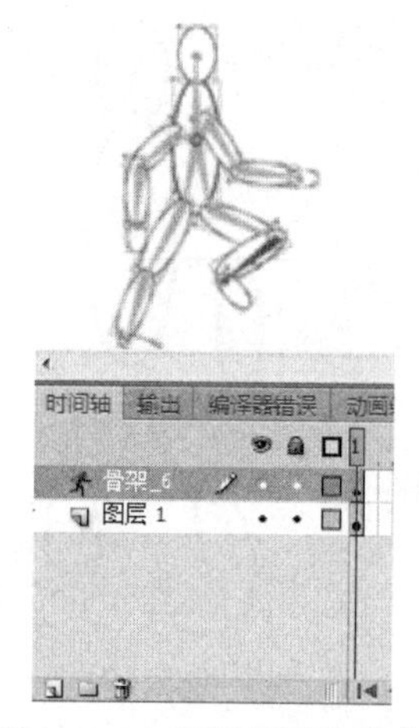

图 3–7–8　调整骨骼的姿态

3.7.3　设置骨骼动画属性

1. 设置缓动

在创建骨骼动画后，在“属性”面板中设置缓动。Flash 为骨骼动画提供了几种标准的缓动，缓动应用于骨骼，可以对骨骼的运动进行加速或减速，从而使对象的移动获得重力效果，如图 3–7–9 所示。

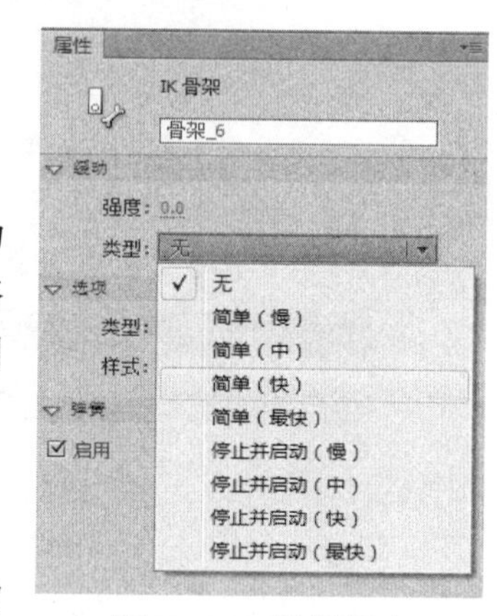

图 3–7–9　设置缓动

2. 约束连接点的旋转和平移

在 Flash 中，可以通过设置对骨骼的旋转和平移来进行约束。约束骨骼的旋转和平移，可以控制骨骼运动的自由度，创建更为逼真的运动效果，如图 3–7–10 所示。

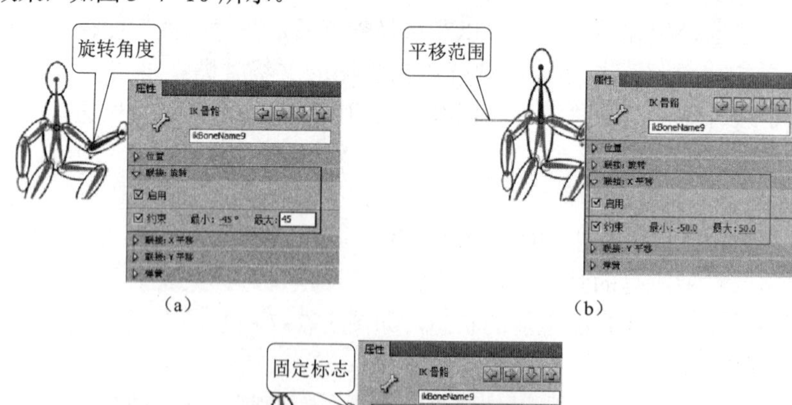

图 3–7–10　约束连接点的旋转和平移

（a）约束旋转；（b）约束连接点的平移；（c）固定骨骼

3. 设置连接点速度

连接点速度决定了连接点的粘贴性和刚性，当连接点速度较小时，该连接点将反应缓慢；当连接点速度较高时，该连接点将具有更快的反应。在选取骨骼后，在“属性”面板的“位置”栏的“速度”文本框中输入数值，可以改变连接点的速度，如图 3-7-11 所示。

4. 设置弹簧属性

弹簧属性是 Flash CS5 新增的一个骨骼动画属性。在舞台上选择骨骼后，在“属性”面板中展开“弹簧”设置栏。该栏中有 2 个设置项。其中，“强度”用于设置弹簧的强度，输入值越大，弹簧效果越明显。“阻尼”用于设置弹簧效果的衰减速率，输入值越大，动画中弹簧属性减小得越快，动画结束得就越快。其值设置为 0 时，弹簧属性在姿态图层中的所有帧中都将保持最大强度，如图 3-7-12 所示。

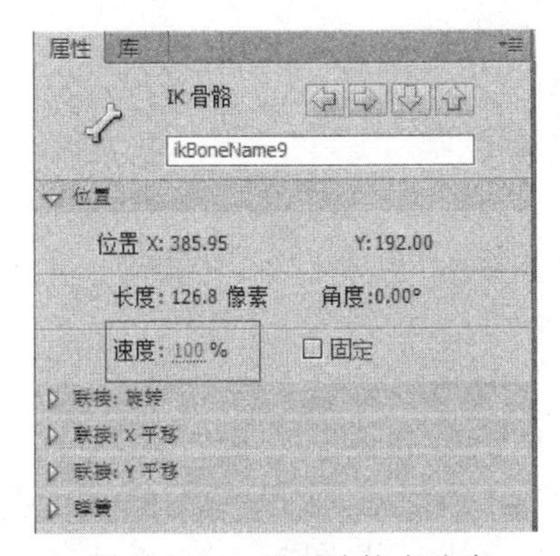

图 3-7-11　设置连接点速度

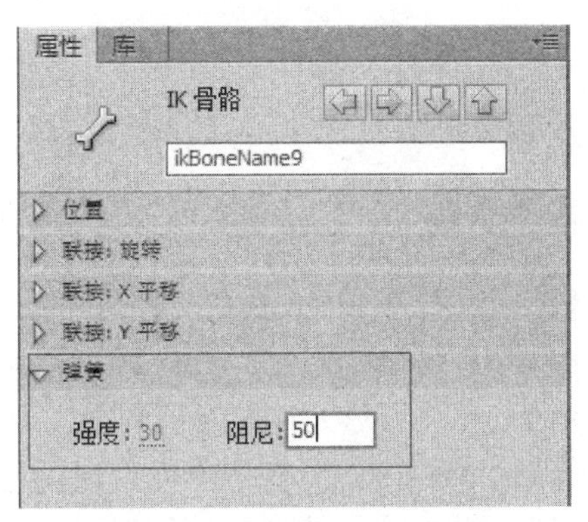

图 3-7-12　设置“弹簧”属性

3.7.4　制作形状骨骼动画

1. 创建形状骨骼

制作形状骨骼动画的方法与前面介绍的骨骼动画的制作方法基本相同。在工具箱中选择“骨骼工具”，在图形中单击鼠标后，在形状中拖动鼠标即可创建第一个骨骼。在骨骼端点处单击后，拖动鼠标可以继续创建该骨骼的子级骨骼。在创建骨骼后，Flash 同样将会把骨骼和图形自动移到一个新的姿势图层中，如图 3-7-13 所示。

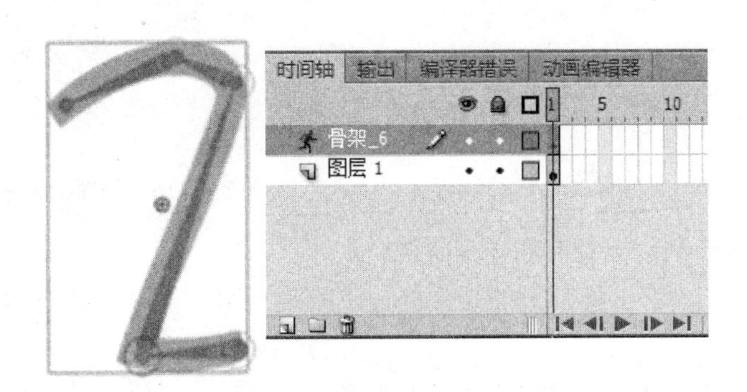

图 3-7-13　创建骨骼

2. 绑定形状

在默认情况下，形状的控制点连接到离它们最近的骨骼。Flash 允许用户使用“绑定工具”来编辑单个骨骼和形状控制点之间的连接。这样就可以控制在骨骼移动时笔触或形状扭曲的方式，以获得更满意的结果，如图 3-7-14 所示。

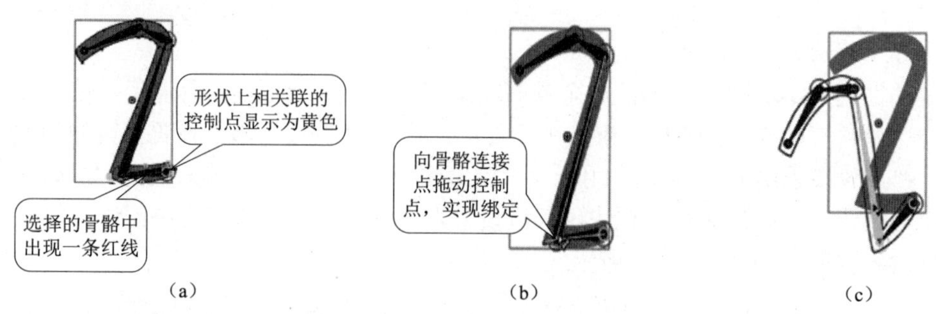

图 3-7-14　绑定形状

(a) 选择骨骼；(b) 骨骼绑定；(c) 拖动骨骼的效果

操作实践

步骤 1：打开 Flash 素材文档。

按 Ctrl+O 组合键，打开 fla 格式的源文件，如图 3-7-15 所示。

步骤 2：将图形元件拖入到图层 2 中。

选择“库”中的所有图形元件，将它们拖入到舞台中，最后拖入的元件将在最上层（比如，因为要将右胳膊放在身体的下面，所以身体比右胳膊后放），如图 3-7-16 所示。

图 3-7-15　打开源文件

图 3-7-16　将图形元件拖入舞台

步骤 3：创建第一个父级骨骼和子级骨骼。

选择“骨骼工具”，单击舞台上的元件并向下拖动至另一个实例创建骨骼，如图 3-7-17 所示。

单击第一个骨骼的根部，拖动至“左胳膊”元件，创建子级骨骼，如图 3-7-18 所示。

图 3–7–17　创建第一个父级骨骼

图 3–7–18　创建子级骨骼

步骤 4：创建另一个子级骨骼。

在新建图层中，按 Ctrl+C 组合键，复制没有创建骨骼的元件，按 Ctrl+Shift+V 组合键，原位粘贴，如图 3–7–19 所示。

单击第一个骨骼的根部，拖动至另一个胳膊，创建另一个子级骨骼，如图 3–7–20 所示。

图 3–7–19　将没有创建骨骼的元件复制、粘贴

图 3–7–20　创建另一个子级骨骼

温馨提示：

① 对没有创建骨骼的元件进行原位粘贴，是为了将被遮盖的元件重新完整地显示，方便为它们添加骨骼。

② 要创建分支骨架，单击希望分支由此开始的现有骨骼的头部，拖动鼠标以创建新分支的第一个骨骼。

步骤 5：创建其他子级骨骼。

单击第一个骨骼的根部，拖动至盆骨元件，创建另一个子级骨骼，如图 3–7–21 所示。

使用相同的方法连接腿部元件，如图 3–7–22 所示。

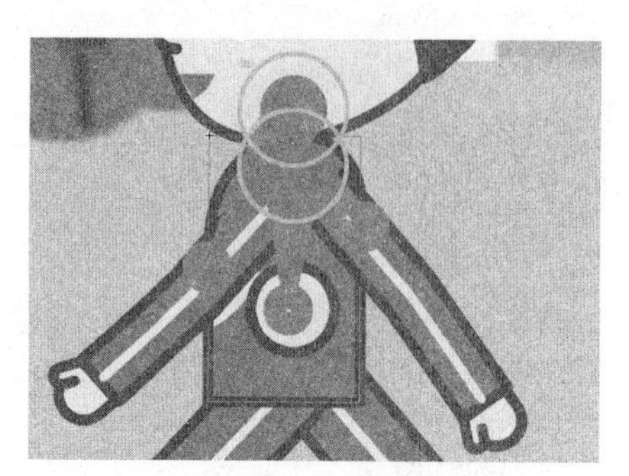

图 3–7–21　创建另一个子级骨骼

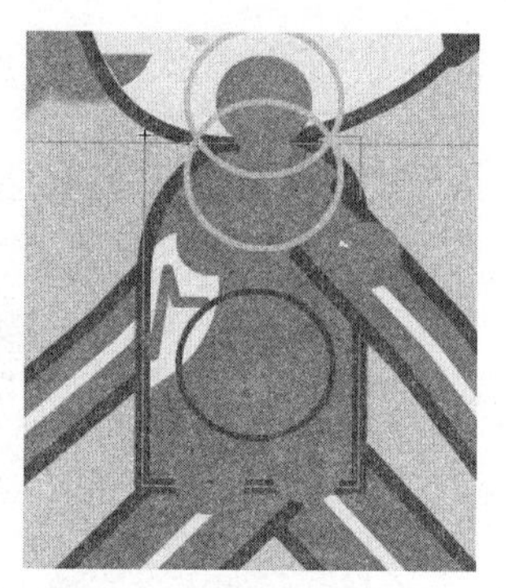

图 3–7–22　连接腿部

步骤 6：调整元件之间的堆叠顺序。

单击舞台中的“身体”元件，选择“修改”→“排列”→“移至顶层”命令，调整各个元件的堆叠顺序，如图 3–7–23 所示。使用相同的方法调整各元件的堆叠顺序。

步骤 7：插入姿势并调整元件的位置。

在“图层 1”的第 25 帧插入帧，延长动画播放时间。选择“骨架”图层的第 12 帧和第 25 帧，单击右键，选择“插入姿势”命令，插入姿势，如图 3–7–24 所示。

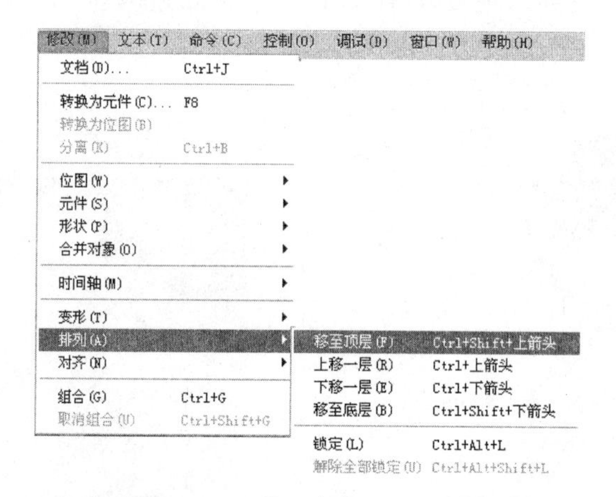

图 3–7–23　将“身体”移至顶层

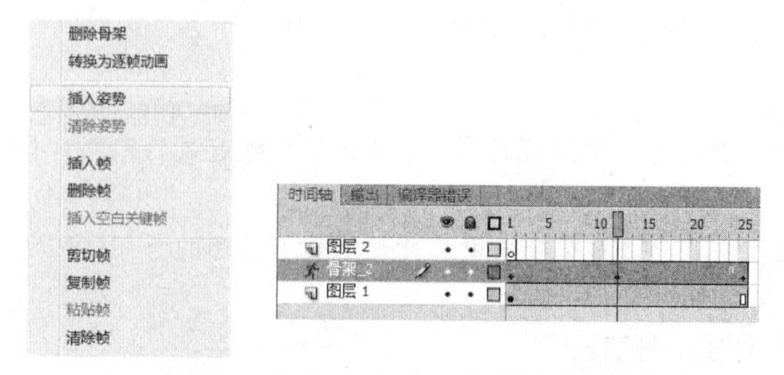

图 3–7–24　插入姿势

在第 12 帧和第 25 帧处调整元件的位置和角度，如图 3–7–25 所示。

图 3-7-25 第 12 帧、第 25 帧时元件的位置和角度

步骤 8：按 Ctrl+S 组合键，保存文档；按 Ctrl+Enter 组合键，测试预览。

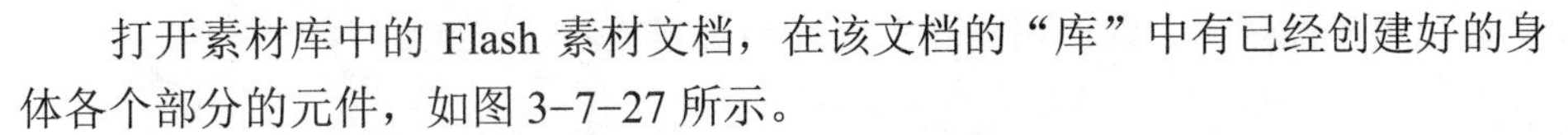

任务延伸:木偶跑步动画

本实例主要是通过骨骼工具制作一个木偶跑步的动画。最终效果如图 3-7-26 所示。

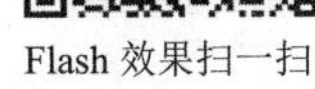

Flash 效果扫一扫

01 打开 Flash 素材文档。

打开素材库中的 Flash 素材文档，在该文档的“库”中有已经创建好的身体各个部分的元件，如图 3-7-27 所示。

02 把元件拖入舞台并调整位置、旋转和堆叠顺序。

将库中的这些元件拖入到舞台中，并调整位置、旋转和堆叠顺序，如图 3-7-28 所示。

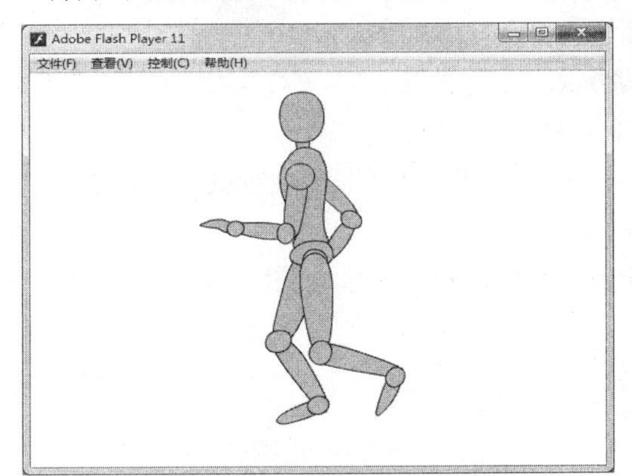

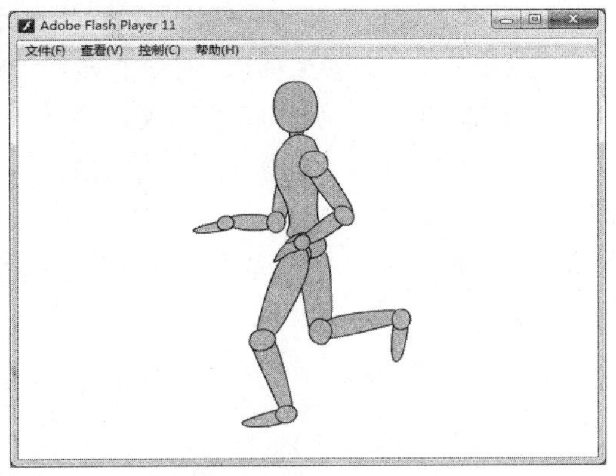

图 3-7-26 “木偶跑步”最终效果图

属性 库

木偶动画素材

15 个项目

名称	AS...	使用次数	修改
左手		0	2015
左上臂		0	2015
右小腿		0	2015
胯部		0	2015
右手		0	2015
右脚		0	2015
头		0	2015
左小腿		0	2015
左大腿		0	2015
右上臂		0	2015
右大腿		0	2015
左前臂		0	2015
左脚		0	2015
右前臂		0	2015
身体		0	2015

图 3-7-27 素材文档中的库元件

图 3-7-28 拖入舞台并调整位置等

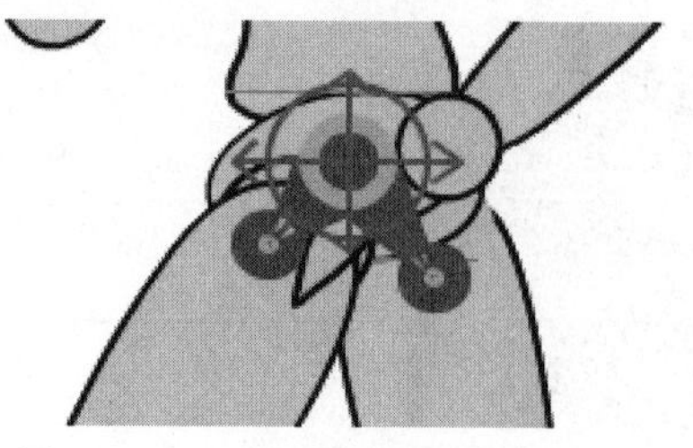
图 3–7–29　创建胯部和大腿的连接

03　创建胯部和大腿的连接。

选择“骨骼工具”，单击舞台上的“胯部”元件实例并拖动鼠标至另一个“左大腿”实例，将胯部元件和左大腿元件连接。同理，将胯部和右大腿也连接起来，如图 3–7–29 所示。

温馨提示：

骨架中的第一个骨骼是父级骨骼，它显示为一个圆形围绕着骨骼头部。

04　创建大腿和小腿、小腿与双脚、胯部与上半身、上半身与头部、上半身和左右上臂、上臂和前臂、前臂和双手的连接。

选择“骨骼工具”，分别将大腿和小腿、小腿与双脚、胯部与上半身、上半身与头部、上半身和左右上臂、上臂和前臂、前臂和双手连接起来。至此，完成骨骼的创建，如图 3–7–30 所示。

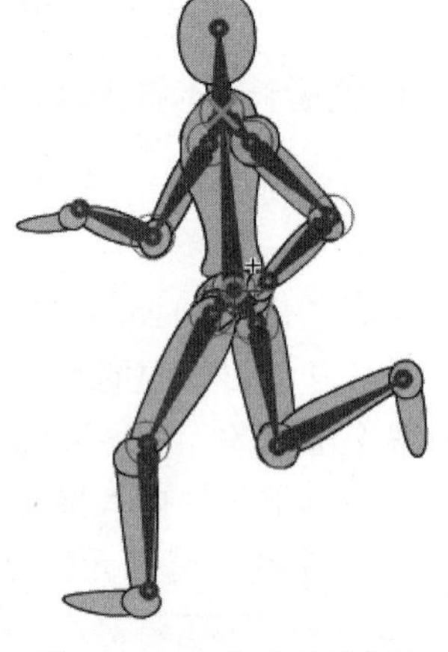
图 3–7–30　完成骨骼创建

温馨提示：

① 在元件实例连接的过程中，需要调整各个元件的排列顺序（也称为堆叠顺序）。

② 骨骼创建之后，需要适当调整姿势，即元件实例的位置和角度等。

③ 为了便于将新骨骼的尾部拖到所需的特定位置，可以选择“视图”→“贴紧”→“贴紧至对象”命令，启用“贴紧至对象”功能。

05　在第 40 帧、第 21 帧处插入姿势并调整姿势。

将“时间轴”面板上的多余空白图层删除，在“骨架”图层中的第 40 帧处右击，选择“插入姿势”命令，如图 3–7–31 所示。

同理，在第 21 帧处插入姿势，并使用“选择工具”调整木偶的姿势，如图 3–7–32 和图 3–7–33 所示。

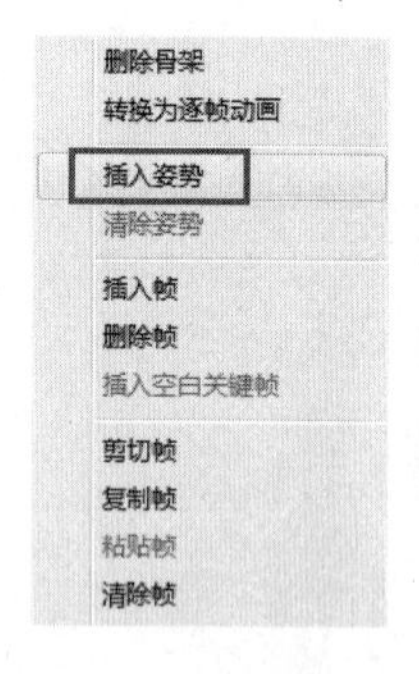

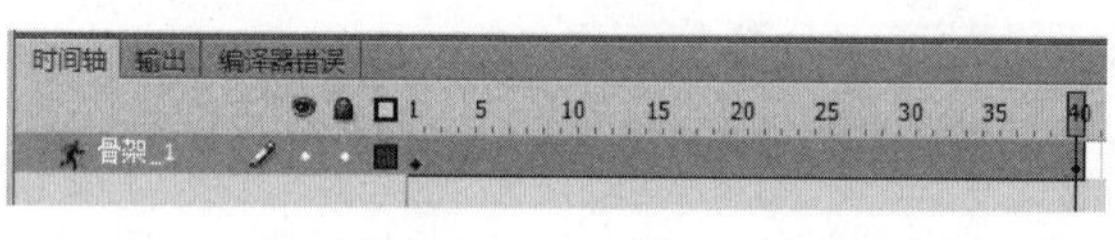

图 3–7–31　第 40 帧处插入姿势

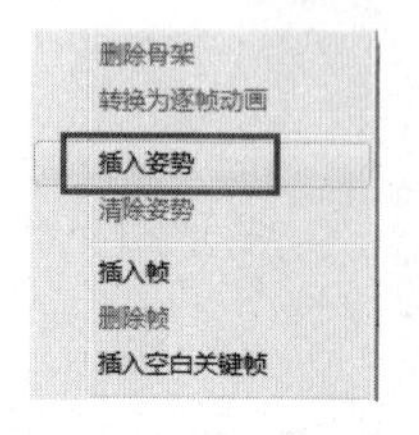

图 3–7–32　第 21 帧处插入姿势

图 3–7–33　使用“选择工具”调整 21 帧处的木偶姿势

至此，骨骼动画创建完成，其中第 1 帧、第 21 帧、第 40 帧处的木偶姿势如图 3–7–34 所示。

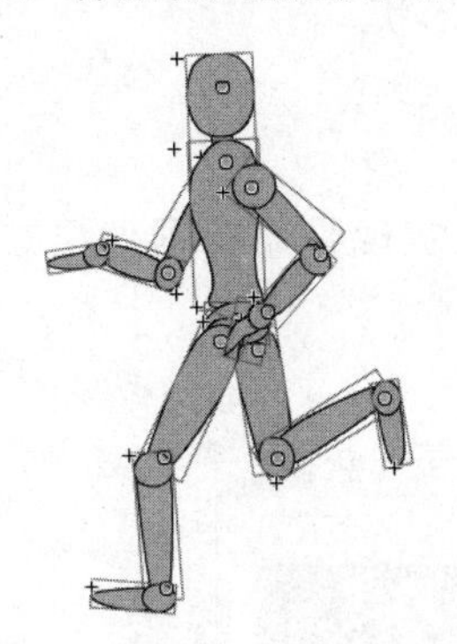

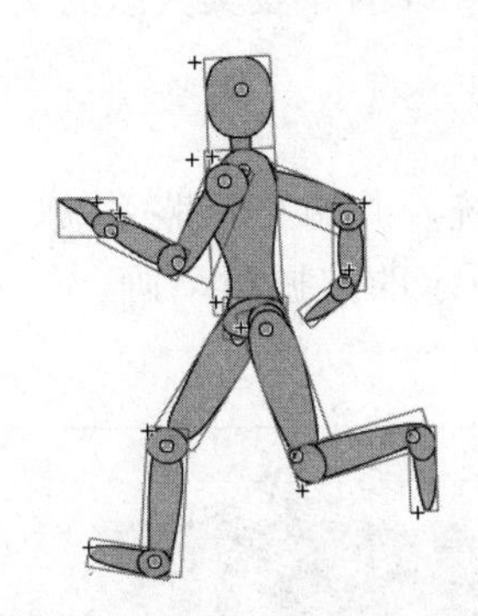

图 3–7–34　木偶姿势

06　按 Ctrl+S 组合键，保存文档；按 Ctrl+Enter 组合键，测试预览。

任务评价

报告人：	指导教师：	完成日期：
任务实施过程汇报：		
工作创新点		
小组交互评价		
指导教师评价		

思考练习

判断题：

（1）反向运动学指的是对于有层级关系的对象来说，父对象的动作将影响到子对象，而子对象的动作不会影响到父对象。（　）

（2）骨骼动画就是用 IK 骨骼创建的反向运动学动画。（　）

（3）Flash CS6 中有两个用来处理 IK 骨骼的工具：骨骼工具和绑定工具。（　）

（4）控制骨骼动画中的姿势帧附件运动的加速度称为缓动。（　）

（5）当用户向元件实例或形状添加骨骼时，Flash 会将实例或形状以及关联的骨架移动到时间轴的新图层中，此新图层称为姿势图层。（　）

（6）每个姿势图层中只能包含一个骨架及其关联的实例或形状。（　）

任务拓展

通过向元件实例添加骨骼系统，并调整骨骼系统，可以实现骨骼动画效果。结合本次任务所学，完成如图 3-7-35 所示的挖掘机动画。

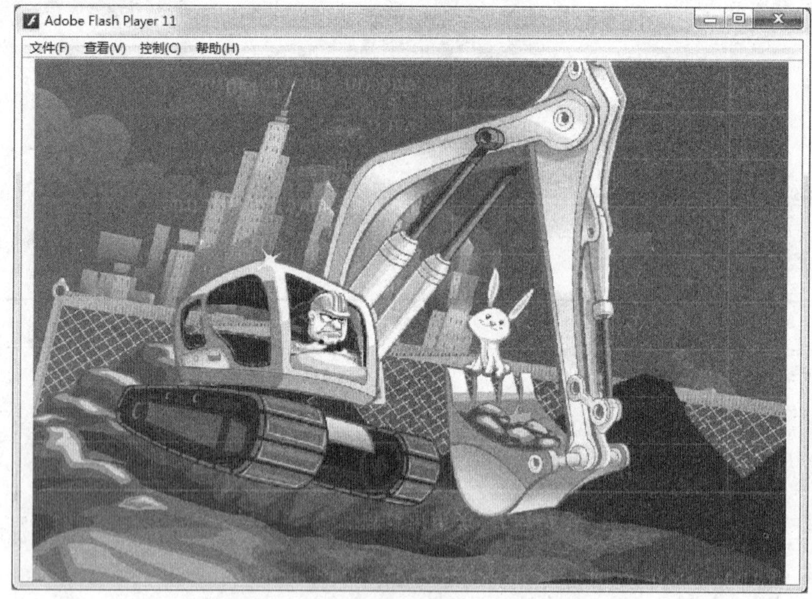

Flash 效果扫一扫

图 3-7-35 “挖掘机”动画效果

项目 4

ActionScript 3.0 脚本应用

ActionScript 是 Flash 的脚本语言，是 Flash 动画的重要组成部分。它使得 Flash 动画具有强大的交互功能。它极大地丰富了 Flash 动画的形式，给创作者提供了无限的创意空间。

通过 ActionScript，创作者不仅可以制作出普通的观赏性的动画，还可以利用鼠标或键盘控制动画；不仅可以控制动画的播放或停止、音乐的打开或关闭、链接到指定的文件或网页等，还可以创建交互式网页，让用户填写表单或反馈用户信息，以及玩互动游戏等。

任务 4.1 取余运算器

任务描述

通过脚本控制，设计一个计算器，可以实现基本的加、减、乘、除等运算。这是程序设计类课程常见的案例。本次任务设计一个取余运算器。所谓取余运算，就是求得两个整数相除之后所得到的余数。比如 8 取余 5 的结果为 3，18 取余 4 的结果为 2，18 取余 6 的结果为 0。在程序设计语言中，取余运算一般用运算符“%”表示。当单击“显示结果”按钮时，在动态文本框中显示结果，如图 4-1-1 所示。

Flash 效果扫一扫

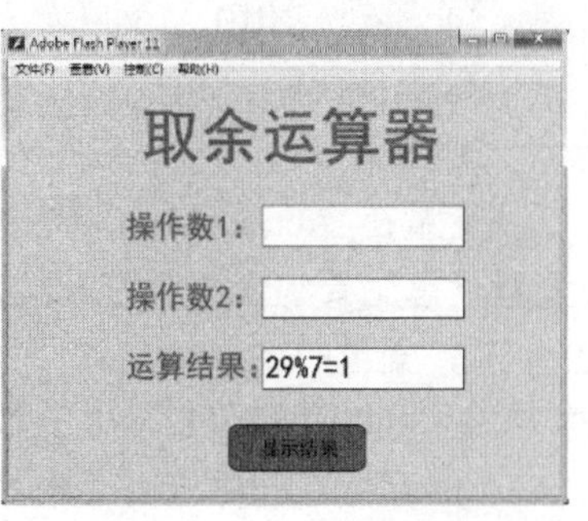

图 4-1-1 取余运算器

任务目标

1. 了解 ActionScript 中的常量、变量、数据类型和运算符等基础知识。
2. 掌握添加脚本代码的方法。

3. 掌握文本工具中输入文本、动态文本的使用方法。

4. 了解在文本框输入文本的常见判断方法。

任务实施

知识储备

4.1.1 ActionScript 基础知识

ActionScript 中包含常量、变量、运算符、函数和各种语句，通过对这些常量、变量、运算符、函数和各种语句的运用，用户可以创建各种复杂的动画效果。

1. 常量

常量是指恒定不变的固定值。常量只能在声明时赋值，而且之后不能再发生改变。比如数学中的圆周率、物理中的重力加速度都适合设置为常量。ActionScript3.0 使用 const 关键字声明常量。一般来说，常量全部使用大写字母，各个单词之间用下划线字符“_”分割。

其语法格式为：

```
const 常量名：数据类型=值;
```

如：

```
const FOOT:int = 100;
```

对于值类型而言，常量是不能改变的。对于引用型常量来说，虽然不能直接修改其引用，但可以通过修改引用对象自身的状态来实现对常量的修改。

```
// 借助于变量实现对常量的修改
const First_ARR:Array = [1,3,5];
var Second_ARR:Array = First_ARR;
trace(Second_ARR);        // 输出:1 3 5
Second_ARR[0]=10;
trace(Second_ARR);        // 输出:10 3 5
```

2. 变量

变量在 ActionScript 中主要用来存储数值、字符串、对象、逻辑值和动画片段等信息。变量信息主要包含三个方面的内容。

① 变量的名称。

② 可以存储在变量中的数据类型。

③ 存储在计算机内存中的实际值。

其语法格式为：

```
var 变量名:数据类型;
```

或

```
var 变量名:数据类型=值;


// 定义 3 个 String 类型的变量
```

```
var firstName:String;              // 声明变量 firstName，并指定数据类型为 String
var secondName;                    // 声明变量 secondName，但没有指定数据类型
var thirdName:String="陆小凤"; // 声明变量 thirdName，数据类型为 String，值为陆小凤
trace(thirdName);                  // 输出 thirdName 的值
```

对于变量的命名，必须符合以下规则：

① 必须以英文字母开头，大小写都可。

② 可以使用下划线。

③ 不能与 ActionScript 中的命令名称相同。

④ 在它的作用范围内，变量的名称必须唯一。

3. 数据类型

在声明变量和常量时，需要指定数据类型。ActionScript 中主要有两种数据类型：

① 基元数据类型：Boolean、int、Null、Number、String、uint 和 void。

② 复杂数据类型：Object、Array、Date、Error、Function、RegExp、XML 和 XMLList。

其中，Object 数据类型是由 Object 类定义的。Object 类用作 ActionScript 中所有类定义的基类。Object 数据类型的成员包括属性和方法。前者用来存放各种数据，后者用来存放函数对象。声明 Object 对象的方法有两种。

```
// 方法一：使用构造函数
var firstObj:Object = new Object( );
// 方法二：使用{}
var secondObj:Object = {};
```

以上两种方法构建 Object 对象的效果相同。

下面的例子说明如何为构建的对象写入属性和方法。

```
var myObj:Object = {myName:"陆小凤",myAge:"37 岁",myHobby:function Hobby( ){trace("爱好：凤舞九天");}}; //为 myObj 对象写入属性和方法
trace(myObj.myName);                    // 输出：陆小凤
trace(myObj.myAge);                     /  输出：37 岁
myObj.myHobby( );                       // 输出：爱好：凤舞九天
myObj.myID = "四条眉毛";                // 动态添加属性
myObj.myFriends = function( ){trace("朋友：西门吹雪、叶孤城、花满楼");};//动态添加方法
trace(myObj.myID);                      // 输出：四条眉毛
myObj.myFriends( );                     // 输出：朋友：西门吹雪、叶孤城、花满楼
```

程序运行结果如图 4–1–2 所示。

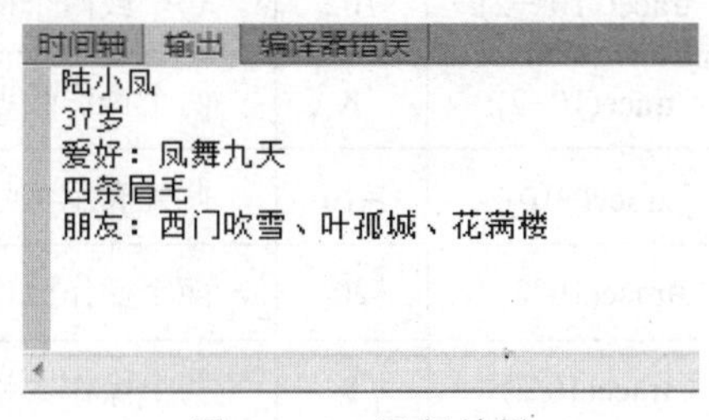

图 4–1–2　运行结果

常见的数据类型归纳见表 4–1–1。

表 4–1–1 常见的数据类型

序号	数据类型	说 明	举 例

1	Boolean	布尔值，表示真假的数据类型。一种逻辑数据只有两个值：true（真）和 false（假）。默认值为 false。true 对应数值 1，false 对应数值 0	var a:Boolean;
			trace(a);//输出 false
			a=true;
			var b:Number=1+a;
			trace(b);//输出 2

2	Number	用来表示所有的数字，包括整数、无符号整数和浮点数	
3	int	整数数据类型，默认值为 0	
4	uint	无符号整数（非负整数），默认值为 0	
5	Null	表示空值。该值为字符串类型和所有类的默认值，且不能作为类型修饰符	
6	String	表示一个 16 位字符的序列。字符串在数据的内部存储为 Unicode 字符，并使用 UTF–16 格式	参考文中例子
7	Void	表示无类型。无类型是指没有类型说明或使用星号“*”作为类型说明。void 型可用作函数的返回类型	function myHobby( ):void {trace("唱歌");} myHobby( );
8	Array	表示数组，用来将多个对象组合在一起	参考文中例子
9	Object	Object 数据类型是由 Object 类定义的。Object 类用作 ActionScript 中的所有类的基类。Object 成员包括属性和方法	参考文中例子

4. 运算符和表达式

ActionScript 中的运算符主要包括算术运算符、关系运算符、逻辑运算符、赋值运算符和按位运算符。

（1）算术运算符。它主要是对数值操作数执行算术运算，这些运算符见表 4–1–2。

表 4–1–2 算术运算符

序号	运算符	执行运算	举例	执行结果	说 明
1	+	加法	trace(10+2);	12	两个操作数均为数字时求和
			trace("10"+2);	102	一个或两个操作数为字符串时连接
2	–	减法	trace(10–2);	8	两个操作数返回这两个数的差
			trace(–10);	–10	此处表示负号，是单目运算
3	*	乘法	trace(10*2);	20	两个操作数相乘
4	/	除法	trace(10/2);	5	两个操作数相除
5	%	求模	trace(10%2);	0	前者除以后者所得的余数

续表

序号	运算符	执行运算	举例	执行结果	说　明
6	++	递增	var i:int=0; trace(i++);	0	i 为 0 时，i++为 0，下一次的 i 值为 1（滞后递增）
7	--	递减	同理于++运算的两种情况（i--和--i）		
注：++和--运算是单目运算，即只需一个操作数。					

（2）关系运算符。它主要是进行两个表达式的比较，并且返回一个布尔值（true 或 false）。关系运算符的左、右两侧可以是数值、变量或表达式，见表 4-1-3。

表 4-1-3　关系运算符

序号	运算符	执行运算	举　例

1	<	小于	var a:int =3;
			var b:Boolean=true;
			var c:String="2"
			trace(a>b);//输出 true
			trace(a>c);//编译器会报错
			trace(a>int(c));//输出 true
			var m:int=3;
			var n="2";
			trace(m>n);//输出 true

2	>	大于	
3	<=	小于或等于	
4	>=	大于或等于	
5	==	等于	
6	!=	不等于	
7	===	严格等于	
8	!==	严格不等于	

（3）逻辑运算符。它用于将表达式、变量或函数返回值连接起来组成逻辑表达式，常用于选择或循环语句中。和关系运算符一样，返回结果为一个布尔值，见表 4-1-4。

表 4-1-4　逻辑运算符

序号	运算符	执行运算	说　明
1	&&	逻辑“与”	当左、右操作数都为 true 时，返回 true，否则返回 false
2	||	逻辑“或”	当左、右操作数都为 false 时，返回 false，否则返回 true
3	!	逻辑“非”	单目运算。当操作数为 false 时，返回 true；当右边为 true 时，返回 false

（4）赋值运算符。简单的赋值运算符就是等于“=”，常用于为声明的变量或常量指定一个值。在 ActionScript 中，可以把其他运算符和赋值运算符“=”复合组成一个复合赋值运算符。比如，算术运算符、逻辑运算符和按位运算符都可以和赋值运算符“=”组成复合赋值运算符，见表 4-1-5。

表 4-1-5　复合赋值运算

<table>
<tr><th>序号</th><th>复合赋值运算</th><th>运算符</th><th>举例</th><th>代表的含义</th></tr>
<tr><td rowspan="5">1</td><td rowspan="5">算术赋值运算</td><td>+=</td><td>i+=j</td><td>i=i+j</td></tr>
<tr><td>−=</td><td>i−=j</td><td>i=i−j</td></tr>
<tr><td>*=</td><td>i*=j</td><td>i=i*j</td></tr>
<tr><td>/=</td><td>i/=j</td><td>i=i/j</td></tr>
<tr><td>%=</td><td>i%=j</td><td>i=i%j</td></tr>
<tr><td rowspan="2">2</td><td rowspan="2">逻辑赋值运算</td><td>&&=</td><td>i&&=j</td><td>i=i&&j</td></tr>
<tr><td>||=</td><td>i||=j</td><td>i=i||j</td></tr>
<tr><td rowspan="5">3</td><td rowspan="5">按位赋值运算</td><td>&=</td><td>i&=j</td><td>i=i&j</td></tr>
<tr><td>^=</td><td>i^=j</td><td>i=i^j</td></tr>
<tr><td>|=</td><td>i|=j</td><td>i=i|j</td></tr>
<tr><td><<=</td><td>i<<=j</td><td>i=i<<j</td></tr>
<tr><td>>>=</td><td>i>>=j</td><td>i=i>>j</td></tr>
</table>

（5）按位运算符。在使用按位运算符时，必须将数字转换为二进制，然后才能对二进制数字的每一位对应进行运算。按位运算符主要包括按位与“&”、按位或“|”、按位异或“^”、按位左移动“<<”、按位右移动“>>”和按位非“~”等。

5. 选择结构

选择结构（也称作分支结构）是根据不同的条件选择执行不同的代码。ActionScript 3.0 中主要提供了三种方式实现选择结构的程序控制。

（1）if…else 结构。

if…else 结构的含义是，如果 if 后面的条件成立，就执行该条件下的语句；否则，就执行 else 下的语句。比如，下面代码的意思是：如果 score 的值大于等于 60，就输出“及格！”；否则（即 score 的值小于 60），就输出“不及格！”。

```
if (score>=60)
{
    trace("及格!");
}
else
{
    trace("不及格!");
}
```

以上的 if…else 结构有两种选择分支。如果只有 if，没有 else，则表示一个分支，即不考虑“否则”的情况。比如下面的代码，就是只有 if 的一种分支情况。

```
if (score>=60)
{
    trace("及格!");
}
```

（2）if…else if…结构。

if…else if…结构与 if…else 结构的区别在于后面的 if，既在 else（否则）中，又进行了一次条件的设立。比如，下面的代码中，第一个 else 表示 score＜90 的情况，它和其后紧跟着的 if 一结合，就变成了 80＜=score＜90 时的条件。同理，第二个 else 表示 score＜80 的情况，它和其后紧跟着的 if 一结合，就变成了 60＜=score＜80 时的条件。最后一个 else 就表示 score＜60 时的条件。

```
if (score>=90)
{
    trace("优秀!");
}
else if (score>=80)          //即 80≤score<90 时
{
    trace("良好!");
}
else if (score>=60)          //即 60≤score<80 时
{
    trace("合格!");
}
else                         //即 score<60 时
{
    trace("不及格");
}
```

温馨提示：

① if …else if …结构中，else 总是和它最近的上一个 if 配对，表示该 if 条件下的否则含义。

② 除了 if …else if …之外，switch 结构也是多分支结构常用的一种写法。switch 结构一般是多个执行路径依赖于一个条件表达式。

6. 循环结构

有些程序代码只需要执行一次，有些程序代码需要多次重复执行。循环结构就是在一定条件下，反复执行一段特定的程序代码。在 ActionScript 中有 4 种类型的循环结构：for 循环、for…in 循环、while 循环和 do–while 循环。

（1）for 循环结构。for 循环结构的格式是：

```
for(init; condition; next) { 循环体语句 }
```

其中，init 是初始表达式，用来设置循环变量的初始值，该表达式只被执行一次；condition 是条件表达式，用来判断是否执行大括号里的循环体语句；next 是递增或递减表达式，用来每次执行完循环语句后改变循环变量的值。

比如，下面的循环结构中，先执行 var i:int =0；语句，然后判断 i＜10 成立否，成立则执行循环体（即 trace(i)；语句），紧接着执行 for 结构中的最后一个表达式（即 i++;），然后重新判断 i＜10 是否成立，成立则第二次执行循环体。依此类推，直到 i＜10 不成立时循环结束。

```
for (var i:int = 0; i<10; i++)
{
    trace(i);        //分行输出 0 1 2 3 4 5 6 7 8 9
}
```

温馨提示：

① for 中的三个表达式都可以省略，但是分号不能省略。设计者可以把它们放到 for 的外面或循环体内，都可以实现执行循环并最终结束循环的目的。比如，上面的 for 循环也可以写成如下的形式。

```
var i:int = 0
for (;i<10;i++)
{
    trace(i);
}
```

② 在初始表达式和递增表达式中，可以使用多个表达式，用逗号隔开。比如，

```
for (var sum =0, i = 0, j=0;i<10;i++, j++)
{
    sum = sum + i + j;
}
trace(sum);                //输出 90
```

（2）while 循环结构。while 循环结构的格式是：

```
while(condition){ 循环体语句 }
```

其中，condition 是循环的条件表达式，只要结果为真，就执行循环体语句。当条件为假时，循环结束。比如，同样是 for 循环结构的上述例子，用 while 循环编写的代码如下。

```
var i:int = 0;
while(i<10)
{
    trace("及格!");
    i++;
}
```

温馨提示：

① do…while 循环结构类似于 while 循环结构，只是它会先执行循环体语句再进行条件判断，所以，该结构至少执行一次循环体语句。

② 循环结构中，break 语句表示直接跳出循环，即终止循环。

③ 循环结构中，continue 语句表示停止当前的这一次循环，直接跳到下一次的循环中。

7. 函数

函数是可以向脚本传递参数并能够返回值的可重复使用的代码块。ActionScript 中的函数，包含处理数据、影片剪辑控制、与时间轴或浏览器通信等各种各样的功能。

在 ActionScript 3.0 中，可以通过两种方式来定义函数：函数语句方式和函数表达式方式。

（1）函数语句方式。函数语句方式的格式是：

```
function 函数名(参数 1: 参数类型, 参数 2: 参数类型, ...): 返回值类型
{
    函数体语句
}
```

定义好一个函数以后，可以在其他地方调用该函数。比如，下面代码中的最后一行中，sum(10, 20) 就是对 sum 函数的调用。

```
function sum(num1:int, num2: int): int
{
    return num1+num2;
}
trace(sum(10, 20));                //输出 30
```

（2）函数表达式方式。函数表达式方式的格式是：

```
var 函数名:Function=function(参数 1: 参数类型, 参数 2: 参数类型, ...): 返回值类型
{
    函数体语句
};
```

该方式将赋值表达式和函数表达式结合使用，写法稍微繁杂。将上述例子用这种方式定义，则写成如下代码。

```
var sum:Function = function sum(num1:int, num2: int): int
{
    return num1+num2;
};
```

温馨提示：

① 在程序的任何位置都可以调用的函数称为全局函数或顶级函数。与 ActionScript 2.0 相比，ActionScript 3.0 中的全局函数较少。在 ActionScript 1.0 & 2.0 中，函数根据其适用对象的不同，又可分为时间轴控制、浏览器/网络、打印函数、其他函数、数字函数、转换函数和影片剪辑控制 7 种类型，如图 4–1–3 所示。对于这些常用函数的说明，请参考本书附录。

② 较为常用的时间轴控制全局函数包括 play、stop、gotoAndPlay、gotoAndStop 等。

③ 较为常用的浏览器/网络控制全局函数包括 fscommand、getURL、loadMovieNum、loadVariablesNum 等。

④ 较为常见的影片剪辑控制全局函数包括 duplicateMovieClip、setProperty、on、onClipEvent、startDrag、stopDrag 等。

图 4–1–3　全局函数

操作实践

步骤 1：新建 Flash 文档。按 Ctrl+N 组合键，新建名为“取余运算器”的 Flash 文档。

步骤 2：在“文字”图层中输入静态文本。将当前图层命名为“文字”，选择“文本工具”创建 4 个传统文本中的静态文本，分别输入“取余运算器”、“操作数 1：”、“操作数 2：”和“运算结果：”，如图 4-1-4 所示。

取余运算器

操作数1：

操作数2：

运算结果：

图 4-1-4 “文字”图层中的 4 个静态文本

步骤 3：在“操作文本框”图层中创建两个输入文本框和一个动态文本框。

新建一个名为“操作文本框”的图层，在“操作数 1”和“操作数 2”后创建两个输入文本框，并“显示边框”（单击“属性”面板上的按钮），然后将文本框分别命名为“num1_txt”和“num2_txt”，如图 4-1-5 所示。

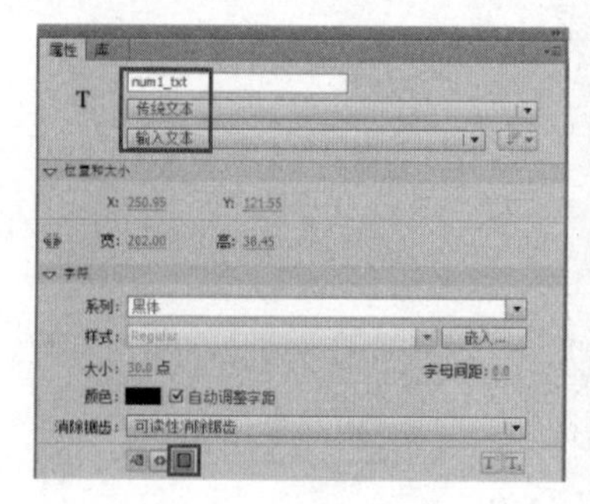

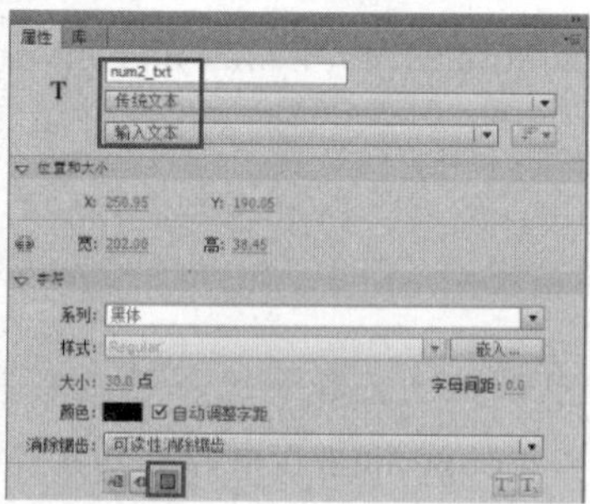

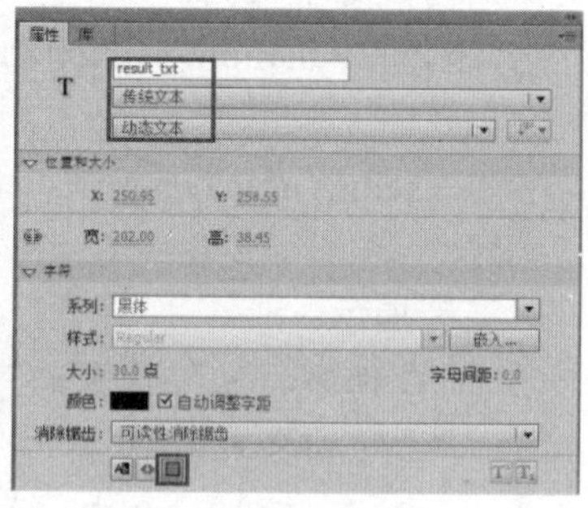

图 4-1-5 设置两个“输入文本”和“动态文本”的属性

在两个输入文本框的右边创建一个动态文本框，显示边框，实例名称为“result_txt”（图 4-1-5）。此时，舞台效果如图 4-1-6 所示。

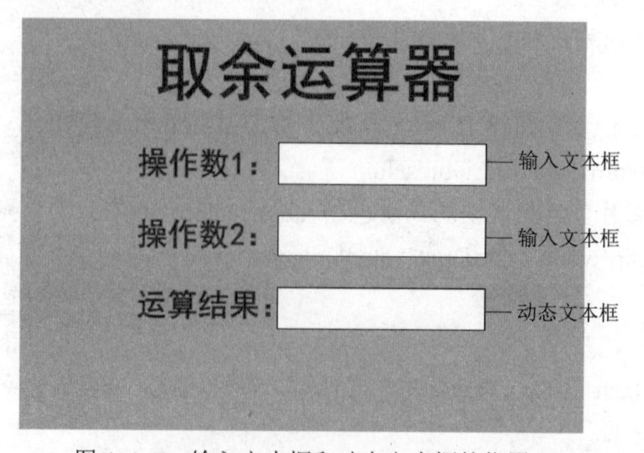

图 4-1-6 输入文本框和动态文本框的位置

步骤 4：创建“mod_btn”按钮。按 Ctrl+F8 组合键，创建名为“mod_btn”的按钮元件。在按钮元件的编辑窗口中，绘制按钮的矩形形状，并输入“显示结果”静态文本，如图 4-1-7 所示。

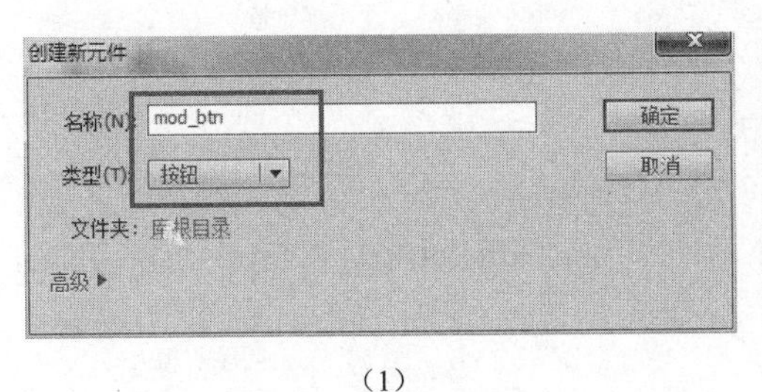

（1）

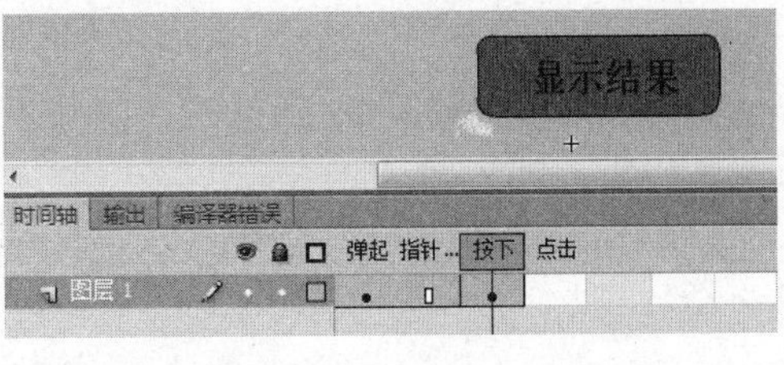

（2）

图 4-1-7　创建“mod_btn”按钮元件

步骤 5：在“操作文本框”图层中拖入“mod_btn”按钮元件，并为其“实例名称”命名为“mod_btn”，如图 4-1-8 所示。

图 4-1-8　将“mod_btn”按钮元件拖入舞台并设置实例名称

步骤 6：在“AS”图层中输入动作代码。新建名为“AS”的图层，选择第 1 帧，打开“动作”面板，输入代码。

```
/*代码功能:取余运算*/

//为按钮注册事件侦听器函数
mod_btn.addEventListener(MouseEvent.CLICK,modNum);
//定义的事件侦听函数,用来响应按钮的单击事件
function modNum(me:MouseEvent)
{
    var num1:Number;//定义变量 num1
    var num2:Number;//定义变量 num2
    var result_temp:Number;//定义变量 result_temp
    //判断输入框中的内容是否为空
    if (num1_txt.text == "" || num2_txt.text == "")
```

```
    {
        result_txt.text = "输入不能为空";
    }
    else if (Number(num2_txt.text)==0)
    {
        result_txt.text = "取余运算中,除数不能为 0";
    }
    else if (String(Number(num1_txt.text))=="NaN"||String(Number(num2_txt.text))=="NaN")
    {
        result_txt.text = "请输入数字";
    }
    else
    {
        //输入文本框中的字符串转换为 Number 类型
        num1 = Number(num1_txt.text);
        num2 = Number(num2_txt.text);
        result_temp = num1 % num2;//取余
        result_txt.text = num1_txt.text + "%" + num2_txt.text + "=" + result_temp.toString( );
        num1_txt.text = "";
        num2_txt.text = "";
    }
}
```

温馨提示：

① if (String(Number(num1_txt.text))=="NaN"||String(Number(num2_txt.text))=="NaN")的含义是：判断两个输入框中的内容是否为数字。如果 num1_txt.text 不是一个纯数字，则 Number (num1_txt.text) 返回值为 NaN，它是一个常量，再使用 String( )函数将它强制转换成字符串，最后与字符串“NaN”比较。

② 将文本框中接收的字符串转化为 Number 类型，再进行运算。所以有语句：num1 = Number(num1_txt.text); num2 = Number(num2_txt.text);。

步骤 7：按 Ctrl+S 组合键，保存文档；按 Ctrl+Enter 组合键，测试预览。效果如图 4–1–9 所示。

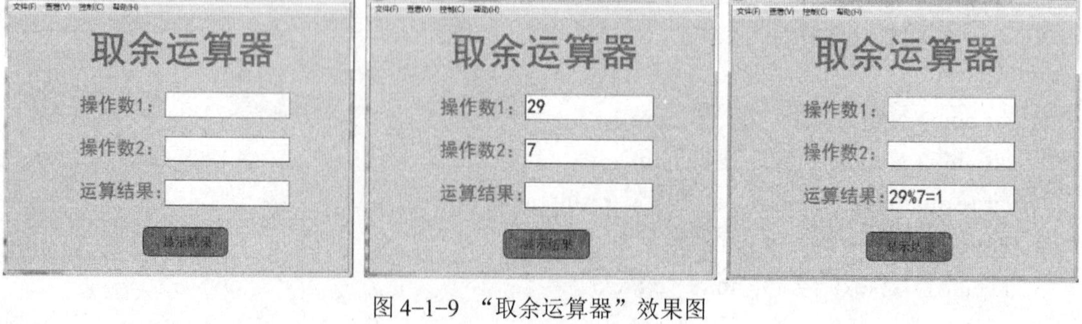

图 4–1–9 “取余运算器”效果图

任务评价

报告人：	指导教师：	完成日期：
任务实施过程汇报：		
工作创新点		
小组交互评价		
指导教师评价		

思考练习

选择题：

（1）如果希望用户在文本字段中键入内容，应使用（　　）。

A. 静态文本　　B. 动态文本

C. 输入文本　　D. 平滑文本

（2）执行下面的三行语句：

var x=15;

var y=x;

var x=30;

此时 y 的值是（　　）。

A. 0　　B. 15

C. 30　　D. undefied

（3）在 ActionScript 2.0 脚本中，语句 my_mc._x=100；的作用是（　　）。

A. 无任何效果　　B. 旋转影片剪辑

C. 设置影片剪辑的宽度　　D. 设置影片剪辑的水平位置

（4）Actions 的电影剪辑对象中，表示透明度的属性是（　　）。

A. _alpha　　B. _height

C. _rotation　　D. _xscale

（5）标识符 Flash 的全局函数使用的标识符是（　　）。

A. _global　　B. global

C. var　　D. 只要定义在时间轴上就可以

（6）在 Flash 的 ActionScript 中，while 语句的作用是（　　）。

A. 卸载动画片段元件　　B. 声明局部变量

C. 当……成立时　　D. 对……对象做

任务拓展

在“取余运算器”任务的基础上，将本任务修改为“算术运算器”，即实现两个操作数的加法、减法、乘法、整除和取余运算。效果如图 4-1-10 所示。

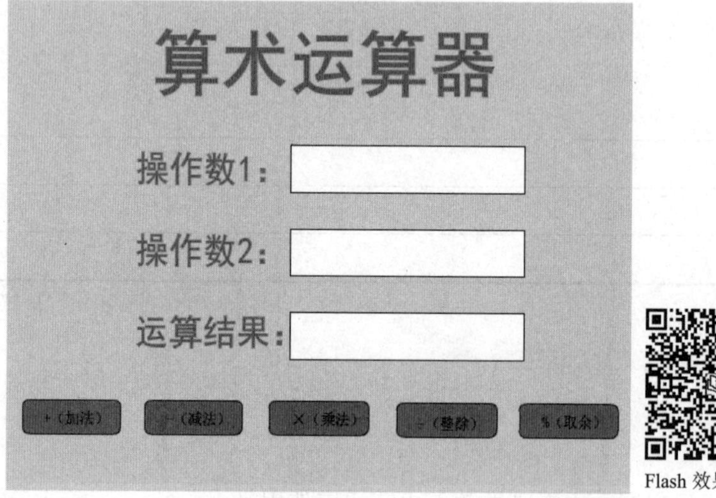

Flash 效果扫一扫

图 4-1-10 “算术运算器”效果

温馨提示：

① 在为多个按钮元件创建实例的时候，一定要为它们设置“实例名称”，以备在 AS 脚本中的使用。

② 对于整除运算，要考虑除数不能为 0 的情况。

任务 4.2　制作 MP3 播放器

任务描述

在项目 1“制作变色按钮”实例中，为大家讲述了按钮元件的制作。本任务是在上述工作的基础上，通过 ActionScript 脚本，实现按钮对声音文件的控制。动画界面如图 4-2-1 所示。

Flash 效果扫一扫

图 4–2–1　MP3 播放器

● 任务目标

1. 了解事件与事件处理。
2. 了解常见的鼠标事件。
3. 掌握声音文件的脚本操作方法。

● 任务实施

知识储备

4.2.1　事件与事件处理

1. 事件

除了设计图形和动画，Flash 还可以使浏览者通过键盘、鼠标等输入设备来控制图形和动画，从而实现站点导航、游戏、在线辅导或人机交互等操作。Flash 中每一个动作的产生和完成，都会有事件的存在。事件就是所发生的，ActionScript 能够识别并可响应的事情。

事件的三个要素：

（1）事件对象（Event Object）：它是 Event 类或 Event 子类的一个实例，记录了所有特定事件发生的相关信息。

（2）事件目标（Event Target）：指调度事件的对象。事件目标也称为事件源，就是发生该事件的那个对象。

（3）侦听器（Listener）：也称为侦听函数或侦听方法。当发生特定事件时通知它，即调用以事件对象为参数的侦听函数。

2. 事件处理

（1）创建事件侦听器。

使用事件的前提是先要注册该事件。注册事件后，事件对象、事件目标和侦听器就形成了逻辑关系。

创建事件侦听器的格式是：

```
事件目标.addEventListener(事件类型, 侦听器);
```

注册事件后，同时定义侦听器函数，并把事件对象作为参数传递给它，语法结构如下：

```
function  侦听函数(参数名:事件类)
{
    函数体语句
}
```

比如，在上个任务“取余运算器”中，先是为“显示结果”按钮注册事件侦听器，然后定义侦听器函数，用来响应该按钮的单击事件。其中的对应关系见表 4-2-1。

表 4-2-1 “取余运算器”任务中的按钮单击事件

序号	名　称	含　义	备　注
1	mod_btn	舞台中“显示结果”按钮的实例名称	事件源
2	MouseEvent.CLICK	事件类型（鼠标单击事件类型）	事件对象
3	modNum	侦听器（侦听器函数）	侦听器
4	MouseEvent	事件类（即侦听器要处理的参数的类型）	事件类
5	me	事件类参数名	参数

“取余运算器”的 AS 代码如下：

```
//为按钮注册事件侦听器函数
mod_btn.addEventListener(MouseEvent.CLICK,modNum);
//定义的事件侦听函数,用来响应按钮的单击事件
function modNum(me:MouseEvent)
{
    var num1:Number;
    var num2:Number;
    var result_temp:Number;
    if (num1_txt.text == "" || num2_txt.text == "")
    {
        result_txt.text = "输入不能为空";
    }
    else if (Number(num2_txt.text)==0)
    {
```

```
        result_txt.text = "取余运算中,除数不能为 0";
    }
    else if (String(Number(num1_txt.text))=="NaN"||String(Number(num2_txt.text))=="NaN")
    {
        result_txt.text = "请输入数字";
    }
    else
    {
        num1 = Number(num1_txt.text);
        num2 = Number(num2_txt.text);
        result_temp = num1 % num2;//取余
        result_txt.text = num1_txt.text + "%" + num2_txt.text + "=" + result_temp.toString( );
        num1_txt.text = "";
        num2_txt.text = "";
    }
}
```

（2）删除事件侦听器。

通过删除事件侦听器，使原来创建的事件侦听器不再发生作用，同时释放内存，降低系统开销。

删除事件侦听器的格式是：

```
事件目标.removeEventListener(事件类型,侦听器);
```

比如，为 mc 实例创建一个单击事件侦听器，并删除该单击事件侦听器。代码如下：

```
function fun(e:MouseEvent):void
{
    trace("单击!");
}
mc.addEventListener(MouseEvent.CLICK,fun);
mc.removeEventListener(MouseEvent.CLICK,fun);
```

4.2.2　鼠标事件

鼠标单击将创建鼠标事件，这些事件可用来触发交互式功能。可以将事件侦听器添加到舞台上，以侦听在 SWF 文件中任何位置发生的鼠标事件。也可以将事件侦听器添加到舞台上，单击从 InteractiveObject 进行继承的对象（比如，MovieClip 或 Sprite），将触发这些侦听器。

ActionScript 可以响应很多种鼠标事件，大部分可以用 MouseEvent 类的常量表示。鼠标事件主要包括：单击（CLICK）、双击（DOUBLE_CLICK）、按下鼠标（MOUSE_DOWN）、释放鼠标（MOUSE_UP）、将光标移动到对象上（MOUSE_OVER）、将光标从对象上移开（MOUSE_OUT）、在交互对象上移动光标（MOUSE_MOVE）、鼠标滚轮在交互对象上移动（MOUSE_WHEEL）。

操作实践

步骤 1：新建 Flash ActionScript 3.0 文档。按 Ctrl+N 组合键，新建一个名为“MP3 播放器”的 Flash 文件。

步骤 2：创建“播放”“停止”和“暂停”按钮元件。

① 按 Ctrl+F8 组合键，创建一个名为“播放”的按钮元件，如图 4–2–2 所示。

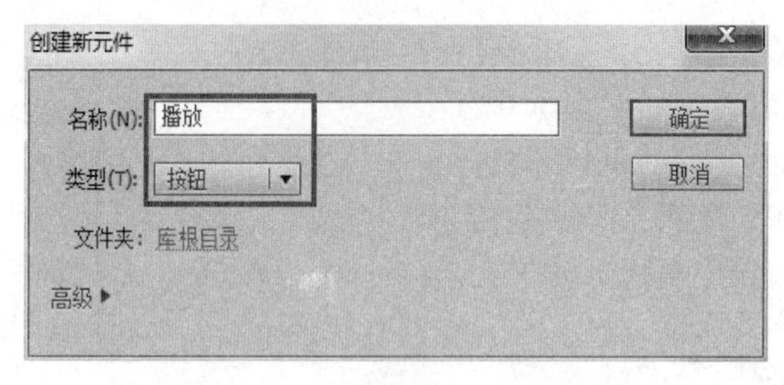

图 4–2–2　创建“播放”按钮元件

② 绘制圆角矩形。在按钮元件的编辑区，选择工具栏中的“矩形工具”，在舞台中绘制一个笔触颜色和填充颜色均为“草绿色（#99CC33）”的矩形。在“属性”面板中设置矩形的边角半径为 20，如图 4–2–3 所示。

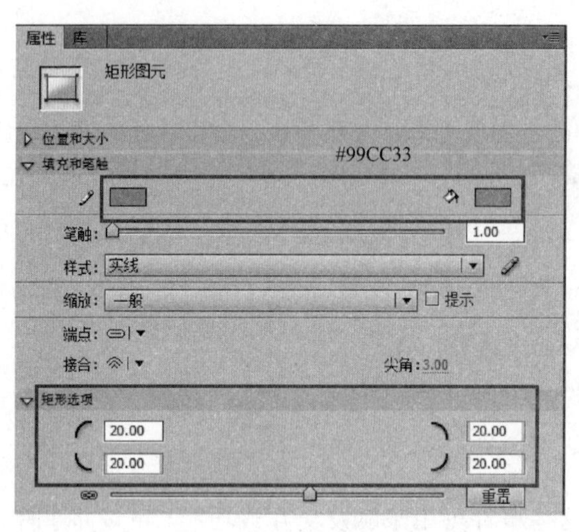

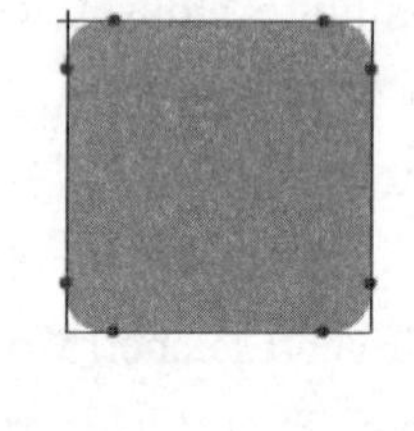

图 4–2–3　绘制圆角矩形

③ 绘制三角形。选择“多角星形工具”，在“属性”面板中，设置笔触颜色和填充颜色均为“白色（#FFFFFF）”，单击“工具设置”的“选项”按钮，在“工具设置”对话框中，将“样式”设置为“多边形”，“边数”设置为“3”，“星形定点大小”设置为“0.5”，如图 4–2–4 所示。

④“指针经过”关键帧处，修改填充颜色。在“指针经过”处按 F6 快捷键，插入关键帧，在“颜色”面板中修改填充颜色，如图 4–2–5 所示。

⑤ 在“弹起”帧处单击鼠标右键，选择“复制帧”命令；在“按下”帧处单击鼠标右键，选择“粘贴帧”命令，如图 4–2–6 所示。

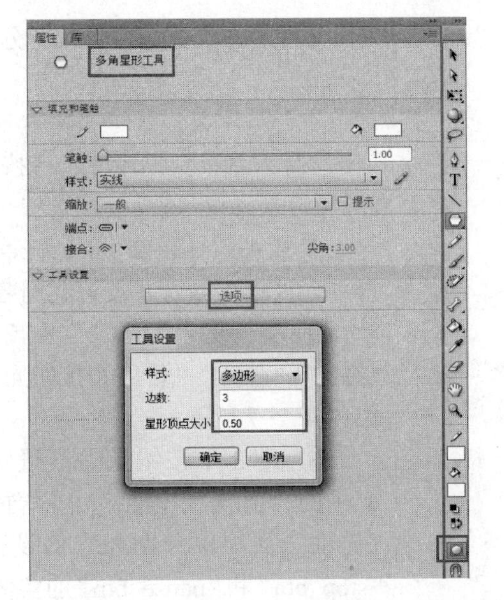

图 4-2-4 “多角星形工具”设置

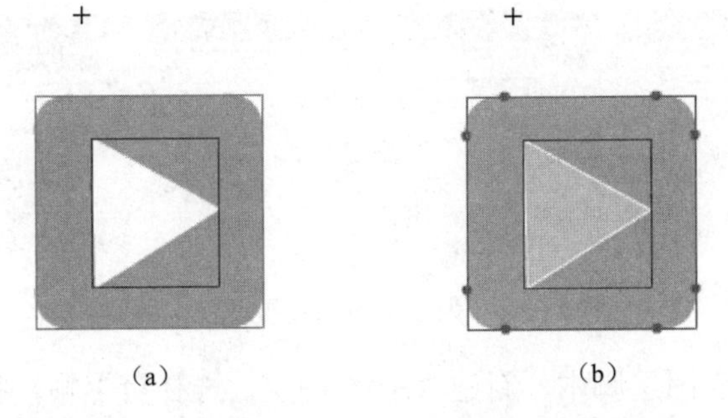

（a）　　　　（b）

图 4-2-5 “弹起”帧和“指针经过”帧时的样式

（a）“弹起”帧；（b）“指针经过”帧

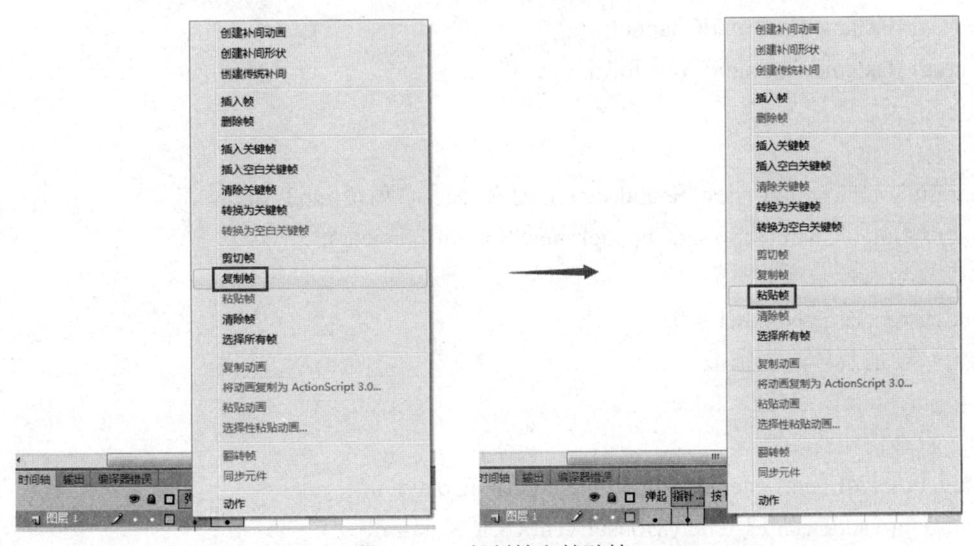

图 4-2-6　复制帧和粘贴帧

通过“直接复制”命令，在“播放”按钮元件的基础上进行修改，分别实现“停止”和“暂停”按钮元件的创建。

步骤 3：设置场景中的背景。

回到场景中，选择“文件”→“导入”→“导入到舞台”命令（或按 Ctrl+R 组合键），选择素材库中的“乌龟.png”图片，将背景图像导入到舞台中。

图 4-2-7　拖入“播放”“停止”和“暂停”按钮元件

步骤 4：“图层 2”中，将“播放”“停止”“暂停”元件拖入舞台并设置实例名称。

① 新建的“图层 2”中，将“库”面板中的“播放”“停止”“暂停”按钮元件拖入到舞台中，如图 4-2-7 所示。

② 为 3 个按钮元件设置实例名称。选择舞台中的“播放”“停止”和“暂停”按钮元件，在“属性”面板上分别为它们设置名为“play_btn”“stop_btn”和“pause_btn”的实例名称，如图 4-2-8 所示。

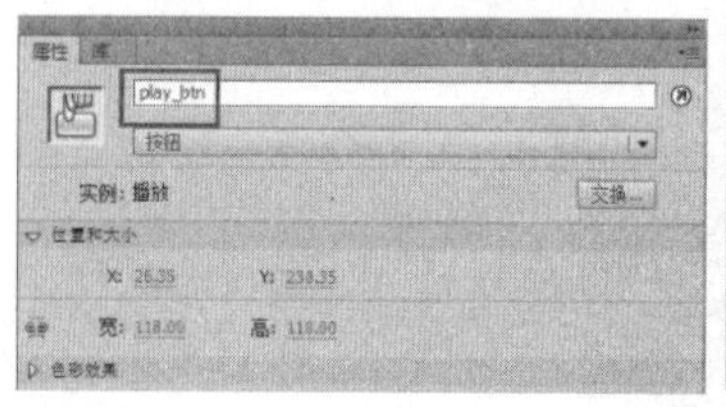

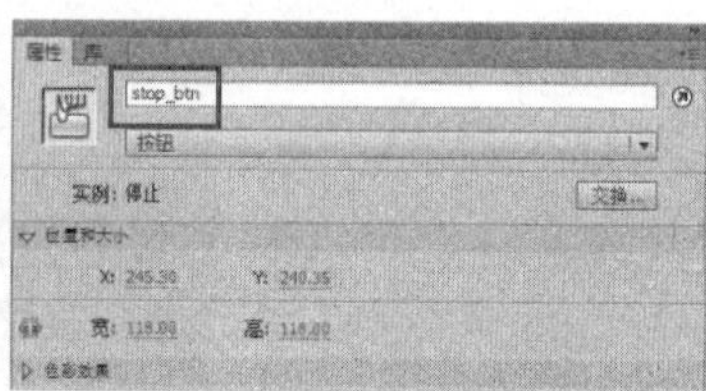

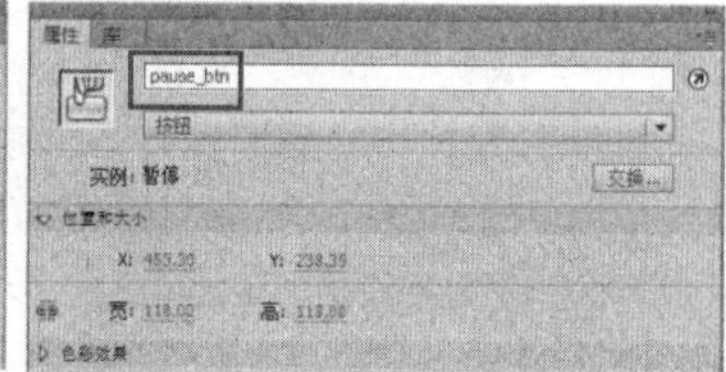

图 4-2-8　为 3 个按钮设置实例名称

步骤 5：编写“AS”图层脚本。新建“AS”图层，选择第 1 帧，打开“动作”面板，在帧上处输入脚本代码。

```
import flash.events.MouseEvent;
import flash.media.SoundChannel;
import flash.media.SoundTransform;



var mySound:Sound= new Sound(new URLRequest("乌龟.mp3"));;
var mySoundChannel:SoundChannel=new SoundChannel( );
//存放当前音乐播放时间
var currentTime:Number = 0;
//记录当前音乐是否播放
var playStop:Boolean = false;
//注册事件侦听函数
play_btn.addEventListener(MouseEvent.CLICK,playFun);
pause_btn.addEventListener(MouseEvent.CLICK,pauseFun);
stop_btn.addEventListener(MouseEvent.CLICK,stopFun);
```

```
function playFun(e:MouseEvent)
{
        if (! playStop)
        {
                mySoundChannel = mySound.play(currentTime);
                playStop = true;
        }
}
function pauseFun(e:MouseEvent)
{
        currentTime = mySoundChannel.position;
        mySoundChannel.stop( );
        playStop = false;
}
function stopFun(e:MouseEvent)
{
        mySoundChannel.stop( );
        currentTime = 0;
        playStop = false;
}
```

温馨提示：

① 为保证声音被播放，要使 SWF 文件和“乌龟.mp3”文件放在同一路径下。

② 将声音文件导入到库中，并进行声音文件的编辑与设置，则无须将 SWF 文件和声音文件放在同一路径下。

步骤 6：按 Ctrl+S 组合键，保存文档；按 Ctrl+Enter 组合键，测试预览。

Flash 效果扫一扫

● 任务延伸：鼠标拖动物体

本例将制作一个通过鼠标拖动来控制物体移动的动画，主要是使用 MouseEvent 类的调用实现的。“鼠标拖动物体”最终效果如图 4–2–9 所示。

图 4–2–9 “鼠标拖动物体”最终效果

01　新建 Flash 文档、设置文档属性和背景。

① 按 Ctrl+N 组合键，新建 Flash ActionScript 3.0 文档。

② 设置文档属性，“尺寸”大小设置为“960 像素×550 像素”，如图 4-2-10 所示。

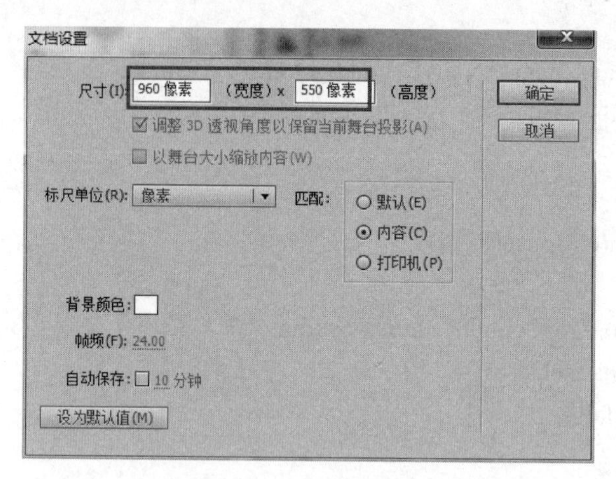

图 4-2-10　文档属性

③ 按 Ctrl+R 组合键，将素材库中的“鼠标拖动背景图.png”图片文件导入到舞台，如图 4-2-11 所示。

图 4-2-11　背景图片导入

02　创建“圆圆”影片剪辑元件。

按 Ctrl+F8 组合键，创建名为“圆圆”的影片剪辑元件。在元件编辑窗口，绘制一个圆形，如图 4-2-12 所示。

图 4-2-12　创建“圆圆”影片剪辑元件

03　拖入“圆圆”元件并设置实例名称。回到场景中，将“库”中的“圆圆”元件拖入到舞台中，并在“属性”面板上设置“实例名称”为“circle”，如图 4-2-13 所示。

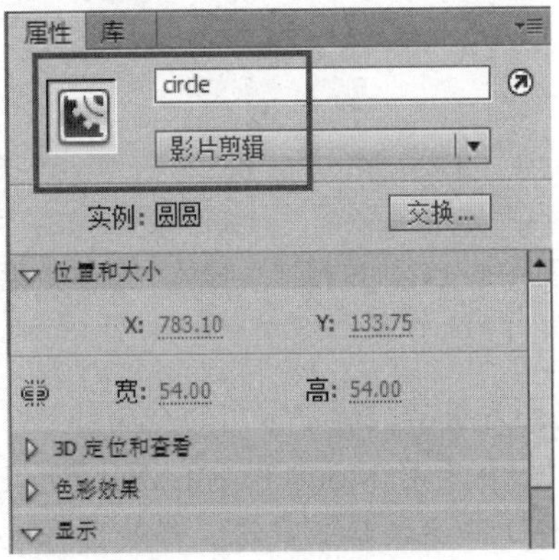

图 4-2-13　实例名称

04　“AS”图层输入代码。

新建“AS”图层，单击第 1 帧，按 F9 快捷键，在“动作”面板中输入如下代码。

```
//设置当光标移动到 ball 上时显示手形
circle.buttonMode=true;
//侦听事件
circle.addEventListener(MouseEvent.CLICK,onClick);
circle.addEventListener(MouseEvent.MOUSE_DOWN,onDown);
circle.addEventListener(MouseEvent.MOUSE_UP,onUp);
//定义 onClick 函数
function onClick(event:MouseEvent):void{
trace("circle clicked");
}
//定义 onDown 函数
function onDown(event:MouseEvent):void{
circle.startDrag( );
}
//定义 onUp 函数
function onUp(event:MouseEvent):void{
circle.stopDrag( );
}
```

05　按 Ctrl+S 组合键，保存文档；按 Ctrl+Enter 组合键，测试预览。最终效果如图 4-2-14 所示。

图 4-2-14 “鼠标拖动物体”最终效果

温馨提示：

① startDrag 和 stopDrag 是影片剪辑控制中常用的全局函数。本例中，一个是对 MouseEvent.MOUSE_DOWN 事件的响应，一个是对 MouseEvent.MOUSE_UP 事件的响应。

② 本实例示范中，3 个事件（点击、按下鼠标、释放鼠标）对应 3 个处理事件（即函数）。

任务评价

<table>
<tr><td>报告人：</td><td>指导教师：</td><td>完成日期：</td></tr>
<tr><td colspan="3">任务实施过程汇报：</td></tr>
<tr><td>工作创新点</td><td colspan="2"></td></tr>
<tr><td>小组交互评价</td><td colspan="2"></td></tr>
<tr><td>指导教师评价</td><td colspan="2"></td></tr>
</table>

思考练习

选择题：

（1）下列选项中，不是 Flash 的时间轴控制函数的是（　　）。

A. goto( )　　B. gotoAndPlay( )　　C. stop( )　　D. nextFrame( )

（2）如果希望使影片跳转到倒数第 30 帧，并继续播放，正确的 ActionScript 语句是（　　）。

A. gotoAndPlay(_currentframes + 29);

B. gotoAndPlay(_totalframes − 29);

C. gotoAndStop(30);

D. {_currentframes=_totalframes−29;play(　);}

（3）Flash CS6 中不支持导入的声音文件格式是（　　）。

A. WAV　　B. AIFF　　C. MP3　　D. WMA

（4）当需要让影片在播放过程中自动停止时，可以（　　）。

A. 将 Actionscript 语句 stop( )；绑定到关键帧

B. 将 Actionscript 语句 gotoAndStop( )；绑定到图形

C. 将 Actionscript 语句 gotoAndPlay( )；绑定到按钮

D. 将 Actionscript 语句 play( )；绑定到影片剪辑

（5）简单地制作音效，可以让声音逐渐变小，直到消失。这种效果称为（　　）。

A. 左声道　　B. 右声道　　C. 淡出　　D. 从左到右淡出

（6）当播放动画的计算机无法按照设定的播放速率播放时，下面描述错误的是（　　）。

A. 降低播放速度　　B. 声音可能不连贯

C. 画面可能滞后于声音　　D. 可能会丢失某些帧画面

（7）将声音的同步方式设置为“事件”，那么意味着（　　）。

A. 声音播放时将会触发相关联的事件

B. 该事件发生时会播放声音

C. 当播放影片时，事件声音一旦开始播放，其他声音就会停止，而不会混合在一起

D. 事件声音在显示其起始关键帧时开始播放，SWF 文件停止播放时，即使声音没有播放完，也会停止

（8）下列选中可以使声音停止的是（　　）。

A. Sound.mute( );　　B. Sound.setVolume(100)

C. Sound.getVolume( );　　D. Sound.setVolume(0);

（9）关于声音的同步方式，下列描述错误的是（　　）。

A. 事件同步的声音如果比较长，即使整个动画播放完成，声音也会继续播放，直至声音播放结束

B. 数据流同步的声音是严格与画面对应的

C. 在数据流同步的方式下，若声音所在的时间轴停止播放，则声音也停止播放

D. 事件同步的声音只可以播放一次

（10）关键帧是在动画中变化的帧。下列关于关键帧的描述错误的是（　　）。

A. 在补间动画中，可以在动画的重要位置定义关键帧，让 Flash 创建关键帧之间的帧内容

B. 关键帧可以设置帧标签，一般帧不可以

C. 没有制作补间动画时，一般帧会显示上一个关键帧的内容

D. 关键帧与一般帧都可以绑定动作脚本

（11）Date（日期）类的动作不包括（　　）。

A. getDate( )　　B. getDay( )　　C. getMonth( )　　D. getMinute( )

任务拓展

Flash 效果扫一扫

在本次任务的基础上，为“MP3 播放器”添加声音大小调节功能。效果如图 4-2-15 所示。可以借鉴素材库中提供的源文件。

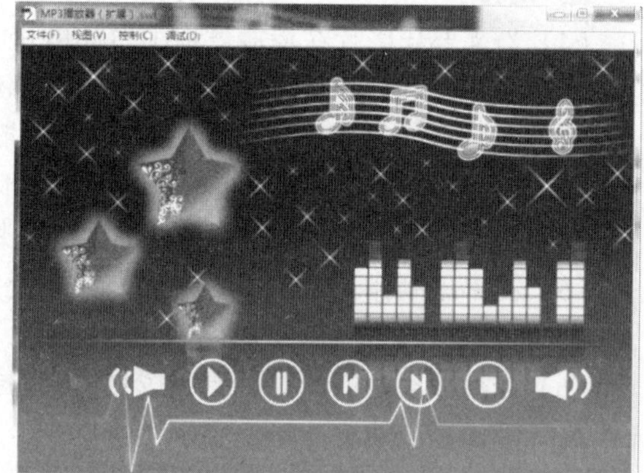

图 4-2-15 “MP3 播放器”音量调节

项目 5

个人 Flash 网页的实现

个人简历是求职者向招聘单位发送的一份简要介绍。传统的个人简历主要是通过应用 Word、Photoshop 等办公软件，以文字、图片、表格等形式，介绍自己的基本信息、自我评价、工作经历、学习经历、荣誉与成就、求职愿望等内容。

随着社会的发展及互联网技术的应用和普及，越来越多的求职者开始通过多种多样的方式向招聘方推介、展示自己。其中，视频、动画的方式便很受年轻人的推崇。

招聘单位的 HR（人力资源）工作人员要求应聘该公司网页动画设计师的求职者必须提供一个 Flash 动画版本的个人简历。基本功能是通过点击 Flash 个人简历上的导航按钮，从而可以查看求职者以下五个方面的信息资料：

① About Me；

② 基本信息；

③ 个人经历；

④ 特长爱好；

⑤ 联系方式。

本项目就是介绍如何通过 Flash 软件设计制作出一个较为完整的动画版个人简历。

最终需要实现的文件有 17 个，其中 5 个文本文件（扩展名为.txt）、6 个 Flash 源文件（扩展名为.fla）和 6 个 Flash 动画文件（扩展名为.swf）。在文件夹中以小图标的方式显示，如图 5-0-1 所示。

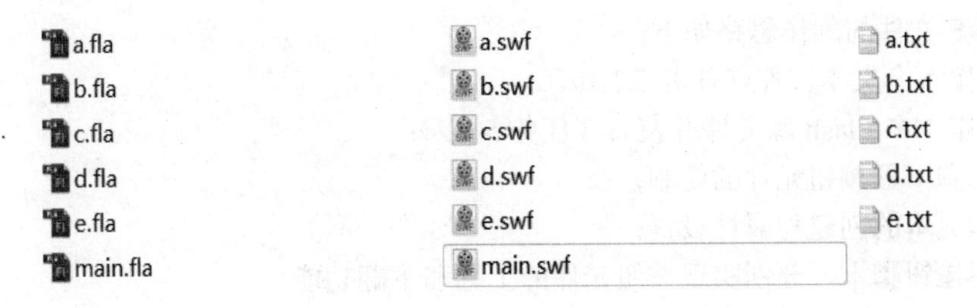

图 5-0-1 文件目录

这些文件之间的关系大致是：

① 5 个 txt 格式文件分别被制作完成的 5 个 SWF 格式的文件调用；

② 5 个 SWF 格式文件全部被制作完成的 main.swf 文件调用。

最终实现的 Flash 个人简历动画文件（main.swf）主界面如图 5-0-2 所示。

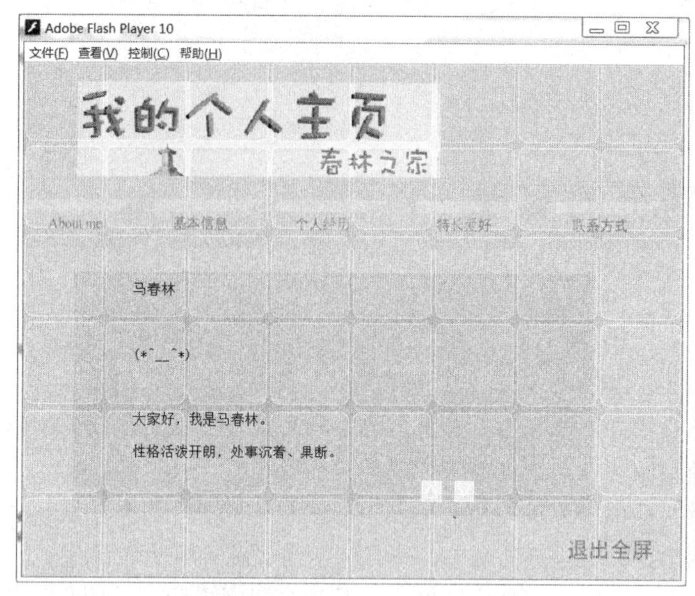

Flash 效果扫一扫

图 5-0-2 “我的个人主页”效果图

任务 5.1 5 个 SWF 文件的生成

任务描述

在个人简历的主界面上有 5 个按钮元件，当单击这些按钮元件的时候，主界面上会显示对应按钮的信息内容。如何实现这样的功能目标呢？本任务提供的思路是首先制作好 5 个相关的动画文件，然后通过编写按钮的脚本代码，从而实现按钮对主界面上信息显示的控制。

为了实现上述个人简历的主要功能目标，本次的任务是：为 5 个按钮元件制作对应的 5 个 SWF 文件。

5 个 SWF 文件的制作思路如下：

（1）制作 5 个文本文件（任务 5.1.1）。

（2）制作 1 个 Flash 源文件并发布（任务 5.1.2）：

① 上翻和下翻按钮元件的绘制；

② 动态文本的创建与属性设置；

③ 编写按钮脚本，分别实现按钮元件的上翻和下翻功能。

（3）制作另外 4 个 Flash 源文件并发布（任务 5.1.3）。

任务目标

1. 了解脚本控制动态文本文字的上翻和下翻滚动功能。
2. 掌握将文本文件中的文字显示在动画文件中的方法。
3. 掌握动态文本属性的设置和应用。

任务实施

知识储备

1. 动态文本

在 Flash 软件中，文本工具提供了三种文本类型：静态文本、输入文本和动态文本。

要创建一个动态文本非常简单，只需要选中文本工具，然后在“属性”面板中选择动态文本类型，再在舞台上拖拽出所需要的动态文本框就可以了。

为动态文本框赋值的方法主要有如下两种。

方式一：使用动态文本的实例名称来赋值

实例示范：

① 在舞台上创建一个动态文本框，并将该动态文本实例命名为“test”。

② 选中时间轴的第 1 帧，打开动作面板，输入如下脚本：

```
test.text="Hello,此处是动态文本"
```

③ 按下 Ctrl+Enter 组合键进行测试。

通过此例可以得知，若应用动态文本实例名进行赋值，必须使用如下的脚本格式：

```
动态文本实例名.text="需要赋值的内容"
```

方式二：使用变量来赋值

实例示范：

① 在舞台上创建一个动态文本框，并将该动态文本的变量名命名为“test”。

② 选中时间轴的第 1 帧，打开动作面板，输入如下脚本：

```
test ="Hello,此处是动态文本"
```

③ 按下 Ctrl+Enter 组合键进行测试。

在上述两种为动态文本框赋值的方式中，当动态文本框中要显示的内容较多需换行时，可以使用换行格式符“\r”。

在实际开发应用中，当内容过多时，可以将这些内容放在一个文本文件中，通过 loadVariables( ) 函数调用的方式，将这些内容读取到动态文本框中。本任务就是采用此种方法。

思考探究：

比较动态文本的实例名和变量名的使用方式。

2. loadVariables( )函数和 loadVariablesNum( )函数

函数 loadVariables(url: String, [method: String]) 的功能是从外部文件读取数据并设置影片剪辑或动态文本中变量的值（注：ActionScript 3.0 不支持动态文本的变量应用）。外部文件可以是文本文件、CGI 脚本、Active Server Page (ASP)、PHP 脚本或任何其他格式正确的文本文件。此文件可以包含任意数量的变量。

函数 loadVariablesNum(url:String, level:Number, [method:String]) 的功能是从外部文件（例如文本文件，或由 ColdFusion、CGI 脚本、ASP、PHP 或 Perl 脚本生成的文本）中读取数据，并设置 Flash Player 的某个级别中的变量的值。此函数还可用于使用新值更新活动 SWF 文件中的变量。

现结合动态文本举例说明 loadVariablesNum( )函数的应用。

实例示范：

① 在舞台上创建一个动态文本框，并将该动态文本的变量名命名为“test”。

② 选中时间轴的第 1 帧，打开动作面板，输入如下脚本：

```
loadVariablesNum("a.txt",0);// 载入外部名字为 a.txt 的文本文件,加载级别为 0
```

③ 创建名为 a.txt 的文本文件。

④ 为 a.txt 文件创建内容：test="具体的文字资料内容…"，并保存为 UTF-8 格式。

⑤ 按下 Ctrl+Enter 组合键进行测试。

温馨提示：

① 文本文件 a.txt 应该和刚刚制作的 Flash 文件放在同一个文件夹中。

② 该 txt 文件内容的格式应按如下格式编写：

```
Flash 中动态文本的变量名="具体的资料内容"
```

操作实践

任务 5.1.1 制作 5 个文本文件

步骤 1：打开记事本程序，输入以“msg=”开头的文本，输入完毕后，文件命名为 a.txt，保存在新建的文件夹 resume 中。该文本文件的内容主要是对自己的简单介绍，如图 5-1-1 所示。

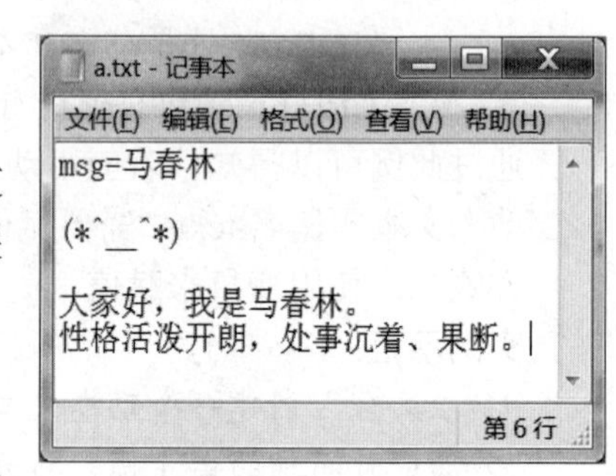

图 5-1-1 文字编辑

步骤 2：依此类推，分别制作剩下的 4 个文本文件：b.txt、c.txt、d.txt、e.txt。文本内容对应的信息依次为基本信息、个人经历、特长爱好和联系方式，如图 5-1-2 所示。

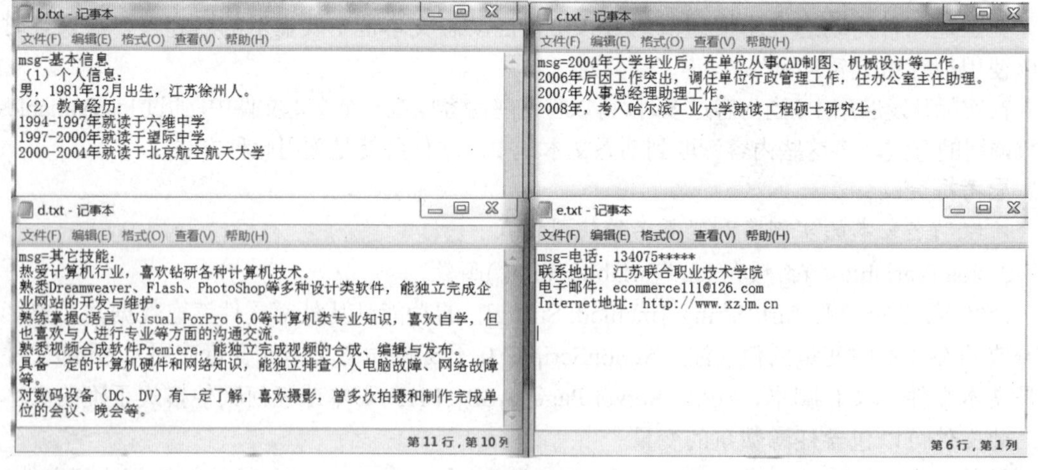

图 5-1-2 编辑剩余 4 个文本

任务 5.1.2 制作 1 个 Flash 源文件并发布

步骤 1：新建 Flash（ActionScript 2.0）文件。修改文档尺寸为 480×280 像素，背景颜色为#CCCCCC，如图 5-1-3 所示。

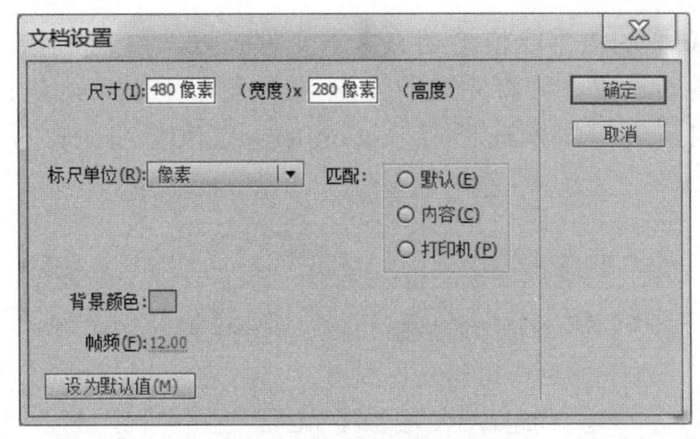

图 5-1-3　设置文档属性

步骤 2：绘制两个按钮元件，并拖入舞台的右下角位置，如图 5-1-4 所示。

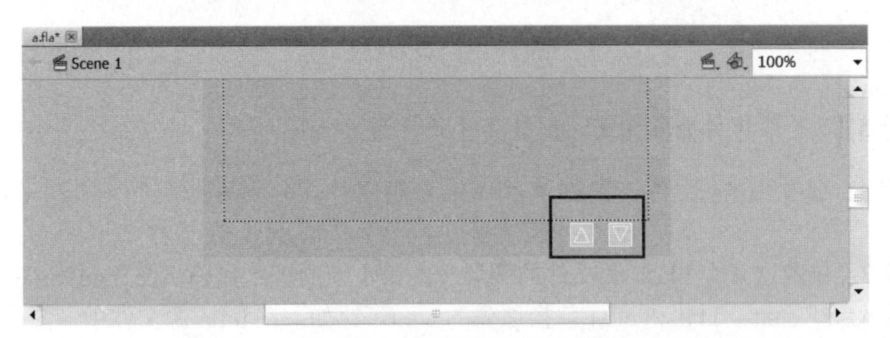

图 5-1-4　按钮的绘制与拖放

步骤 3：选中左边向上的按钮，输入如下脚本代码：

```
on(press){
    _root.msg.scroll=_root.msg.scroll-1;
}
```

步骤 4：选中右边向下的按钮，输入如下脚本代码：

```
on(press){
    _root.msg.scroll=_root.msg.scroll+1;
}
```

步骤 5：新建图层 2，放入动态文本，设置其尺寸为“430×230”，变量名为“msg”，且选择“多行”显示，如图 5-1-5 所示。

步骤 6：新建图层 3，选中第 1 帧，输入如下脚本代码：

```
loadVariables("a.txt",msg);
System.useCodepage=true;
```

通过 loadVariables( )函数实现从外部文件中

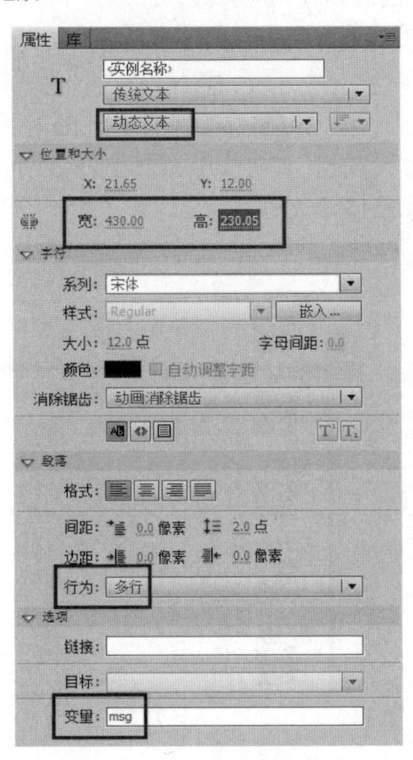

图 5-1-5　动态文本属性设置

读取数据，同时将获取的数据赋值给动态文本变量 msg。

步骤 7：更改发布设置，并将完成的 a.fla 文件发布生成 a.swf 文件。发布设置中播放器选择为 Flash Player 6，脚本选择为 ActionScript 2.0 或 ActionScript 1.0，如图 5-1-6 所示。

图 5-1-6　发布设置

任务 5.1.3　制作另外 4 个 Flash 源文件并发布

步骤 1：选中 a.fla 文件，复制 4 个 Flash 源文件，分别重命名为 b.fla、c.fla、d.fla 和 e.fla。

步骤 2：修改这 4 个 Flash 源文件的图层 3 的第 1 帧的脚本代码，在 loadVariables( )函数中分别用 b.txt、c.txt、d.txt 和 e.txt 替换原先的 a.txt。比如，在 b.fla 源文件中，图层 3 的第 1 帧的脚本代码应修改为：

```
loadVariables("b.txt",msg);
System.useCodepage=true;
```

步骤 3：将修改好的 4 个 fla 格式文件发布生成 4 个 SWF 格式文件。

至此，任务一中 5 个 SWF 文件的生成已经完成，在文件夹 resume 中共有如图 5-1-7 所示的 15 个文件。

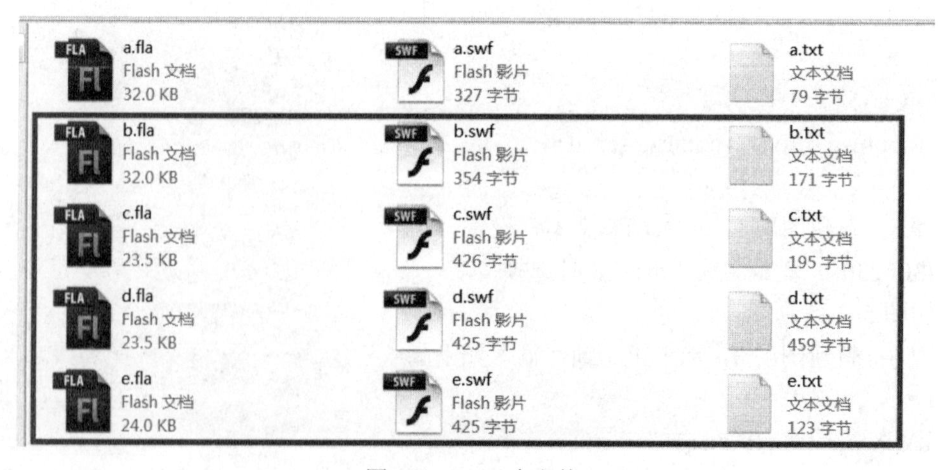

图 5-1-7　15 个文件

任务评价

报告人：	指导教师：	完成日期：
任务实施过程汇报：		
工作创新点		
小组交互评价		
指导教师评价		

思考练习

简答题：

（1）简要举例说明 loadVariables( ) 函数的功能。

（2）简要说明该个人 Flash 页面实例中调用其他文件用到的两个函数的用法。

任务拓展

本节任务中主要实现了点击按钮后在该页面中显示 SWF 文件的功能。在动画制作过程中，按钮单击会有弹出式菜单的功能。请结合本节所学，实现个人简历的主界面上的 5 个按钮元件的弹出式菜单的功能。

任务 5.2　主文件对 5 个 SWF 文件的调用

任务描述

完成 5 个 SWF 文件之后，需要为它们制作 Flash 主文件，该文件的一个重要功能是，它的界面上的 5 个按钮元件，可以实现对已完成的 5 个 SWF 文件的调用，即可以分别将 SWF 文件的内容装载显示在主文件的舞台上。如何实现这样的功能目标呢？本任务提供的思路是首先制作好 5 个按钮元件，然后通过编写按钮的脚本代码，实现主文件中的按钮对 5 个 SWF 文件的控制。

本次任务是制作 Flash 主文件，并实现对 5 个 SWF 文件的控制，它是个人简历项目的重点内容，也可以说是该 Flash 动画制作过程中的里程碑事件。经过分析，将本任务分解如下：

① 新建 5 个按钮元件（任务 5.2.1）；

② 为按钮元件设置脚本代码（任务 5.2.2）；

③ 设置帧标签（任务 5.2.3）；

④ 在新图层中输入帧动作，实现 SWF 文件的装载（任务 5.2.4）；

⑤ 在新图层中输入帧动作，实现播放的停止（任务 5.2.5）。

任务目标

1. 熟练掌握按钮元件的制作。
2. 掌握装载外部 SWF 文件的方法。
3. 掌握通过按钮、帧标签和脚本实现对外部装载 SWF 文件播放控制的方法。

任务实施

知识储备

1. loadMovieNum( )函数

函数 loadMovieNum(url:String,level:Number,[method:String]) 的功能是在播放原始 SWF 文件时，将 SWF、JPEG、GIF 或 PNG 文件加载到一个级别中。在 Flash Player 8 中添加了对非动画 GIF 文件、PNG 文件和渐进式 JPEG 文件的支持。如果加载动画 GIF，则仅显示第一帧。

比如应用语句 loadMovieNum("http://www.helpexamples.com/images/image1.jpg",2); 将 JPEG 图像 tim.jpg 加载到 Flash Player 的级别 2 中。

2. unloadMovieNum( )函数

函数 unloadMovieNum(level:Number)的功能是删除通过 loadMovieNum( )加载的 SWF 或图像。若要卸载通过 MovieClip.loadMovie( )加载的 SWF 或图像，应使用 unloadMovie( )，而不是 unloadMovieNum( )。

3. gotoAndPlay( )函数

函数 gotoAndPlay([scene:String],frame:Object)的功能是将播放头转到场景中指定的帧并从该帧开始播放。如果未指定场景，则播放头将转到当前场景中的指定帧。

温馨提示：

只能在根时间轴上使用 scene 参数，不能在影片剪辑或文档中的其他对象的时间轴上使用该参数。

操作实践

任务 5.2.1 新建 5 个按钮元件

步骤 1：新建 Flash（ActionScript 2.0）文件，命名为 main.fla，文档尺寸设置为 800×600 像素，背景颜色为#FFCC33，如图 5-2-1 所示。

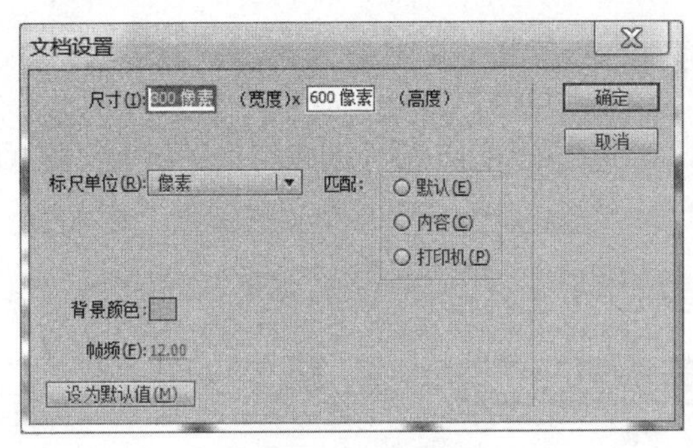

图 5-2-1　文档设置

步骤 2：新建 1 个按钮元件“菜单按钮 1”，并为该按钮创建指针经过时的动态效果（注：在图层 1 的第 2 个关键帧处更改内容即可，图层 2 设置文字内容），如图 5-2-2 所示。

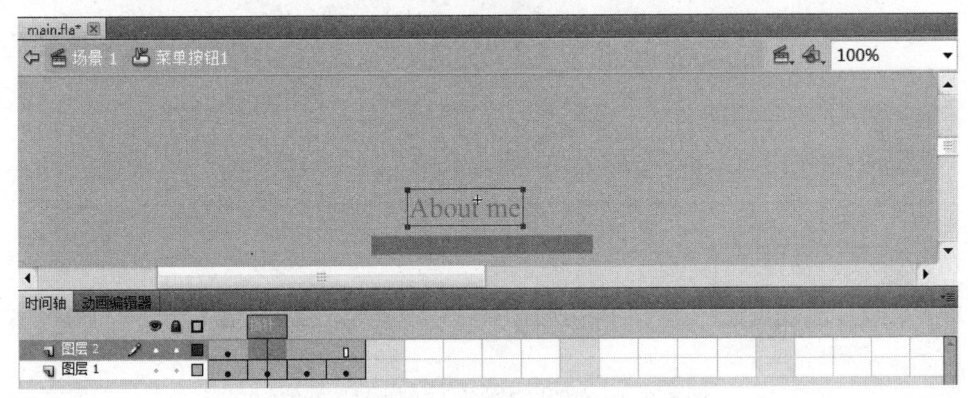

图 5-2-2　按钮元件“菜单按钮 1”的制作

步骤 3：创建另外 4 个按钮元件。可采取复制已完成的“菜单按钮 1”的方法；合并图层 2 中的文字内容。

步骤 4：将已完成的 5 个按钮元件拖入场景中，调整好它们的位置，如图 5-2-3 所示。

图 5-2-3　场景中的 5 个按钮元件

任务 5.2.2　为按钮元件设置脚本代码

步骤 1：选中“菜单按钮 1”元件，输入脚本代码，实现影片剪辑的卸载和帧的转向。脚本代码如下所示：

```
on (press) {
  unloadMovieNum(1);//删除通过 loadMovieNum( ) 加载的 SWF 或图像
  gotoAndPlay("a2");
}
```

步骤 2：分别选中其他 4 个按钮元件，输入如同上述的脚本代码。只是要将 gotoAndPlay( ) 函数中的“a2”依次改成 b2、c2、d2 和 e2。

任务 5.2.3　设置帧标签

步骤 1：新建图层 3，在其中的第 15 帧处创建空白关键帧，在帧的属性中设置标签名称为 a2，如图 5–2–4 所示。

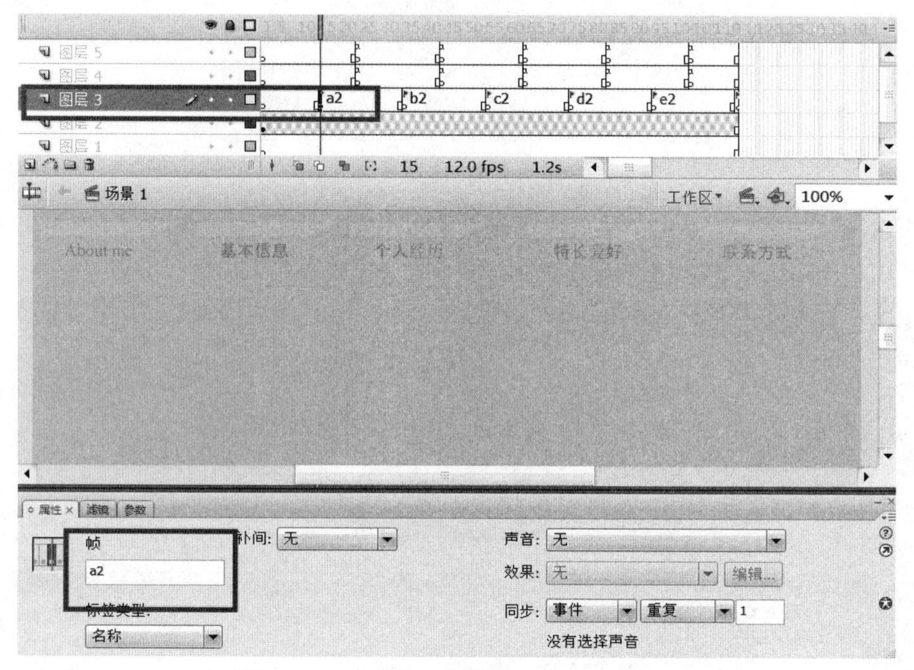

图 5–2–4　在图层 3 的第 15 帧处设置标签

步骤 2：同样，在第 35、55、75、95 帧处分别创建空白关键帧并输入标签名：b2、c2、d2、e2。

任务 5.2.4　在新图层中输入帧动作，实现 SWF 文件的装载

步骤：创建图层 4，在第 24、44、64、84、104 帧上插入空白关键帧，并分别输入 AS 脚本代码，以实现对 a.swf、b.swf 等文件的加载。第 24 帧空白关键帧代码如下：

```
unloadMovieNum(1);
loadMovieNum("a.swf", 1);
onEnterFrame = function( ) {
    _level1._x=110
    _level1._y=240
}
```

任务 5.2.5　在新图层中输入帧动作，实现播放的停止

步骤 1：创建图层 5，同样，在第 24、44、64、84、104 帧上插入空白关键帧。

步骤 2：在上述关键帧处分别输入脚本代码，以实现影片的暂时停止。这 5 帧的代码都是：

```
stop( );
```

步骤 3：保存并按 Ctrl+Enter 组合键，测试“任务 1.fla”（或命名为 main.fla）文件，检查这些菜单是否实现对 SWF 影片加载的控制。至此，该文件的时间轴大致如图 5-2-5 所示。

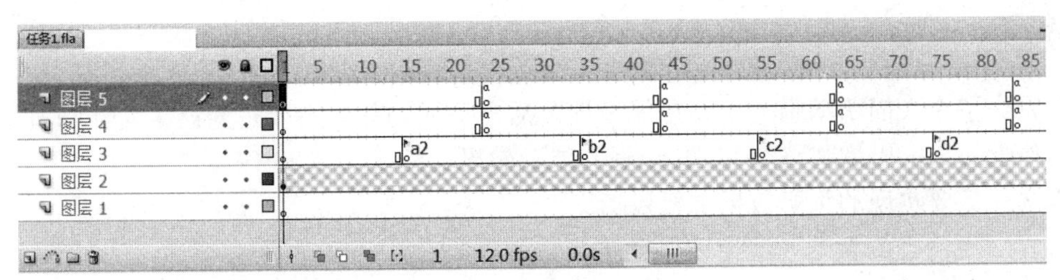

图 5-2-5　文件的时间轴预览

步骤 4：发布该文件，完成任务 5.2。

任务评价

报告人：	指导教师：	完成日期：
任务实施过程汇报：		
工作创新点		
小组交互评价		
指导教师评价		

思考练习

选择题：

（1）按钮可以响应多种事件，如果希望让按钮响应“鼠标滑出”事件，那么应该使用的语句是（　　）。

A. on(release)　　B. on(rollOver)　　C. on(dragOut)　　D. on(rollOut)

（2）若要加载外部 SWF 或 JPEG 文件，使用的函数是（　　）。

A. loadJpeg( )　　B. loadSwf( )　　C. loadSound( )　　D. loadMovie( )

任务 5.3　主文件背景的绚丽动画效果

任务描述

在完成了个人简历动画的主要功能设计之后，下面的任务主要是为该主文件的背景设置绚丽的动画效果，以增强整个 Flash 动画的展示效果。

本次任务要实现的绚丽效果主要包括：

（1）实现静态的背景 8×6 个方格效果（任务 5.3.1）。

（2）实现闪动方格持续播放的动态效果（任务 5.3.2）。

（3）实现按钮点击时“卸载底”和“加载底”动画的效果（任务 5.3.3）：

① 制作加载底动画效果的影片剪辑元件“底加载”；

② 制作卸载底动画效果的影片剪辑元件“底卸载”；

③ 实现加载底、卸载底和 SWF 文件装载播放、停止之间的逻辑控制。

任务目标

1. 掌握制作一个嵌套影片剪辑元件的方法。
2. 掌握图层结合时间轴对于动画播放的控制。
3. 培养分析动态交互动画的逻辑思维能力。
4. 训练实现动态交互动画的实践能力。

任务实施

知识储备

嵌套影片剪辑元件是指在制作的影片剪辑元件中含有另一个或多个影片剪辑元件。嵌套的影片剪辑元件可以实现更为复杂的动画效果。比如，在制作地球围绕太阳旋转的影片剪辑 mc 中，除了要实现地球围绕太阳旋转（公转）的动画效果之外，还要考虑到地球本身自转的情况，此时，就可以考虑将地球自转单独做成一个嵌套在 mc 中的影片剪辑元件。

在本次任务中，需要实现闪动方格持续播放的动态效果。可以先制作一个方格单独闪动的效果，即独立的影片剪辑元件 mc1，然后在最终的影片剪辑元件 mc2 中插入该 mc1 元件，从而实现多个闪动方格播放的动态效果。

操作实践

任务 5.3.1　实现静态的背景 8×6 个方格效果

步骤 1：打开主文件 main.fla，运用圆角矩形等工具，绘制出 8×6 个方格的图形元件，如图 5-3-1 所示。

步骤 2：将制作好的图形元件放置于新建的图层上，调整好在舞台中的位置，并将该图

层调整为目前的最低层，如图 5–3–2 所示。

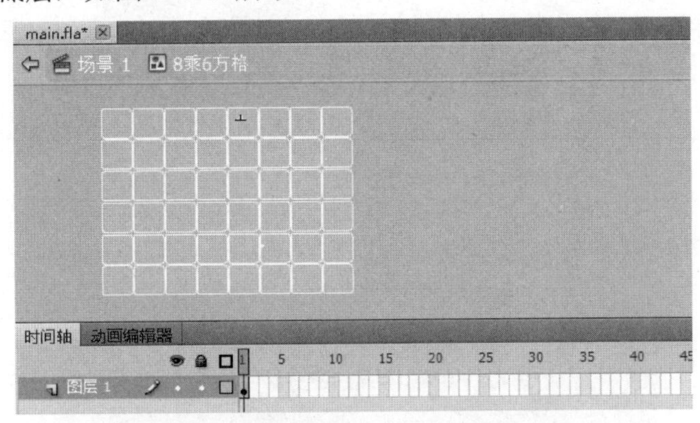

图 5–3–1　创建 8×6 个方格的图形元件

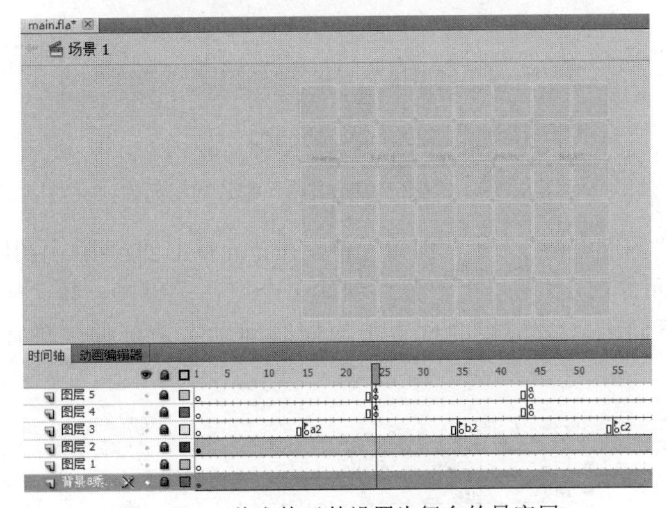

图 5–3–2　将方格元件设置为舞台的最底层

任务 5.3.2　实现闪动方格持续播放的动态效果

步骤 1：绘制名为“白色静态方格”的图形元件。绘制效果如图 5–3–3 所示。

图 5–3–3　绘制“白色静态方格”图形元件

步骤 2：新建“闪动方格”影片剪辑元件，该元件的补间动画实现“白色静态方格”元件从 50%到 100%再到 0%的透明度变化，如图 5-3-4 所示。

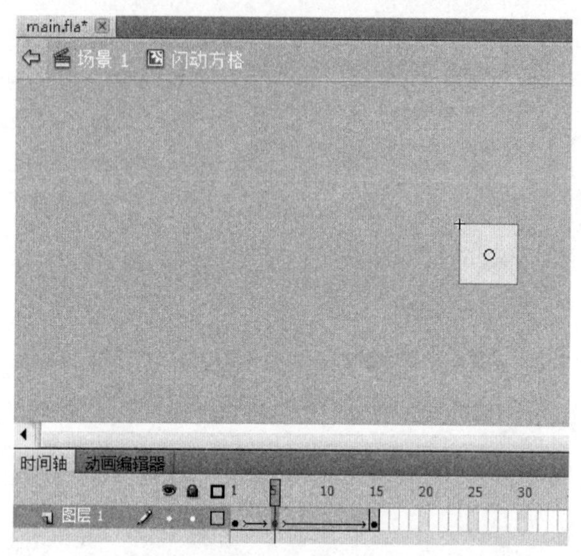

图 5-3-4　创建“闪动方格”影片剪辑元件

步骤 3：新建“闪动方格 1”影片剪辑元件，在该元件上创建 10 个图层。

步骤 4：在该元件的 10 图层上，分别创建 1 个空白关键帧，每个图层上的关键帧位置不同，图层自下向上，关键帧的位置依次向时间轴右边延伸。具体设置如图 5-3-5 所示。

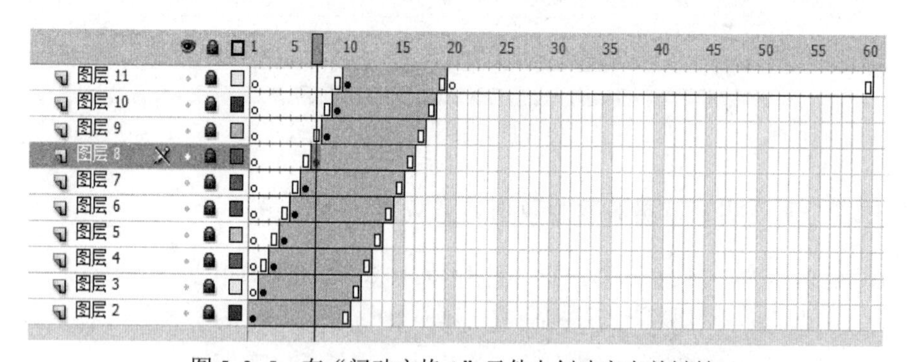

图 5-3-5　在“闪动方格 1”元件上创建空白关键帧

步骤 5：分别在上述图层的关键帧处放置影片剪辑元件“闪动方格”，调整好它们之间的位置，如图 5-3-6 所示。

步骤 6：在新建图层“闪动方格”的第 15 帧处，将制作好的“闪动方格 1”元件放入舞台中，如图 5-3-7 所示。按 Ctrl+Enter 组合键测试并调整好该元件在舞台中的位置。

任务 5.3.3　实现按钮点击时“卸载底”和“加载底”动画的效果

步骤 1：新建名为“底加载”的影片剪辑元件，在该元件的图层 1 中，绘制一个变形了的四角星，并设置 1～5 帧的形状补间动画，如图 5-3-8 所示。

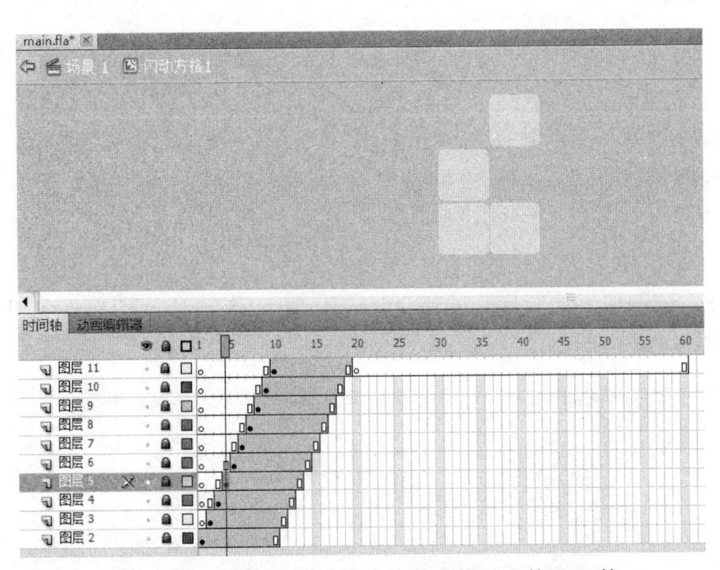

图 5-3-6　在空白关键帧处放置“闪动方格”元件

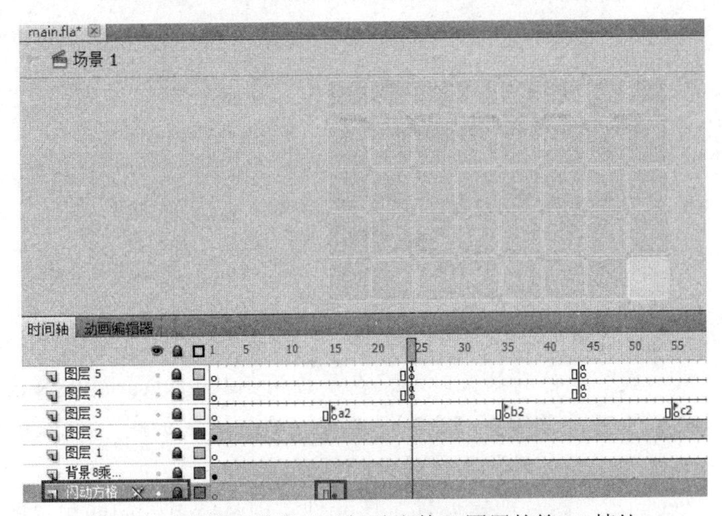

图 5-3-7　将元件拖到“闪动方格”图层的第 15 帧处

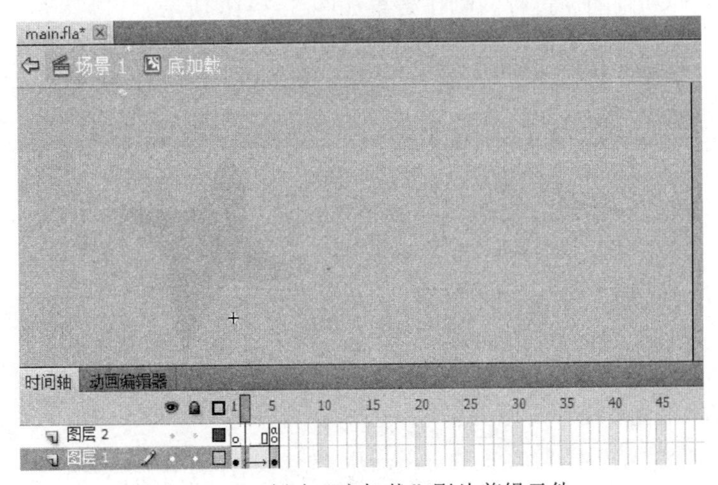

图 5-3-8　创建“底加载”影片剪辑元件

步骤 2：在该元件的图层 2 的第 5 帧处插入空白关键帧，并输入如下脚本代码：

```
stop( );
```

步骤 3：回到场景中，在新建图层“加载底”的第 15 帧处，将“底加载”元件拖入舞台，按 Ctrl+Enter 组合键测试并调整好元件的位置。

注意：任务 2.3 中设置的 a2 标签帧也是第 15 帧，即“About me”按钮动作脚本代码中 gotoAndPlay("a2") 函数转向的关键帧。

步骤 4：同样，在图层“加载底”的第 35、55、75、95 帧处分别插入关键帧，并拖入“底加载”元件，如图 5–3–9 所示。

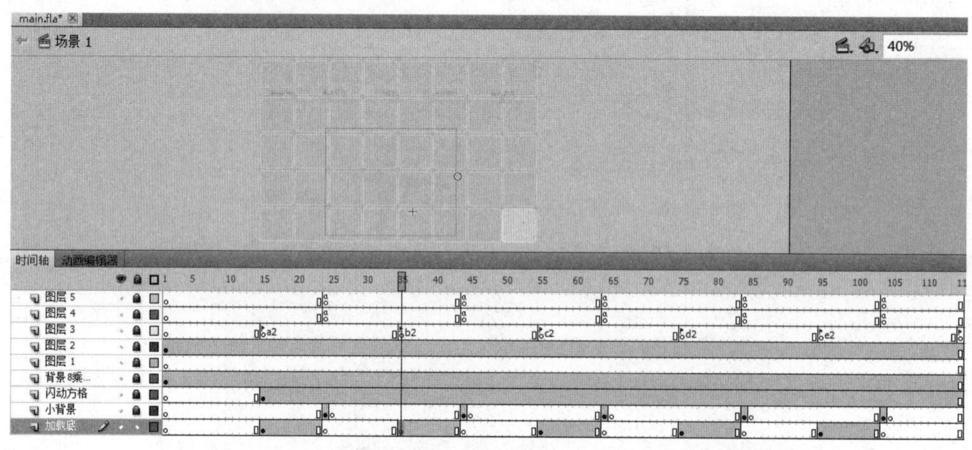

图 5–3–9　在“加载底”新建的关键帧处拖入“底加载”元件

步骤 5：有“底加载”元件的开始，当然也要有“底加载”的结束。因此，分别在该图层的第 24、44、64、84、104 处插入空白关键帧。

注意：这些“底加载”元件的结束时刻，也是应用函数 loadVariablesNum( )调用 SWF 文件进行播放的结束时刻（可参考任务 5.2.3）。此外，这些“底加载”元件的结束帧（即上述插入的空白关键帧）也是“底卸载”元件的开始帧。

步骤 6：创建“底卸载”影片剪辑元件。该元件实现从长方形向四角星的形状补间动画，它是“底加载”元件动画的逆过程。制作效果如图 5–3–10 所示。

图 5–3–10　创建“底卸载”影片剪辑元件

步骤 7：在新建的“卸载底”图层的第 5、25、45、65、85 帧处，拖入“底卸载”元件。

步骤 8：在该图层的第 15、35、55、75、95 帧处插入空白关键帧。这些帧是“底卸载”元件的结束帧（注：这些结束帧也正是“底加载”元件的开始帧）。步骤 7、步骤 8 的制作效果如图 5-3-11 所示。

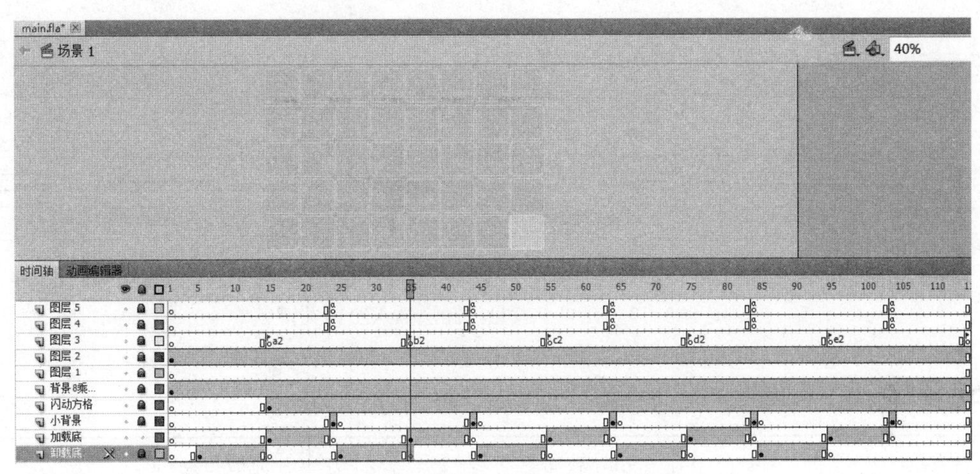

图 5-3-11 “卸载底”图层的关键帧设置

注意：此时若进行测试，会发现按钮的点击效果不是很好，也没有达到任务中要求的背景绚丽的效果。因此，应适当改正。

步骤 9：在两个加载层上添加一个“小背景”图层，并在该“小背景”图层的第 24、44、64、84、104 帧处插入“小背景”图形元件。该图形元件的制作效果如图 5-3-12 所示。

图 5-3-12 创建“小背景”元件并拖入图层的指定帧处

步骤 10：在“小背景”图层的第 25、45、65、85、105 帧，分别插入空白关键帧。完成后该图层如图 5-3-13 所示。

步骤 11：测试并调整图层位置、元件位置等，以达到较好的效果。然后保存源文件。

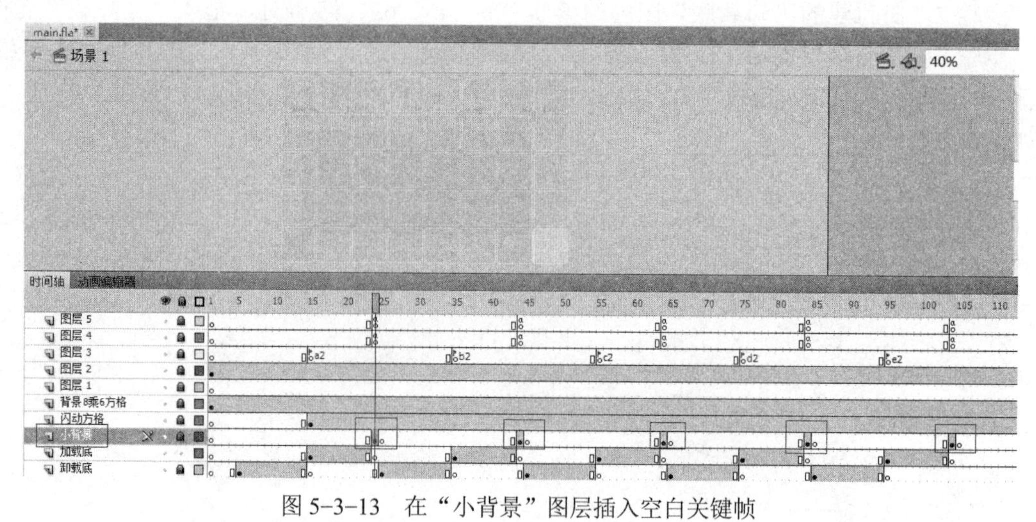

图 5-3-13 在“小背景”图层插入空白关键帧

任务评价

报告人：	指导教师：	完成日期：
任务实施过程汇报：		
工作创新点		
小组交互评价		
指导教师评价		

思考练习

选择题：

（1）为帧添加标签时，应当注意的问题是（　　）。

A. 帧标签不能添加到影片剪辑中

B. 可以为帧标签创建单独的图层以方便查看

C. 应将帧标签添加到时间轴上的关键帧上

D. 帧标签必须拥有独立的图层

（2）从 Flash 文本类型的角度，用户可以向 Flash 文档添加各种文本，除了（　　）。

A. 静态文本　　B. 动态文本　　C. 输入文本　　D. 平滑文本

任务 5.4　完善个人 Flash 网页

任务描述

为了使该个人简历的动画页面更加美观、大方，也为了实现一些其他的便捷功能，在该项目的最后还要进行页面的 Logo 图片设置、全屏控制、Web 页面链接访问控制等操作。

完善个人 Flash 页面是本项目的最后一个任务分项。主要包括实现如下要求：

① 实现页面 Logo 按钮元件的制作（任务 5.4.1）。

② 实现全屏播放控制的功能（任务 5.4.2）。

任务目标

1. 掌握脚本实现 Flash 动画中访问 Web 页面的方法。
2. 掌握脚本实现默认全屏播放和取消全屏播放的方法。

任务实施

知识储备

1. 函数 getURL( )

getURL (url:String, [window:String, [method:String]]) 函数的功能是将来自特定 URL 的文档加载到窗口中，或将变量传递到位于所定义 UR 的另一个应用程序中。它是一个与浏览器密切程度很高的函数。当 Flash 和网页结合时，该函数的功能将显得重要而强大。比如，链接邮件的语句如下：

```
getURL("mailto:ecommerce112@126.com");
```

又如，链接一个 Web 页面的语句如下：

```
getURL("http://www.njtech.edu.cn","_blank");
```

2. 函数 fscommand( )

函数 fscommand(command:String, parameters:String)的功能是使 SWF 文件与 Flash Player 或承载 Flash Player 的程序（如 Web 浏览器）进行通信。还可以使用 fscommand( )函数将消息传递给 Macromedia Director，或者传递给 Visual Basic、Visual C++及其他可承载 ActiveX 控件的程序。fscommand( )函数能使 SWF 文件与 Web 页中的脚本进行通信。

fscommand( )函数最为常见的一个应用就是实现 SWF 文件播放时的全屏控制。

操作实践

任务 5.4.1 实现页面 Logo 按钮元件的制作

步骤 1：导入“图片素材”文件夹中的“Logo 图片.jpg”文件到库中，将该文件拖入新建的图层“LayerLogo 图片”中，并调整好位置。

步骤 2：若想将该 Logo 图片做成一个超链接，从而链接到某个指定的网址，可以先将该图片做在“Logo 按钮”按钮元件中。

步骤 3：将该“Logo 按钮”放入新建的图层后，选中该按钮，输入如下脚本代码：

```
on(release){
getURL("http://www.hit.edu.cn","_blank");
}
```

步骤 4：按 Ctrl+Enter 组合键测试并调整，使其完善。

任务 5.4.2 实现全屏播放控制的功能

步骤 1：在场景中新建一个“LayerAS”图层，选择第 1 帧，为了实现 SWF 文件播放时的默认全屏效果，输入如下脚本代码：

```
fscommand("fullscreen","true");
```

步骤 2：新建一个“退出全屏”的按钮元件。制作效果如图 5-4-1 所示。

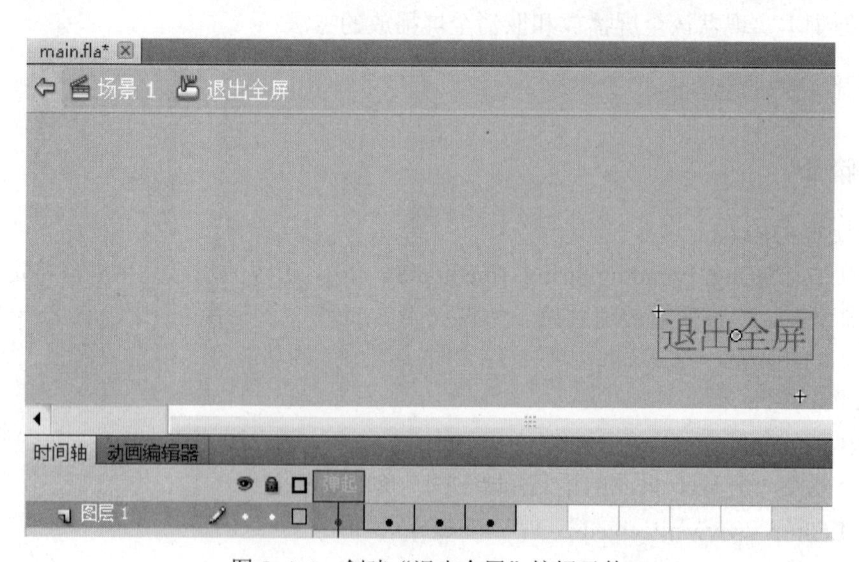

图 5-4-1 创建“退出全屏”按钮元件

步骤 3：在场景中新建名为“LayerBtn”的图层，并将“退出全屏”按钮元件拖入该图层中。

步骤 4：为了实现退出全屏的效果，选中该图层的按钮元件，输入如下脚本代码：

```
on(press)
{
```

```
    fscommand("fullscreen","false");
}
```

步骤 5：按 Ctrl+Enter 组合键测试并调整，使其完善。

步骤 6：在库中新建文件夹：按钮、背景和位图。将对应的元件拖入对应的文件夹中，便于后期的维护，如图 5–4–2 所示。

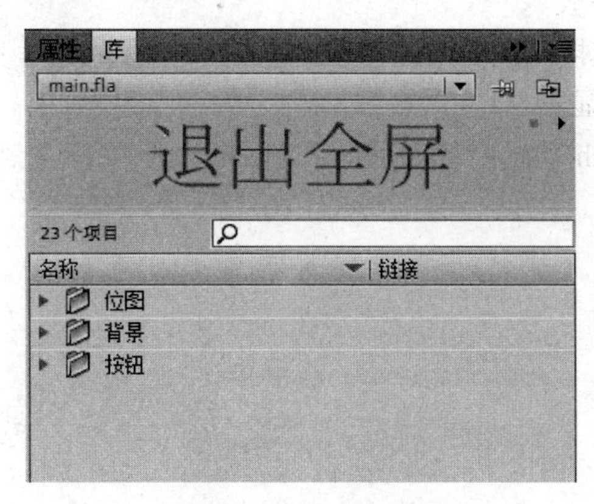

图 5–4–2　库的管理

步骤 7：任务完成，保存并整理所有相关文件。

任务评价

报告人：	指导教师：	完成日期：
任务实施过程汇报：		
工作创新点		
小组交互评价		
指导教师评价		

思考练习

选择题：

完成下列功能，需要使用 ActionScript 中的 FSCommand( ) 函数的是（　　）。

A. 停止所有声音的播放

B. 跳转至某个超级链接地址 URL

C. 使 Flash 动画全屏显示

D. 在正在播放的 Flash 动画中载入另一个 Flash 动画

项目 6

网页中的 Flash 动画

作为企业面向公众的一个“脸面”，企业网站建设要求体现企业综合实力、企业 IS 和品牌理念。企业网站非常强的创意和可读性，对美工的设计要求较高，精美的 Flash 动画是常用的表现形式。

本项目将张立网络教室的宣传网站作为教学范例，通过设计制作 Flash 的 Logo 动画、发声的导航条动画、广告动画等，将 Flash 动画融入 HTML 页面中，以达到更佳的品牌推广与营销的效果。

作为招聘单位的 HR（人力资源）工作人员，他们要求应聘该公司网页动画设计师的求职者必须提供一个独立完成的企业网站，页面中要包含自己设计制作的 Flash 动画。页面中的 Flash 动画要以如下方式体现：

① 发声的按钮动画；

② 文字特效的动画；

③ Flash 广告动画。

本项目就是介绍如何通过 Flash 软件设计制作出上述动画作品，并将它们合理地放入 HTML 页面中。

最终需要实现的动画 SWF 文件有 3 个，需要完善修正的 HTML 页面文件有 1 个。实现的企业网站页面效果如图 6-0-1 所示。

Flash 效果扫一扫

图 6-0-1　企业网站效果图

任务 6.1　发声的导航条动画

● 任务描述

该企业网站的导航条部分是由 8 个按钮元件组成的，当鼠标经过这些按钮元件时，按钮背景会发生变化，并有声音效果。如何实现这些按钮元件的功能目标呢？本项目提供的思路是首先新建一个 Flash 动画文件，在该文件上创建 8 个按钮元件，根据以前学习到的变换按钮的制作，从而实现该页面中发声的导航条动画。导航条效果如图 6-1-1 所示。

首 页 | About us | 提供服务 | 教学团队 | 大事记 | 技术支持 | 留言反馈 | 联系我们

图 6-1-1　导航条效果图

为了实现上述功能目标，本次的任务是：制作一个具有变换按钮且能发声功能的导航条动画。

导航条的制作思路如下。

在新建导航条动画文档上创建 8 个按钮元件：

① 创建 1 个按钮元件并实现鼠标经过的背景变换和声音效果；

② 创建并实现另外 7 个按钮元件的背景和声音效果。

● 任务目标

1. 了解 HTML 页面元素尺寸与 Flash 动画尺寸的相关性。
2. 熟练掌握制作背景变换和声音效果的按钮元件的方法。

● 任务实施

知识储备

1. 企业网站的内容

企业的网站建设是一项非常重要而且实施长远的工程，因此，需要对企业网站进行适当的规划。在进行企业网站规划之前，需要从整体来了解企业网站建设的内容和功能。

（1）品牌推广。

现代企业在自身发展的过程中，都要不断地进行企业自身形象的塑造和产品品牌形象的推广，以达到被越来越多的消费者认同的目的。因此，企业网站的建设一般要求做到：

① 让客户能够找到企业，并且可以通过网站了解到你的企业。

② 让客户能够从网站认识到你的所有产品和产品信息。

③ 让客户可以通过网站和你联系，提出他们的要求、意见或建议。

④ 通过网站提升企业和企业产品的品牌影响力和美誉度。

为了建设上述具有市场策动力的企业品牌网站，实现企业品牌形象的高效推广，最好能

够具有以下方面的技术支持。

① 企业视觉识别功能。

② 信息发布功能。

③ 产品管理功能。

④ 客户留言与反馈功能。

⑤ 网站内容管理功能。

⑥ 网站宣传规划功能。

（2）网上行销。

网上行销是以 Internet 为媒介，以新的方式、方法和理念实施行销活动，更有效地促成个人和组织交易活动的实现。网站处于 Internet 的一个超越物理空间的公共信息空间。利用这种信息空间的网络营销具有巨大的潜力，不但能够改变从事商业活动的途径，而且也能最终完全改变经济结构。

随着互联网技术发展的成熟以及联网成本的降低，互联网好比一种“万能胶”，将企业、团体、组织以及个人跨时空联结在一起，使他们之间信息的交换变得易如反掌。市场营销中最重要也最本质的是组织和个人之间进行信息传播和交换。如果没有信息交换，那么交易就是无本之源。正因为如此，互联网具有营销所要求的某些特性，使网上营销呈现出跨时空、多媒体、交互式、个性化、高效性等特点。

操作实践

任务 6.1.1　在新建导航条动画文档上创建 8 个按钮元件

步骤 1：新建一个 Flash 文档，文档属性设置如图 6–1–2 所示。

步骤 2：创建名为“按钮图形”的图形元件，如图 6–1–3 所示。

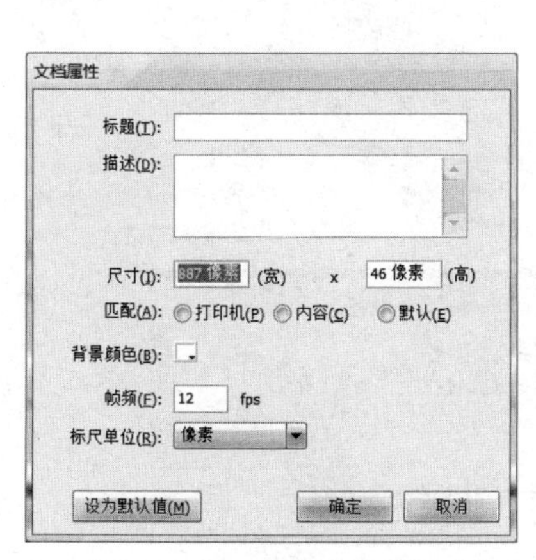

图 6–1–2　文档属性设置

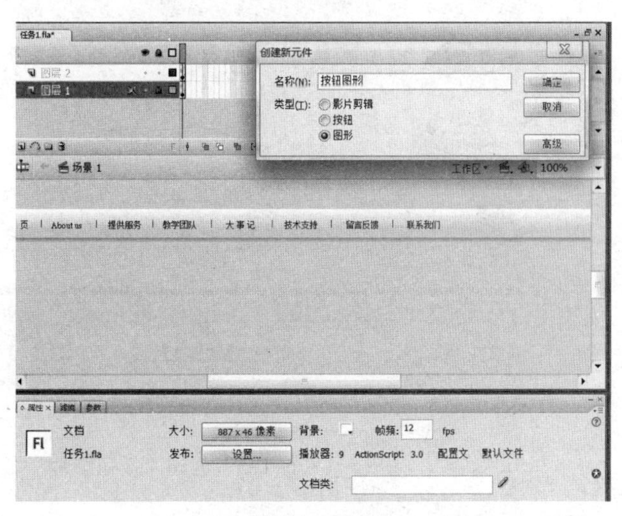

图 6–1–3　创建“按钮图形”图形元件

步骤 3：应用矩形工具绘制圆角矩形框。效果如图 6–1–4 所示。

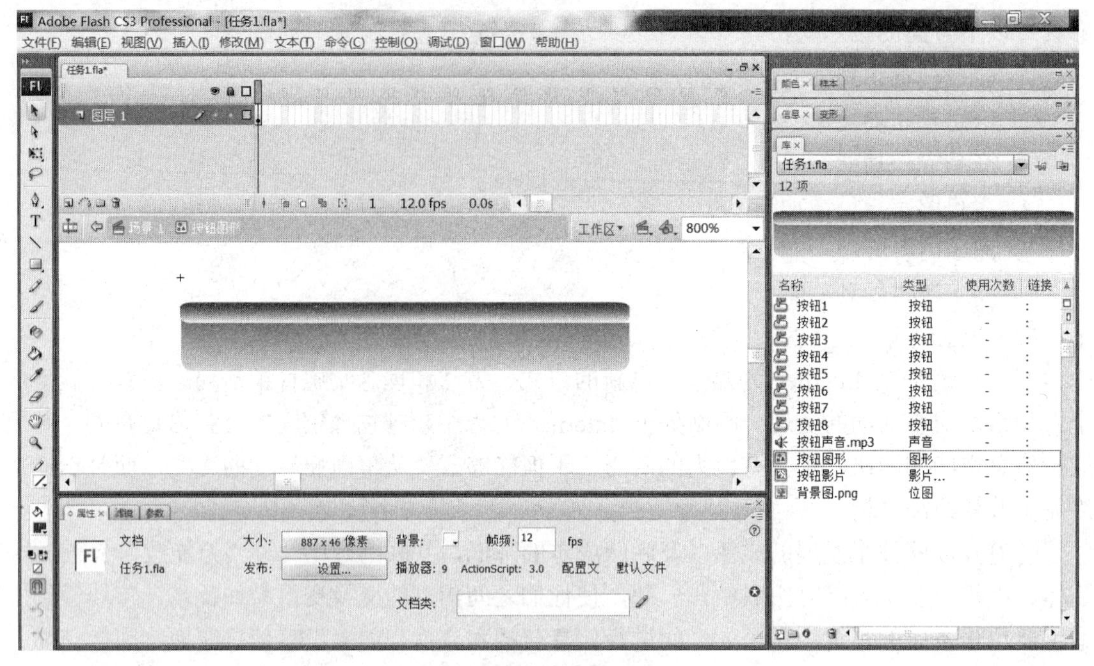

图 6-1-4 绘制圆角矩形框

步骤 4：创建名为“按钮影片”的影片剪辑元件，如图 6-1-5 所示。

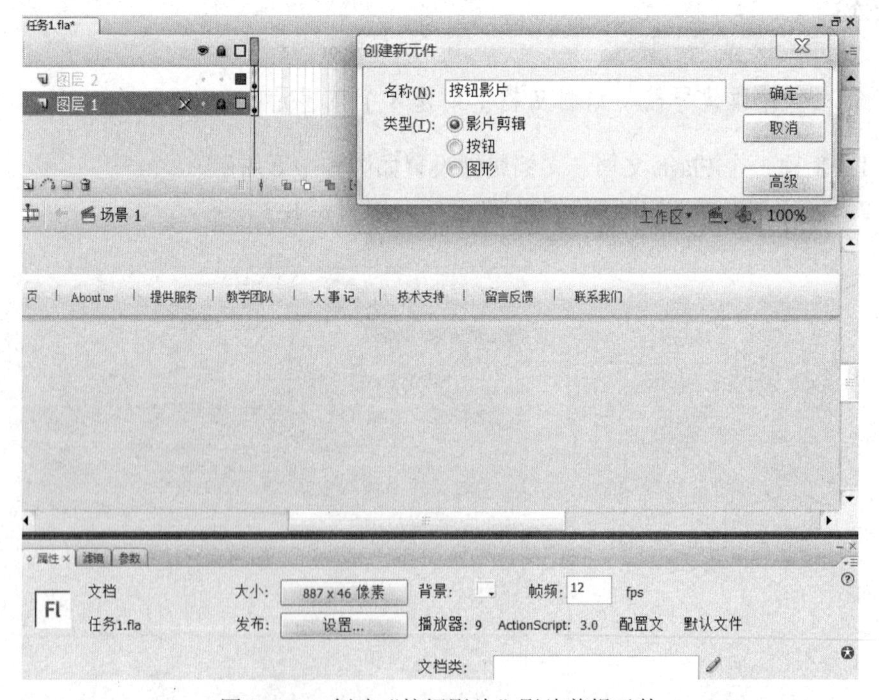

图 6-1-5 创建“按钮影片”影片剪辑元件

步骤 5：在该影片剪辑元件的图层 1 中拖入“按钮图形”的图形元件，并实现透明度从 0%到 100%的补间动画，如图 6-1-6 所示。

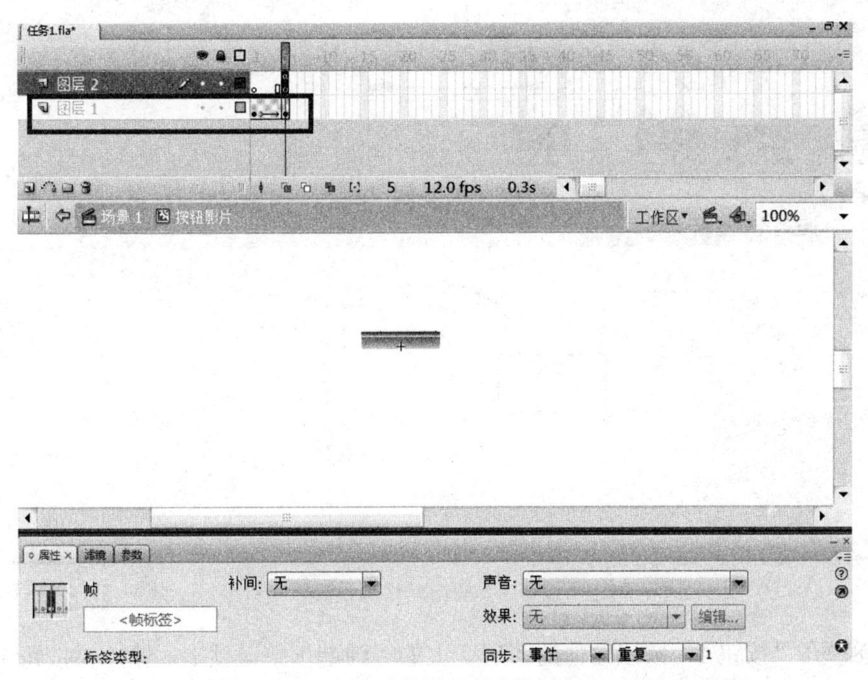

图 6-1-6　在影片剪辑元件中创建补间动画

步骤 6：在该影片剪辑元件新建的图层 2 的最后一个关键帧中输入影片停止的脚本代码，如图 6-1-7 所示。

图 6-1-7　在影片剪辑中输入脚本

步骤 7：新建“按钮 1”按钮元件，该元件可实现当鼠标指针经过时，出现红色背景（即步骤 3 制作的按钮图形效果）。在“按钮 1”元件的图层 1 的“指针经过”关键帧处拖入“按钮影片”元件，如图 6-1-8 所示。

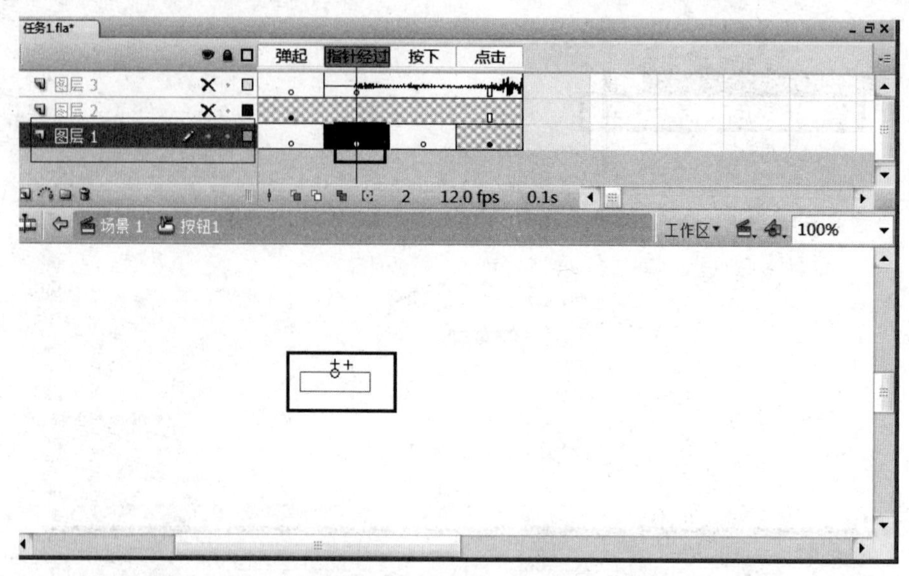

图 6-1-8　创建“按钮 1”按钮元件并设置“指针经过”效果

步骤 8：在“按钮 1”按钮元件的图层 2 上的“弹起”关键帧上，输入“按钮 1”所对应的静态文本“首页”。

步骤 9：在该关键帧上还要在文字的上面绘制一个 0 透明度的矩形框，以保证“指针经过”的不仅仅是“首页”二字，如图 6-1-9 所示。

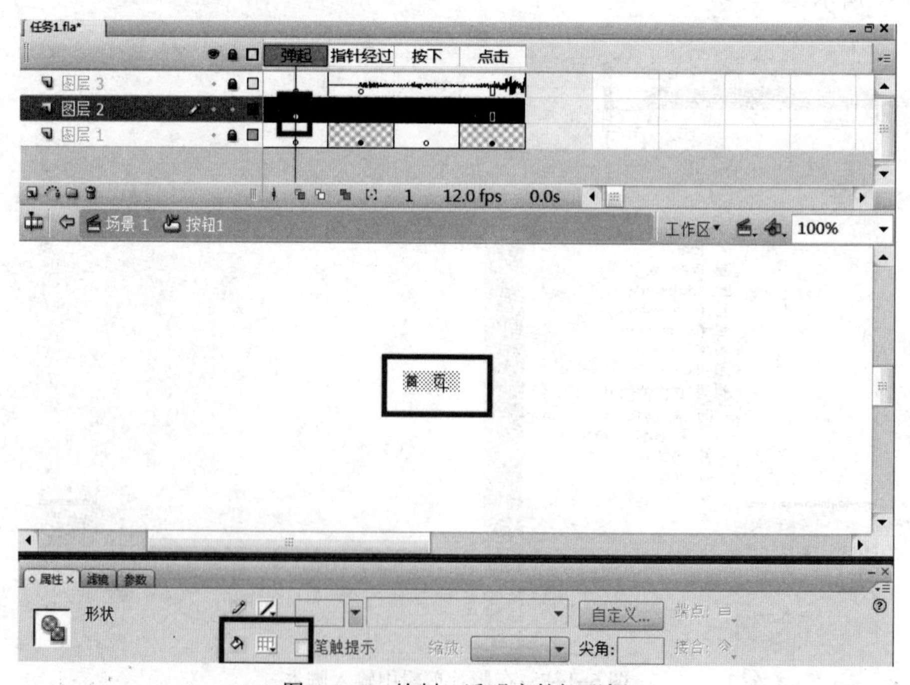

图 6-1-9　绘制 0 透明度的矩形框

步骤 10：单击“文件”菜单，选择“导入到库”，将素材文件“按钮声音”导入到库中，如图 6-1-10 所示。

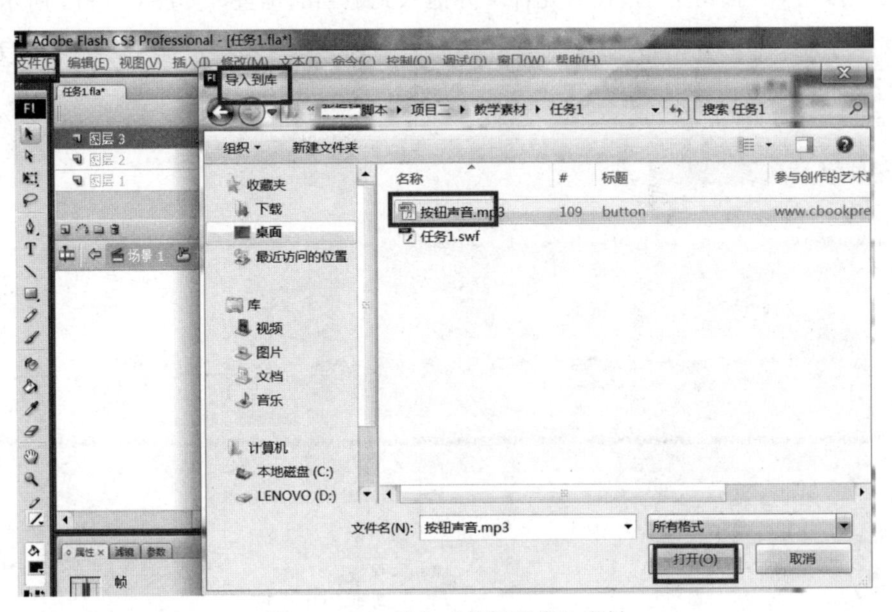

图 6–1–10　导入“按钮声音”素材

步骤 11：在“按钮 1”元件的图层 3 上的“指针经过”关键帧上，设置帧的声音属性为“按钮声音.mp3”文件，如图 6–1–11 所示。

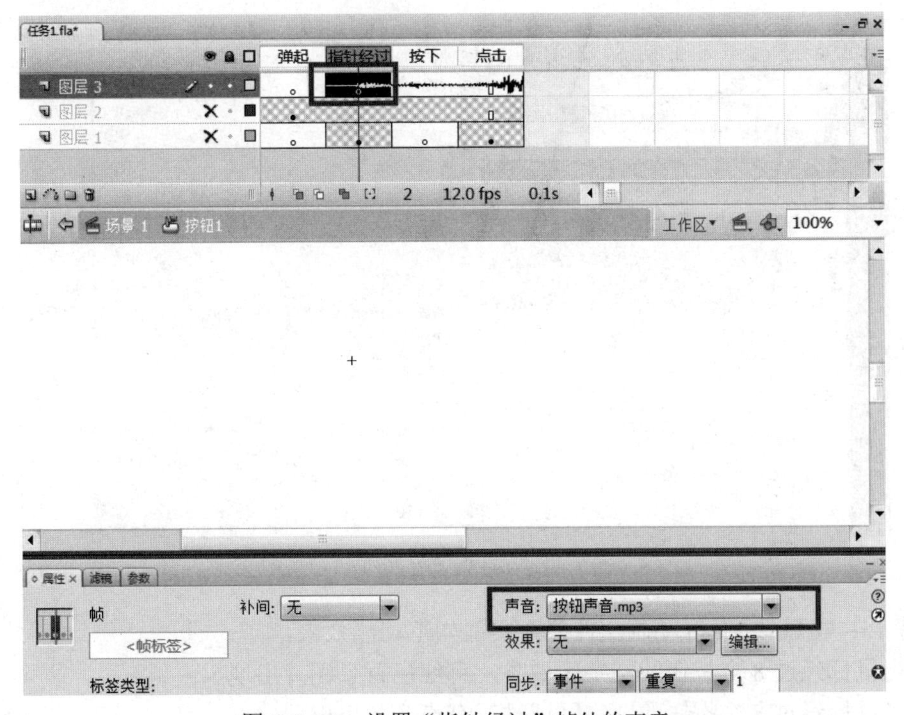

图 6–1–11　设置“指针经过”帧处的声音

步骤 12：将“按钮 1”元件拖入到场景的图层 2 中，并调整好位置。

步骤 13：当“按钮 1”效果较好时，直接复制该元件，创建剩余的按钮 2、按钮 3、按钮

4、按钮 5、按钮 6、按钮 7、按钮 8 元件，并拖入到适当的位置，如图 6–1–13 所示。

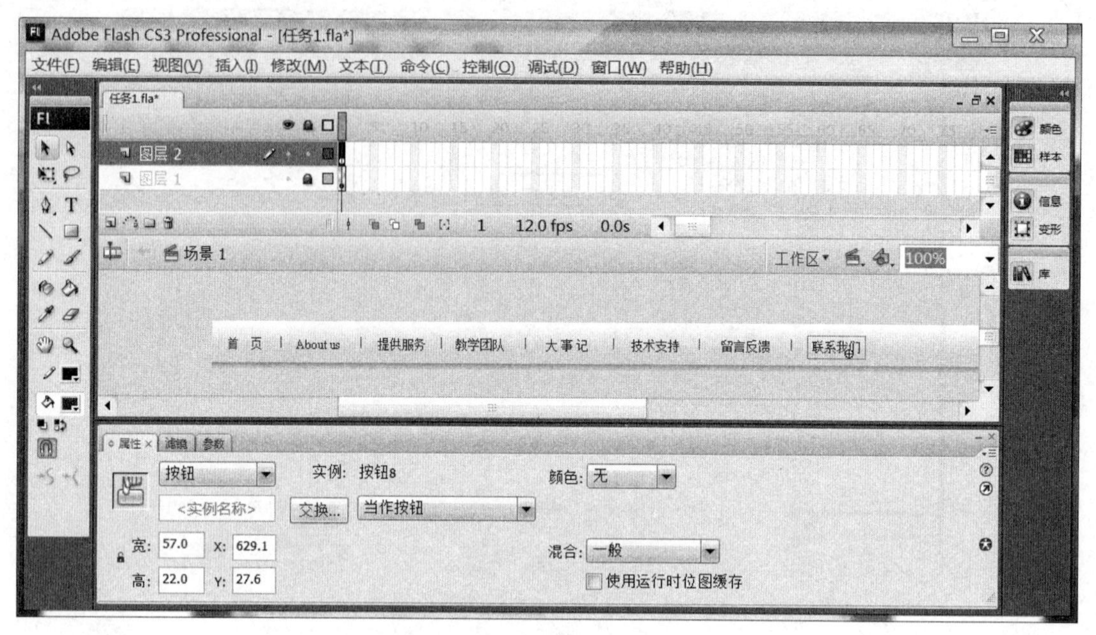

图 6–1–12　创建其他按钮元件

步骤 14：测试并调整，如图 6–1–13 所示。

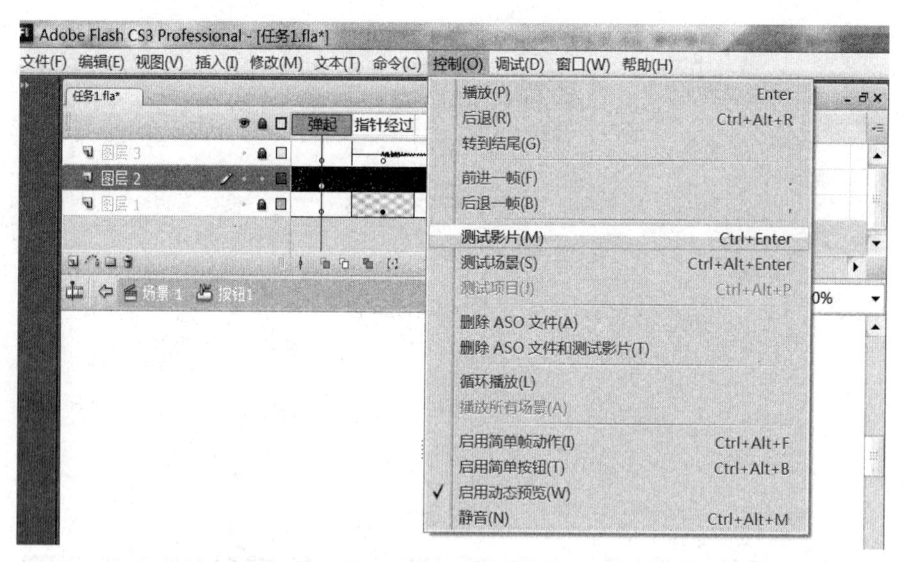

图 6–1–13　测试影片

步骤 15：检验该 Flash 动画文件能否实现如下功能效果。

① 当鼠标经过 8 个按钮的文字区域时，有红色背景图片出现。

② 当鼠标经过 8 个按钮的文字区域时，有声音效果出现。

③ 当鼠标离开 8 个按钮的文字区域时，红色背景和声音效果随之消失。

步骤 16：保存源文件和生成的 SWF 文件。

任务评价

报告人：	指导教师：	完成日期：
任务实施过程汇报：		
工作创新点		
小组交互评价		
指导教师评价		

思考练习

选择题：

（1） 使用动作脚本进行编程时，使用 trace( )函数显示一个未定义值的数据，结果将显示为（　　）。

A. undefined　　B. Nan　　C. null　　D. 空字符串

（2）如果希望单击舞台上的一个按钮后在浏览器中打开网址为 http：//www.domain.com 的网页，那么需要编写的 Actionscript 语句是（　　）。

A. on(press){ getURL("http://www.domain.com");}

B. on(press){ gotoURL("http://www.domain.com");}

C. on(press){goto("http://www.domain.com");}

D. on(press){getAndPlay("http://www.domain.com");}

任务 6.2　实现分层变化的网站 Logo 动画

任务描述

完成导航条动画文件之后，需要为该网站制作一个 Logo 动画，该 Logo 动画主要是通过较为活泼的文字特效的方式，形象地宣传该企业网站。

本任务制作一个分层组合的 Logo 动画。所谓分层组合，是指将 Logo 文字在水平方向上分成几块，然后分别为各文字块制作动画，最后将文字块按照正确的 Logo 文字图形依序组合起来，形成一个完整的 Logo 文字动画效果。

本任务中，首先需要获得相应的 Logo 图片素材。一般来说，获得的方法是将设计好的 HTML 页面模板进行切片，然后将一些需要作为 Flash 动画元素的预先保存，例如，Logo 切片中的 Logo 文字可以先保存为背景透明的图片，接着将 Logo 的背景图再保存成另一图片，然后即可以将 Logo 文字图和背景图导入 Flash，通过 Flash 进行制作。

● 任务目标

1. 熟练掌握影片剪辑元件的制作方法。
2. 熟练掌握多图层补间动画制作的过程。

● 任务实施

操作实践

步骤 1：将“Logo 原图”文件导入到库中。打开素材文件夹下的“原始文件.fla”文件，并将素材文件夹下的“Logo 原图.jpg”导入到库中，如图 6-2-1 所示。

图 6-2-1　导入图片素材到库中

步骤 2：在场景的图层 1 上绘制一个填充色为#AE1301 的矩形，设置为该任务下 Flash 动画的背景，如图 6-2-2 所示。

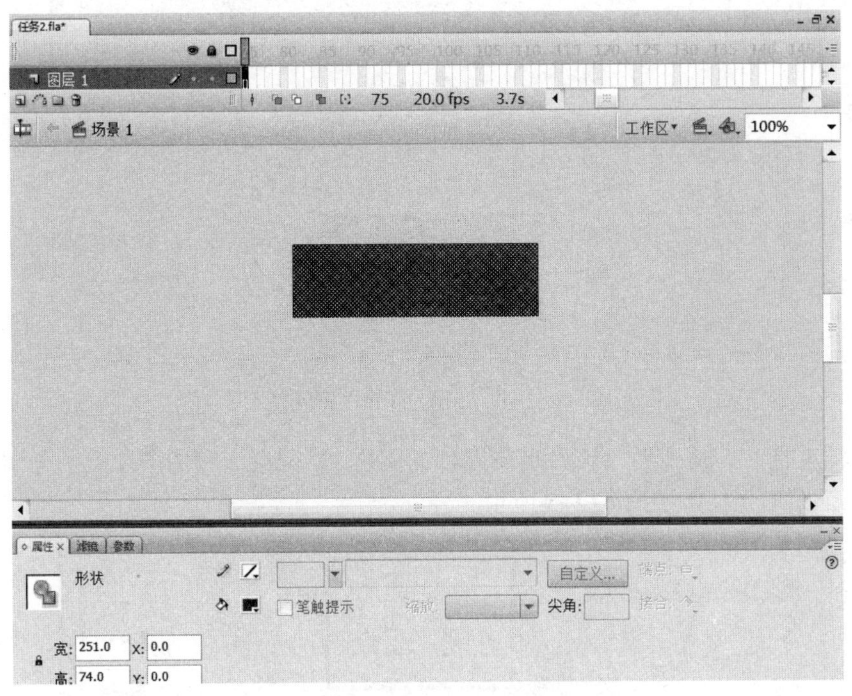

图 6-2-2　绘制矩形

步骤 3：新建影片剪辑元件“Logo 影片”。

① 在场景中将拖入的“Logo 原图”进行“分离”操作（执行“修改”菜单下的“分离”命令），如图 6-2-3 所示。

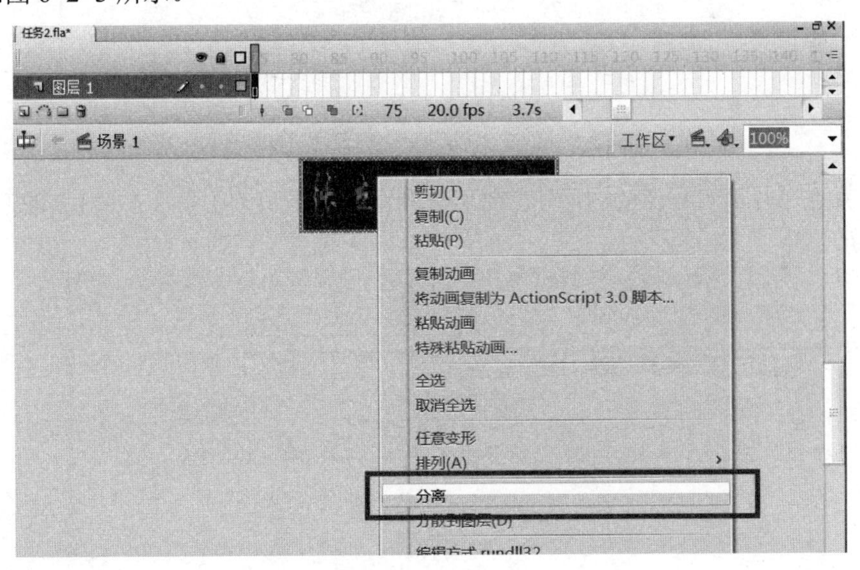

图 6-2-3　分离操作

② 在工具箱中选择“选择工具”，将分离后的“Logo 原图”分成 3 个矩形部分，并分别用右键转化为图形元件，分别命名为 L1、L2 和 L3，如图 6-2-4 所示。

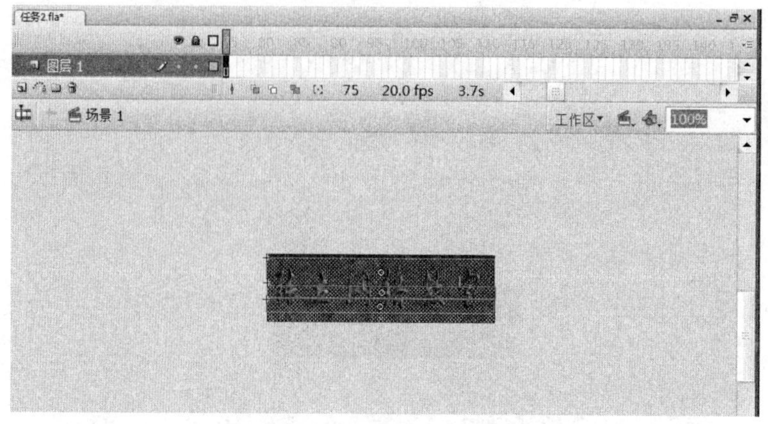

图 6-2-4　转化为 3 个图形元件

③ 在新建的“Logo 影片”影片剪辑元件的图层 1、图层 2 和图层 3 上，分别拖入 L3、L2 和 L1 三个图形元件，如图 6-2-5 所示。

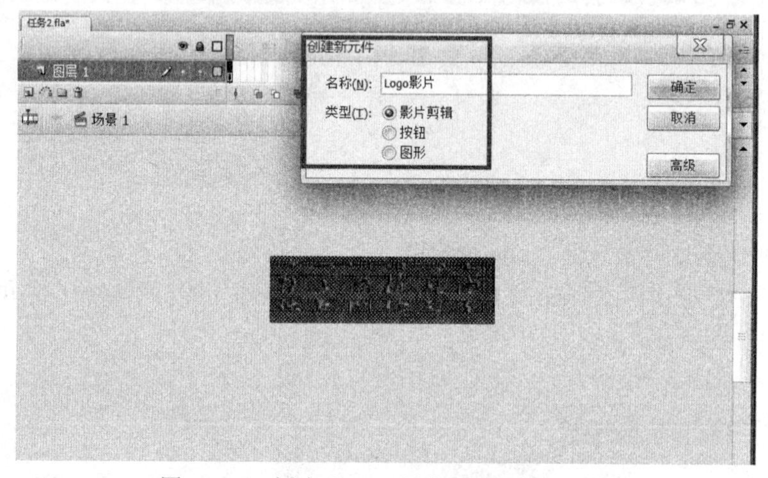

图 6-2-5　创建“Logo 影片”影片剪辑元件

④ 分别在影片剪辑元件的图层 1、图层 2 和图层 3 上放入 L3、L2 和 L1 图形元件，如图 6-2-6 所示。

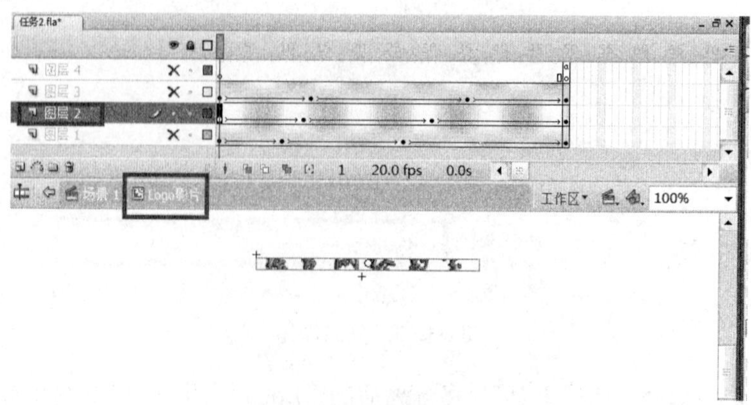

图 6-2-6　在三个图层中分别拖入图形元件

⑤ 在这三个图层的第 50 帧处插入关键帧，调整 3 个图形元件的位置，使它们在此处可以组成一个完整的 Logo 原图，如图 6–2–7 所示。

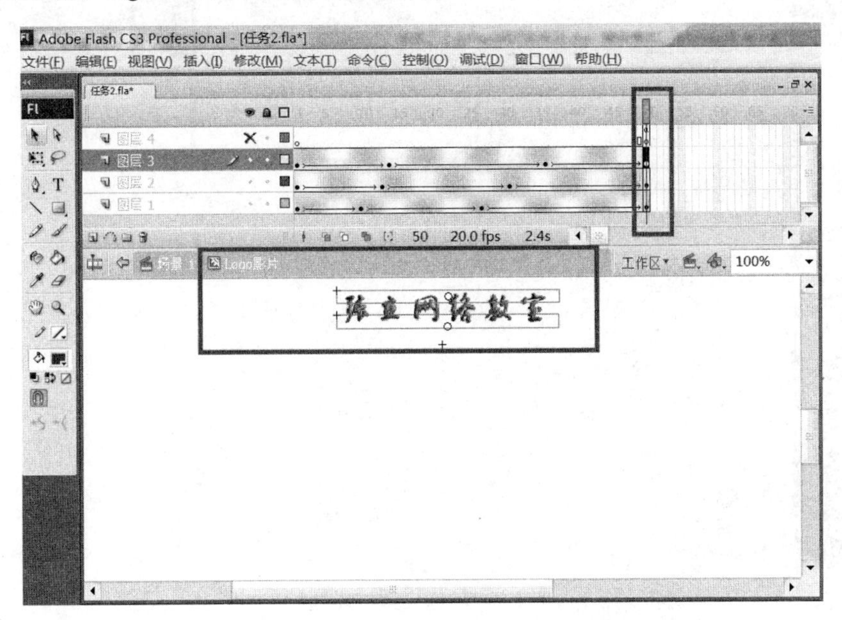

图 6–2–7　调整第 50 帧处三个图的位置

⑥ 在这三个图层的中间部分分别插入两个关键帧，并调整对应帧的图形元件的位置。最后，创建关键帧之间的补间动画，以实现第 1～50 帧之间上下方向多次来回移动的补间动画效果，如图 6–2–8 所示。

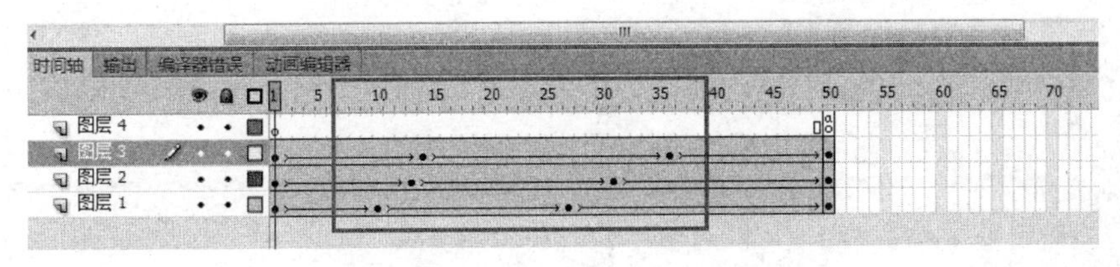

图 6–2–8　创建补间动画

⑦ 在“Logo 影片”影片剪辑元件的新建图层 4 的最后一帧处插入空白关键帧，并输入脚本代码，如图 6–2–9 所示。

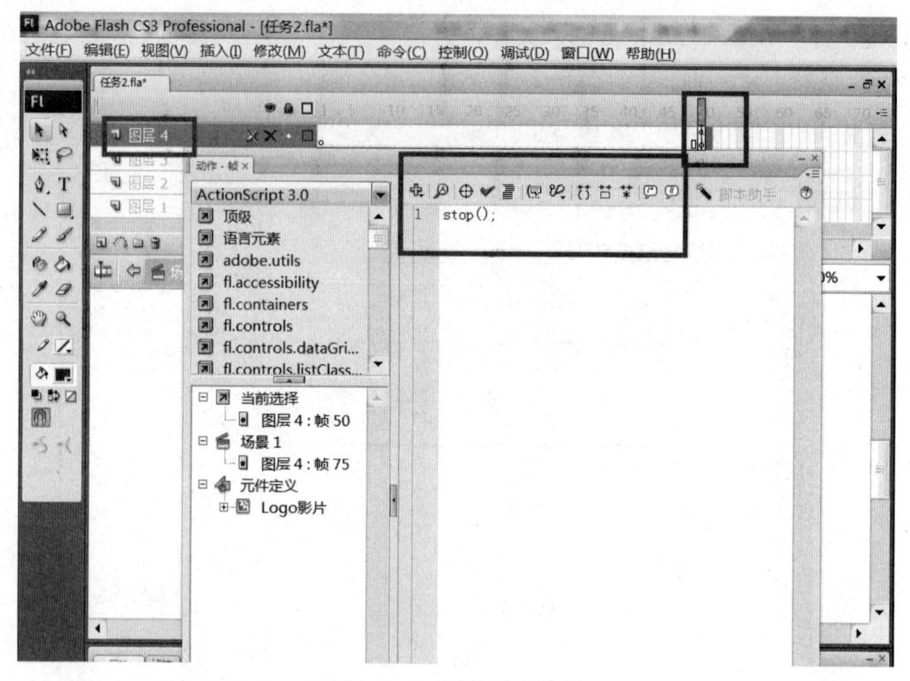

图 6-2-9 新建脚本图层

步骤 4：在场景中新建的图层 2 中拖入刚刚创建好的“Logo 影片”元件，如图 6-2-10 所示。

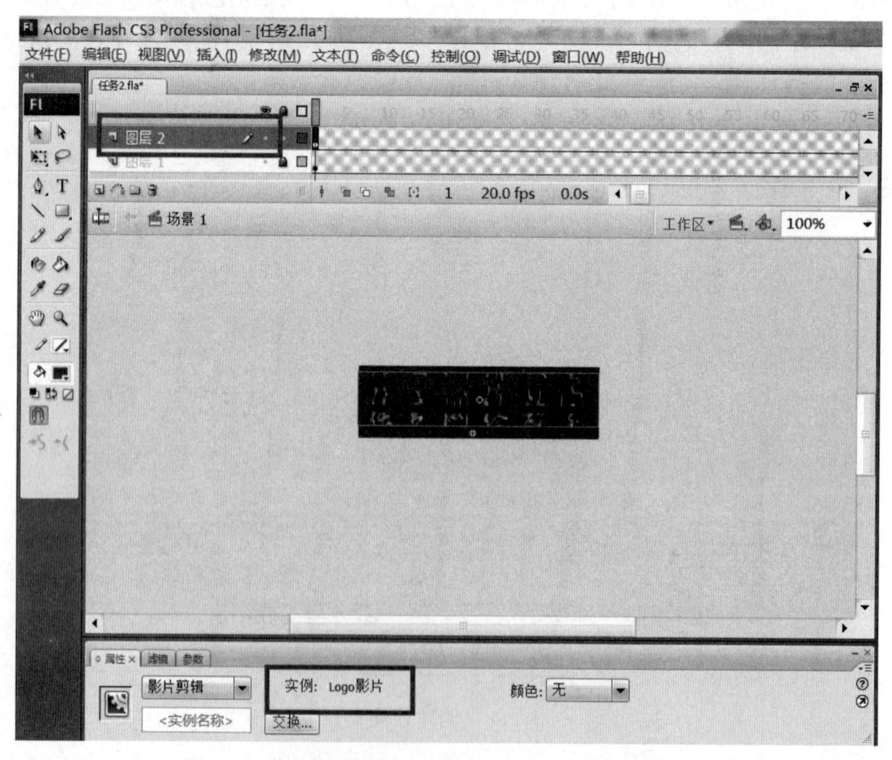

图 6-2-10 在“图层 2”中拖入“Logo 影片”元件

步骤 5：从新建的图层 3 的第 50 帧开始，创建文字滚动进入的补间动画。文字内容为：为您提供全面的教育服务；文字颜色为：白色。如图 6–2–11 所示。

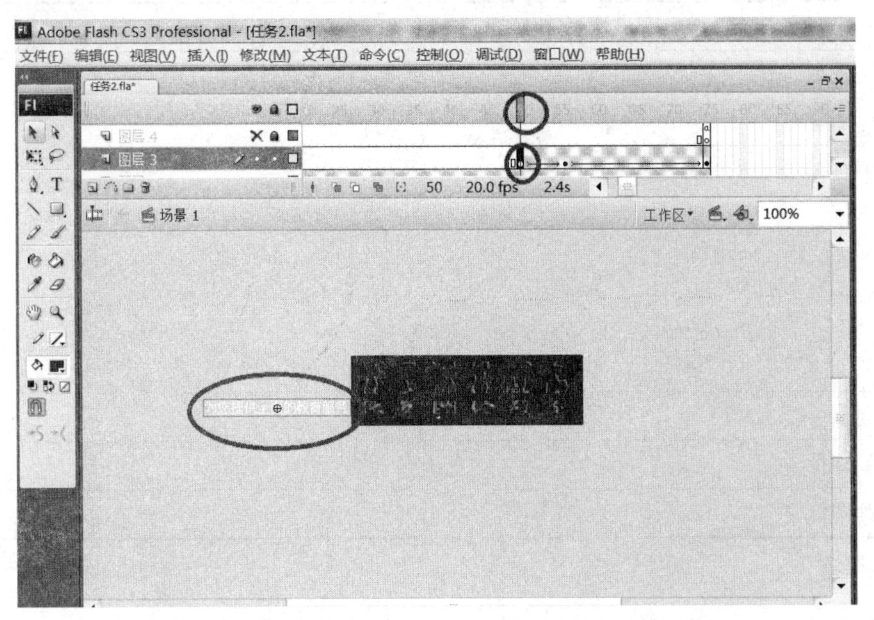

图 6–2–11　新建“图层 3”并创建文字滚动进入的补间动画

步骤 6：在新建的图层 4 的最后一帧（即第 75 帧）插入空白关键帧，并输入代码“stop（）；”。测试并调整，保存 Flash 文档，如图 6–2–12 所示。

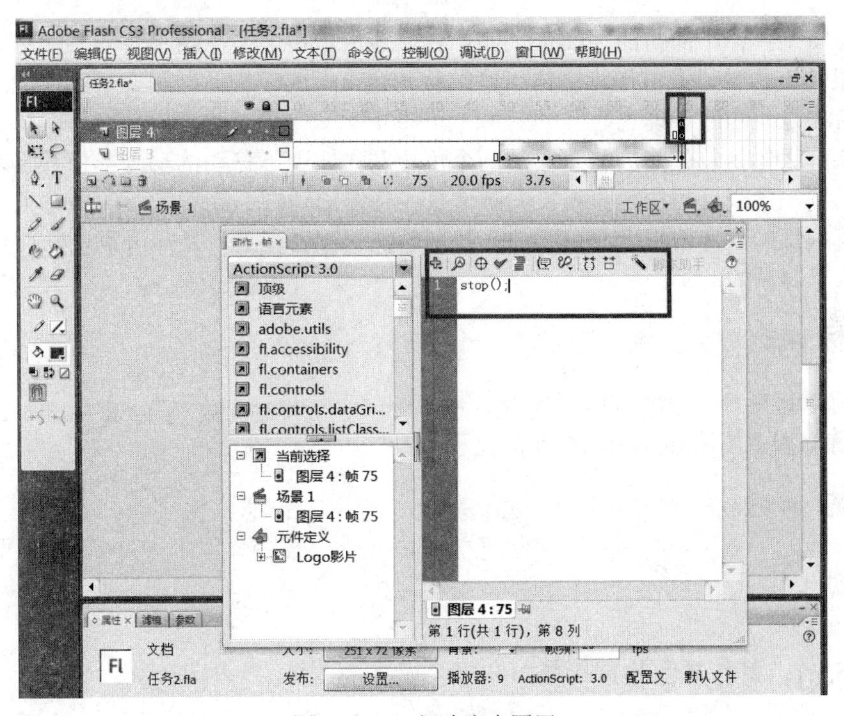

图 6–2–12　新建脚本图层

任务评价

报告人：	指导教师：	完成日期：
任务实施过程汇报：		
工作创新点		
小组交互评价		
指导教师评价		

任务 6.3　实现 Flash 动画广告

任务描述

本任务将制作一个简易的 Flash 动画广告，该广告由上、下两个背景色块组成，并以一个 3D 效果的人物学习素材作为主体，搭配从两端飞入的广告标题和文字，体现了企业网站的经营主旨和专业的服务理念。

制作流程大体是首先将广告背景的两个色块制作成上下移动的动画，使其飞入广告舞台内。然后绘制一条醒目的白色直线，并制作直线延伸的动画。接着为 3D 概念人物素材制作由小变大再闪烁的影片剪辑动画，将该影片剪辑加入广告左边。最后分别制作广告的标题和宣传标语水平移动的动画。

任务目标

1. 熟练掌握影片剪辑元件的制作方法。
2. 熟练掌握多图层补间动画制作的过程。

任务实施

操作实践

任务 6.3.1　制作舞台开场动画

步骤 1：打开“原始文件.fla”，将库中的 top 和 down 图形元件分别拖入图层 2 和图层 3，

并调整好它们的位置，如图 6–3–1 所示。

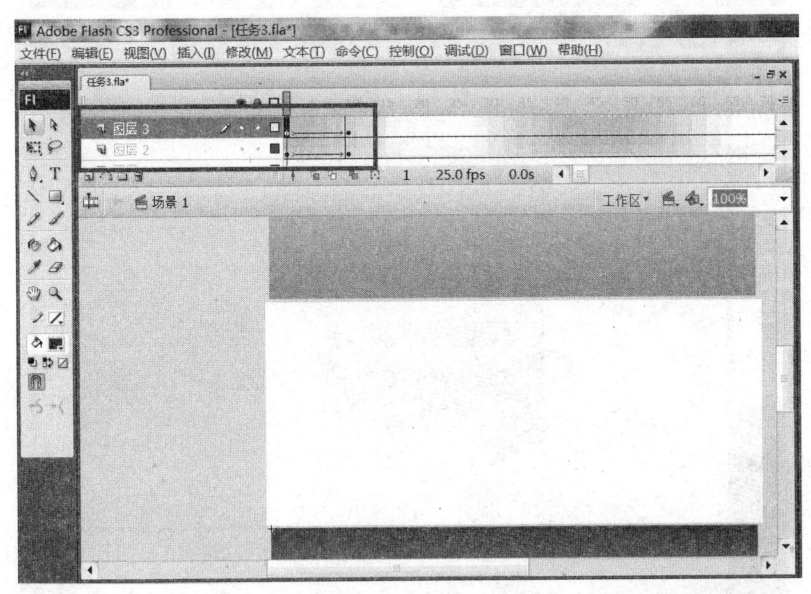

图 6–3–1　将库中的 top 和 down 元件分别拖入新建的图层 2 和图层 3 中

步骤 2：分别在图层 2 和图层 3 的第 10 帧处插入关键帧，然后分别将两个图层的图形元件拖入舞台的中间，如图 6–3–2 所示。

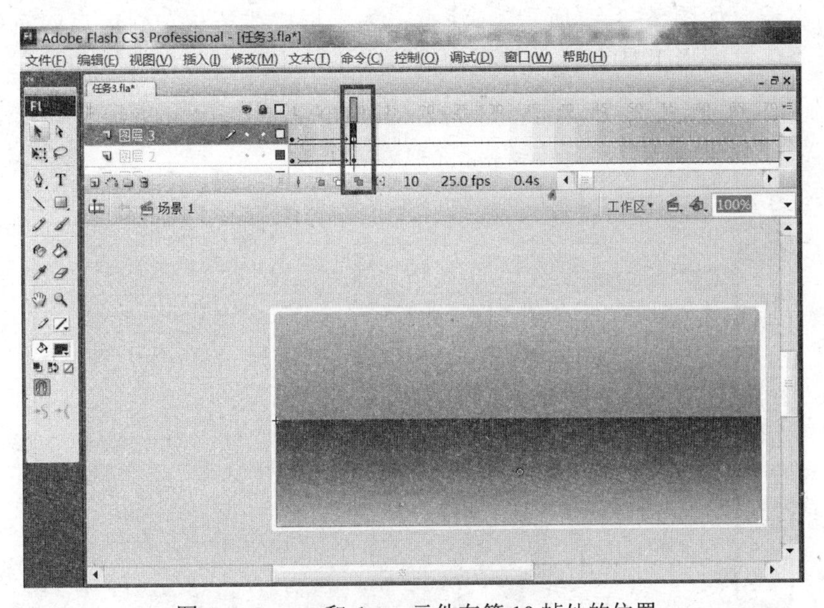

图 6–3–2　top 和 down 元件在第 10 帧处的位置

步骤 3：调整它们在第 10 帧处的位置后，分别在图层 2 和图层 3 的 1～10 关键帧之间创建补间动画，如图 6–3–2 所示。

步骤 4：在新建的图层 4 的第 10 帧处插入关键帧，选择“线条工具”在舞台的左端 top 和 down 元件的交界处绘制一根很短的白线，如图 6–3–3 所示。

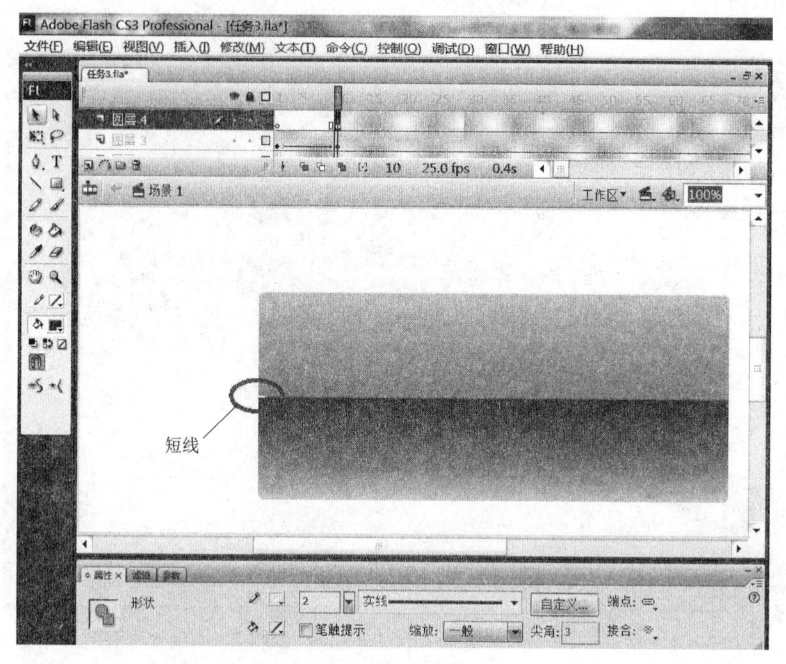

图 6-3-3　在新建的图层 4 的第 10 帧上绘制一根白色短线

步骤 5：在图层 4 的第 25 帧处插入关键帧，选择“任意变形工具”调整白线的长度为至舞台的右端，如图 6-3-4 所示。（注意：为了形成线条从左固定点向右延伸的动画效果，选择“任意变形工具”时，需要将直线中央的中心点移到直线的最左端，再进行延伸变形。）

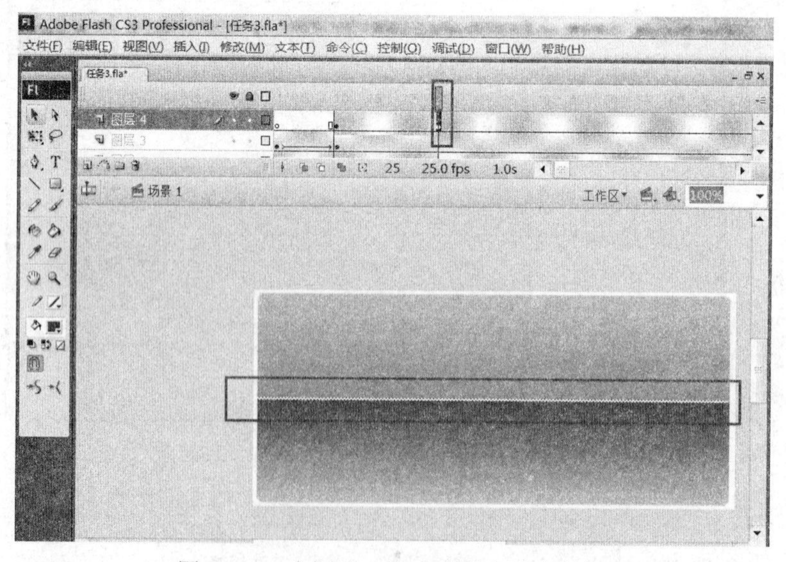

图 6-3-4　在图层 4 第 25 帧处短线变长线

步骤 6：在图层 4 的第 10～25 帧之间创建形状补间动画，如图 6-3-5 所示。

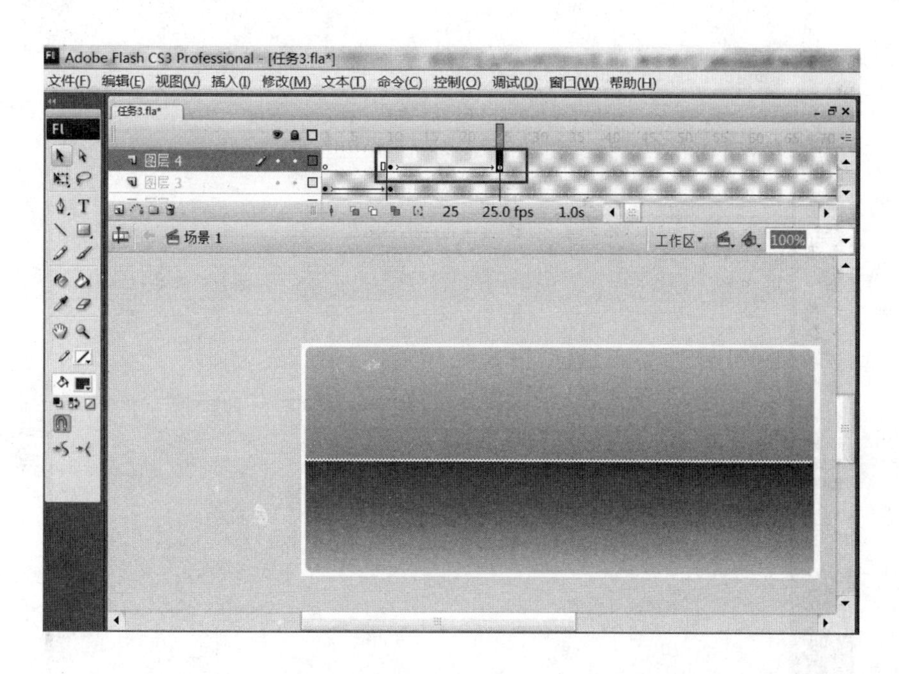

图 6-3-5 在图层 4 的第 10～25 帧之间创建形状补间动画

任务 6.3.2 影片剪辑元件 w1 的创建和使用

步骤 1：新建影片剪辑元件 w1，在该元件的图层 1 的 1～15 帧之间创建关于“work”图形元件的补间动画（透明度由 0 到 100%、小图到大图），如图 6-3-6 和图 6-3-7 所示。

图 6-3-6 新建 w1 影片剪辑元件

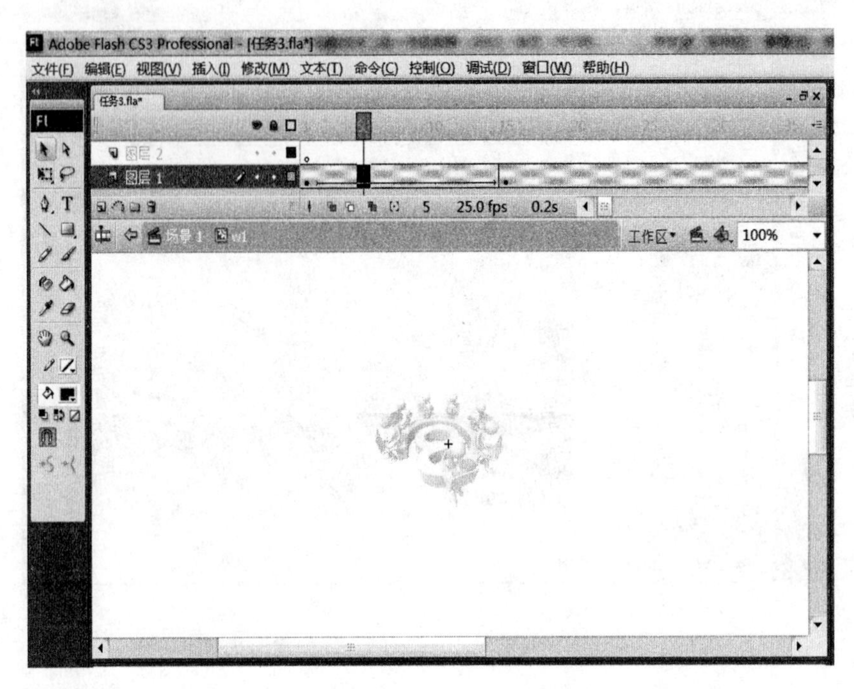

图 6-3-7　在 w1 元件图层 1 第 1～15 帧处创建补间动画

步骤 2：在该元件的图层 1 的第 50、58 和 65 关键帧之间实现 work 图形元件透明度由 100%到 50%，再到 100%的补间动画，如图 6-3-8～图 6-3-10 所示。

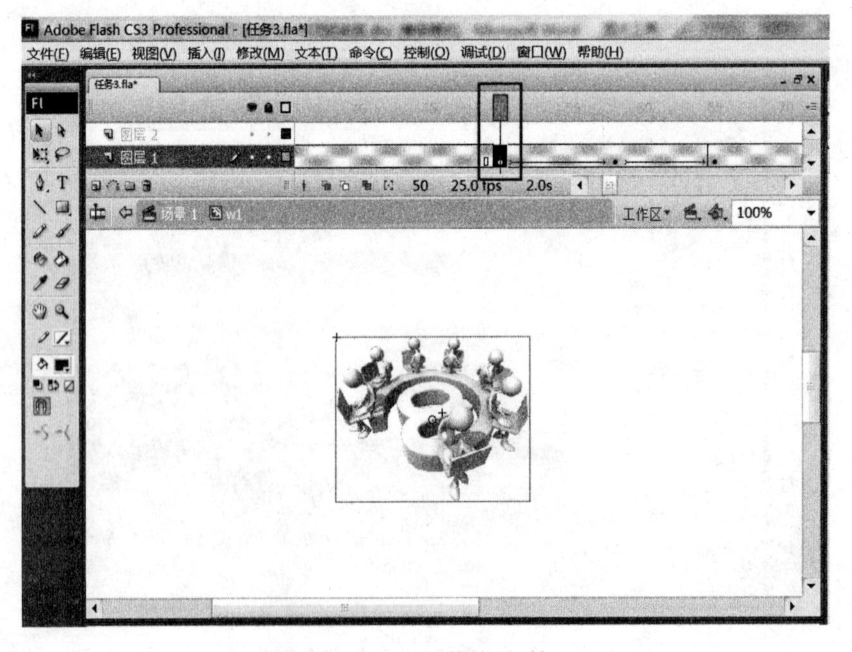

图 6-3-8　w1 元件第 50 帧处

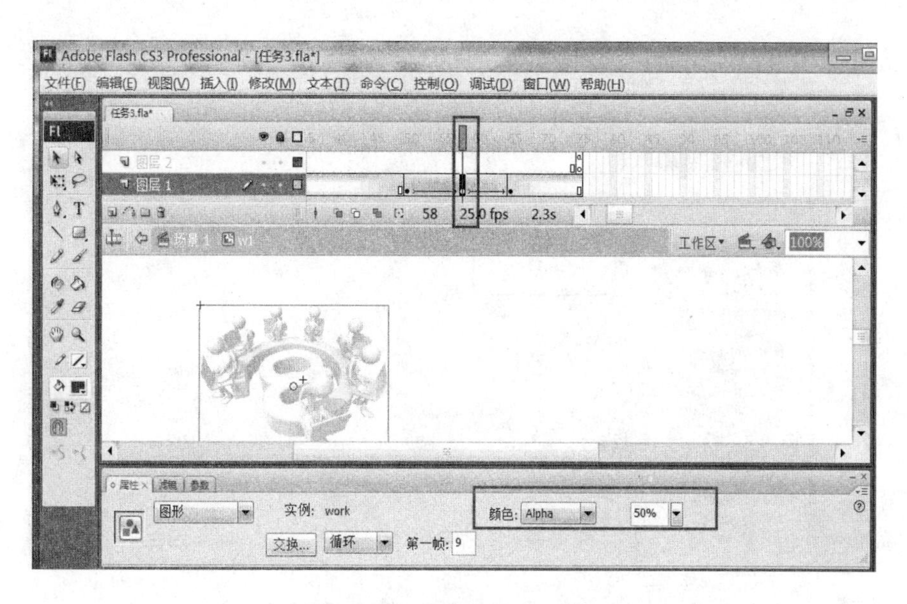

图 6-3-9　w1 元件第 58 帧处

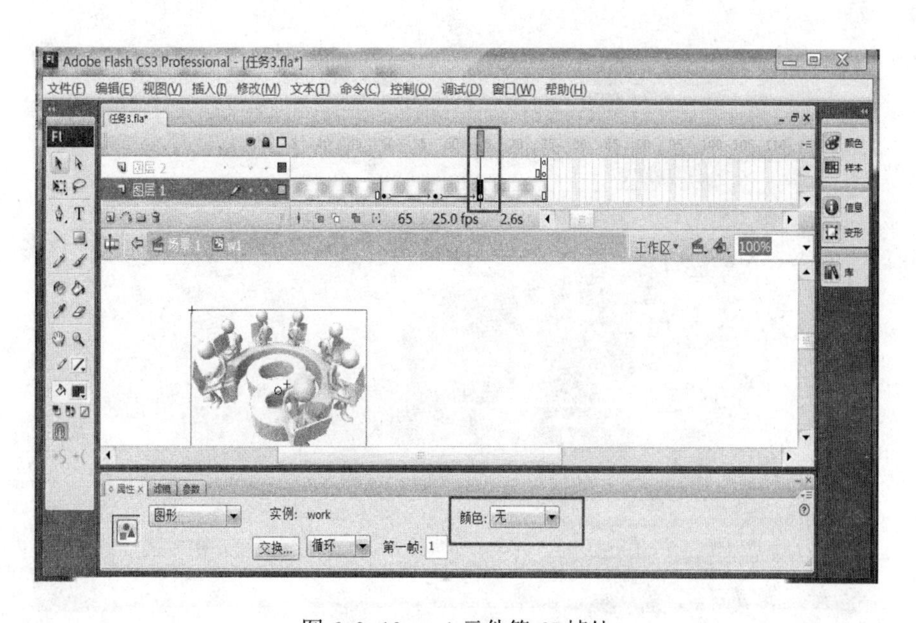

图 6-3-10　w1 元件第 65 帧处

步骤 3：在该元件新建的图层 2 的第 75 帧，插入空白关键帧，并输入 AS 代码：

```
gotoAndPlay(15);
```

如图 6-3-11 所示。

步骤 4：回到场景中，在新建的图层 5 的第 25 帧处拖入 w1 影片剪辑元件，如图 6-3-12 所示。

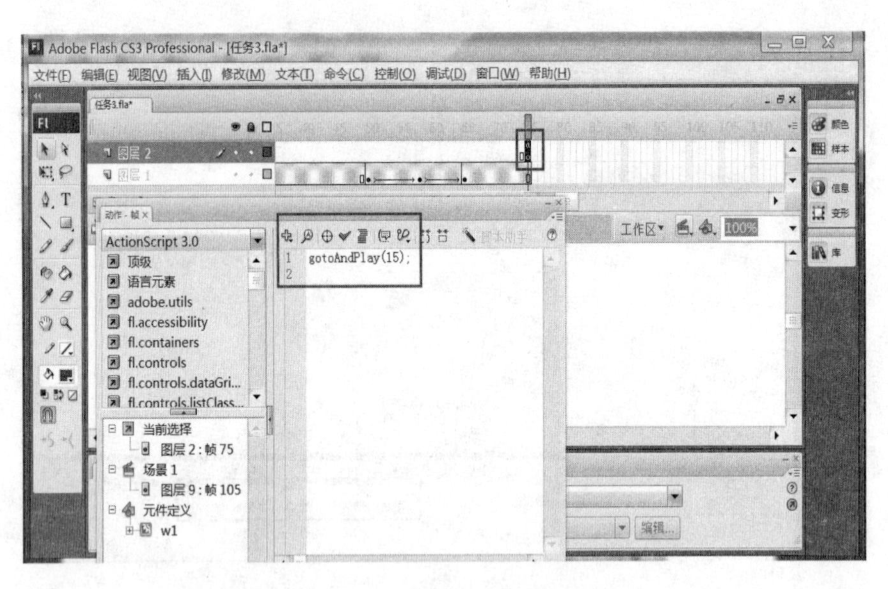

图 6-3-11　w1 元件图层 2 的最后 1 帧代码

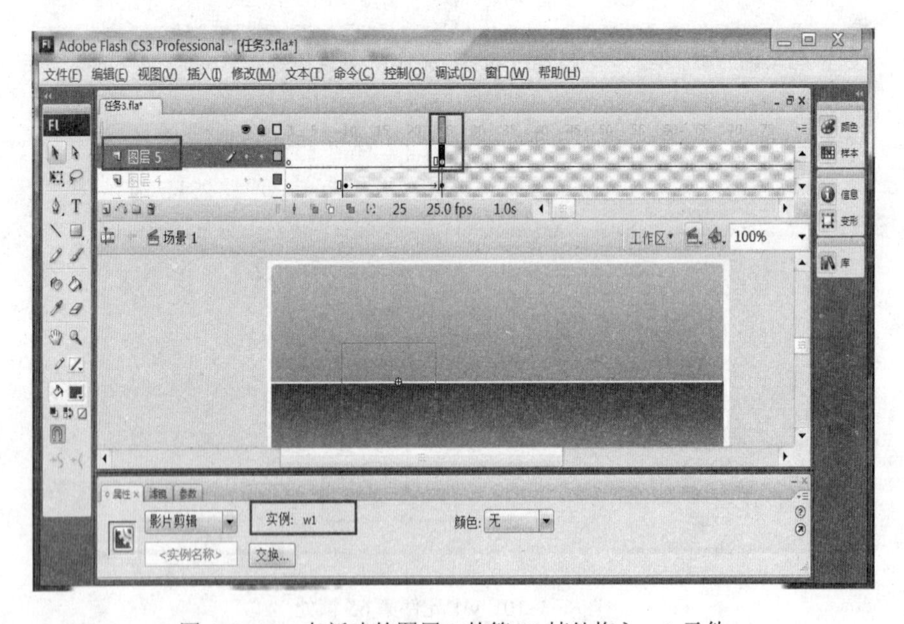

图 6-3-12　在新建的图层 5 的第 25 帧处拖入 w1 元件

任务 6.3.3　文字滚动进入动画的实现

步骤 1：在新建图层 6 的第 45 帧处插入关键帧，然后在舞台左边输入“张立网络教室”的文字，接着在第 55 帧中将文字移动到舞台的右边，第 75 帧上继续移动文字到舞台的右边，如图 6-3-13～图 6-3-15 所示。

图 6–3–13　在新建的图层 6 的第 45 帧中输入“张立网络教室”静态文本

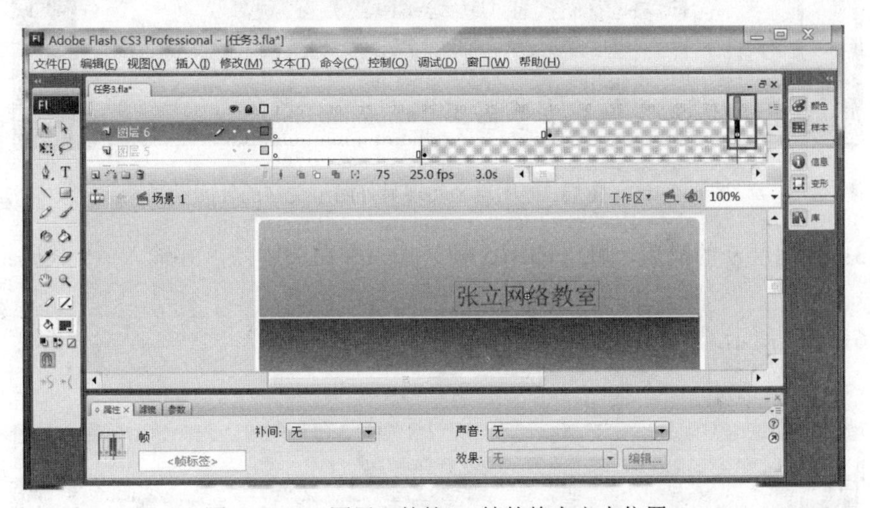

图 6–3–14　图层 6 的第 75 帧的静态文本位置

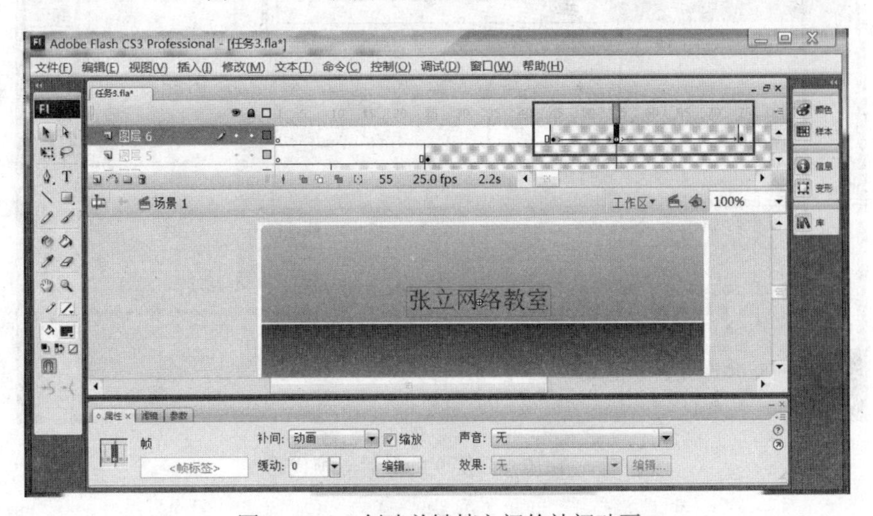

图 6–3–15　创建关键帧之间的补间动画

步骤 2：对图层 7、图层 8 采取同样的方法，并在这些关键帧之间创建补间动画。具体结果如图 6-3-16 所示。

图 6-3-16　图层 7、图层 8 实现另外两组文字的补间动画

步骤 3：在图层 9 的最后一帧（即 105 帧）插入空白关键帧，并输入 AS 代码：

```
stop( );
```

如图 6-3-17 所示。

图 6-3-17　图层 9 的最后一帧代码

步骤 4：测试、调整、保存该文档，如图 6-3-18 所示。

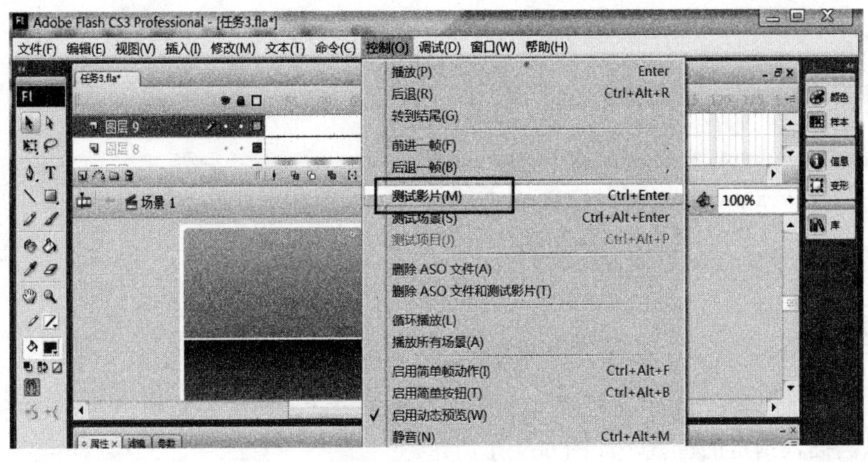

图 6–3–18　测试影片

任务评价

报告人：	指导教师：	完成日期：
任务实施过程汇报：		
工作创新点		
小组交互评价		
指导教师评价		

任务 6.4　HTML 页面的实现

任务描述

为了增强网站的动感，本项目网站首页上的 Logo、导航条以及广告均使用动画设计，让网站在动静之间充分体现企业的营销概念。

先前 3 个任务制作的 Flash 动画均以独立的形态构成，本例将这些动画通过 Dreamweaver 软件插入指定的位置。这些动画元素与页面整体效果相衬，因此，在制作过程中需要考虑整体协调性。

● 任务目标

1. 掌握在 Dreamweaver 中插入 Flash 动画的方法。
2. 掌握在 Dreamweaver 中 HTML 页面的创建、预览和保存的方法。

● 任务实施

操作实践

步骤 1：参照 index.html 文档效果，应用 Dreamweaver 软件，将自己 3 个任务完成的 3 个 SWF 文档插入指定的位置，如图 6-4-1 所示。

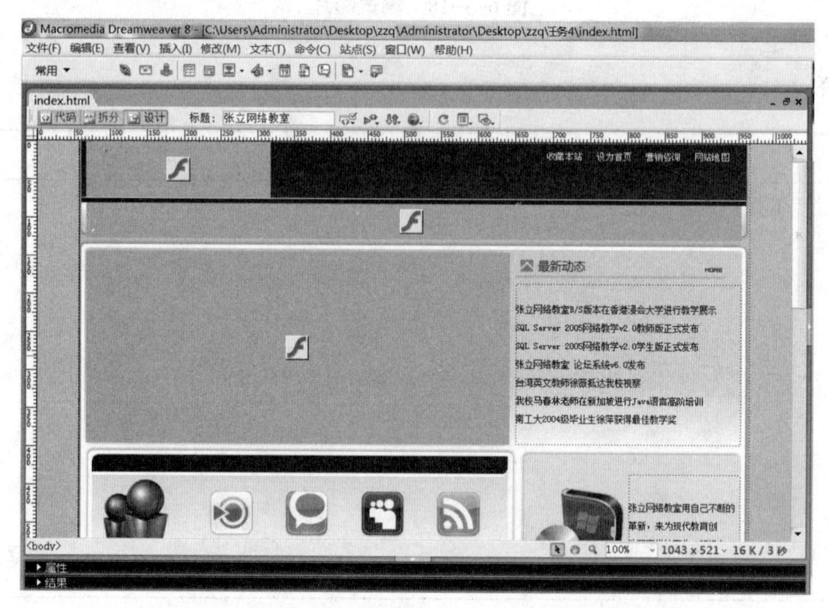

图 6-4-1　将完成的 3 个 SWF 文件插入 html 文件指定位置

步骤 2：预览自己完成的 html 文档，并保存，如图 6-4-2 所示。

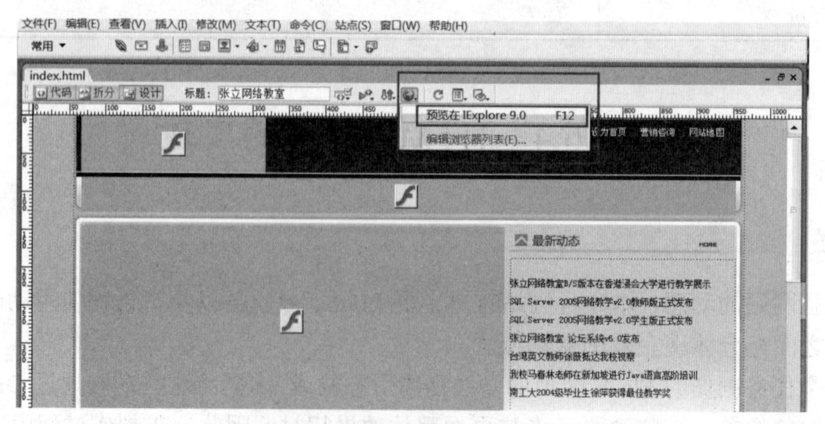

图 6-4-2　预览完成的 html 文档

任务评价

<table>
<tr><td>报告人：</td><td>指导教师：</td><td>完成日期：</td></tr>
<tr><td colspan="3">任务实施过程汇报：</td></tr>
<tr><td>工作创新点</td><td colspan="2"></td></tr>
<tr><td>小组交互评价</td><td colspan="2"></td></tr>
<tr><td>指导教师评价</td><td colspan="2"></td></tr>
</table>

附录一

Adobe Flash CS6 常用快捷键一览

类别	命　　令	快捷键
文件	新建	Ctrl+N
	打开	Ctrl+O
	保存	Ctrl+S
	另存为	Ctrl+Shift+S
	导入到舞台	Ctrl+R
	打开外部库	Ctrl+Shift+O
	发布设置	Ctrl+Shift+F12
	发布	Alt+Shift+F12
	打印	Ctrl+P
	退出	Ctrl+Q
编辑	复制	Ctrl+C
	粘贴到中心位置	Ctrl+V
	剪切	Ctrl+X
	撤销	Ctrl+Z
	重复	Ctrl+Y
	粘贴到当前位置	Ctrl+Shift+V
	全选	Ctrl+A
	查找和替换	Ctrl+F
	直接复制	Ctrl+D
	首选参数	Ctrl+U
视图	放大	Ctrl+=
	缩小	Ctrl+–
	标尺	Ctrl+Alt+Shift+R
	显示网格	Ctrl+’
	编辑网格	Ctrl+Alt+G

续表

类别	命　　令	快　捷　键
插入	新建元件	Ctrl+F8
	插入帧	F5
	插入关键帧	F6
	插入空白关键帧	F7
修改	转换为元件	F8
	分离	Ctrl+B
	分散到图层	Ctrl+Shift+D
	组合	Ctrl+G
窗口	时间轴	Ctrl+Alt+T
	工具	Ctrl+F2
	属性	Ctrl+F3
	库	Ctrl+L
	动作	F9
	颜色	Alt+Shift+F9
	变形	Ctrl+T
	组件	Ctrl+F7
	场景	Shift+F2
	隐藏/显示面板	F4

附录二

ActionScript中的运算符及其优先级

优先级	运算符	名称或含义	使用形式	结合方向	说明
1	[]	数组下标	数组名[常量表达式]	左到右	
	()	圆括号	（表达式）/函数名(形参表)		
	.	成员选择（对象）	对象.成员名		
2	–	负号运算符	–表达式	右到左	单目运算符
	++	自增运算符	++变量名/变量名++		单目运算符
	—	自减运算符	—变量名/变量名—		单目运算符
	!	逻辑非运算符	!表达式		单目运算符
	~	按位取反运算符	~表达式		单目运算符
3	/	除	表达式/表达式	左到右	双目运算符
	*	乘	表达式*表达式		双目运算符
	%	余数（取模）	整型表达式/整型表达式		双目运算符
4	+	加	表达式+表达式	左到右	双目运算符
	–	减	表达式–表达式		双目运算符
5	<<	左移	变量<<表达式	左到右	双目运算符
	>>	右移	变量>>表达式		双目运算符
6	>	大于	表达式>表达式	左到右	双目运算符
	>=	大于等于	表达式>=表达式		双目运算符
	<	小于	表达式<表达式		双目运算符
	<=	小于等于	表达式<=表达式		双目运算符
7	==	等于	表达式==表达式	左到右	双目运算符
	!=	不等于	表达式!=表达式		双目运算符
8	&	按位与	表达式&表达式	左到右	双目运算符
9	^	按位异或	表达式^表达式	左到右	双目运算符
10	|	按位或	表达式|表达式	左到右	双目运算符

续表

<table>
<tr><th>优先级</th><th>运算符</th><th>名称或含义</th><th>使用形式</th><th>结合方向</th><th>说明</th></tr>
<tr><td>11</td><td>&&</td><td>逻辑与</td><td>表达式&&表达式</td><td>左到右</td><td>双目运算符</td></tr>
<tr><td>12</td><td>||</td><td>逻辑或</td><td>表达式||表达式</td><td>左到右</td><td>双目运算符</td></tr>
<tr><td>13</td><td>?:</td><td>条件运算符</td><td>表达式 1? 表达式 2: 表达式 3</td><td>右到左</td><td>三目运算符</td></tr>
<tr><td rowspan="11">14</td><td>=</td><td>赋值运算符</td><td>变量=表达式</td><td rowspan="11">右到左</td><td></td></tr>
<tr><td>/=</td><td>除后赋值</td><td>变量/=表达式</td><td></td></tr>
<tr><td>*=</td><td>乘后赋值</td><td>变量*=表达式</td><td></td></tr>
<tr><td>%=</td><td>取模后赋值</td><td>变量%=表达式</td><td></td></tr>
<tr><td>+=</td><td>加后赋值</td><td>变量+=表达式</td><td></td></tr>
<tr><td>−=</td><td>减后赋值</td><td>变量−=表达式</td><td></td></tr>
<tr><td><<=</td><td>左移后赋值</td><td>变量<<=表达式</td><td></td></tr>
<tr><td>>>=</td><td>右移后赋值</td><td>变量>>=表达式</td><td></td></tr>
<tr><td>&=</td><td>按位与后赋值</td><td>变量&=表达式</td><td></td></tr>
<tr><td>^=</td><td>按位异或后赋值</td><td>变量^=表达式</td><td></td></tr>
<tr><td>|=</td><td>按位或后赋值</td><td>变量|=表达式</td><td></td></tr>
<tr><td>15</td><td>,</td><td>逗号运算符</td><td>表达式，表达式，…</td><td>左到右</td><td>从左向右顺序运算</td></tr>
</table>

附录三

ActionScript 中常见的全局函数

函数类型	函数名	函 数 功 能
时间轴控制	play( )	使影片或影片剪辑播放。无参
	stop( )	当播放头播放到含有该动作脚本的关键帧时停止播放。通过按钮也可触发该动作，使影片停止。无参
	gotoAndPlay( )	影片转到帧或帧标签处并开始播放，若未指定场景，则播放头将转到当前场景中的指定帧
浏览器/网络	fscommand( )	使 Flash 动画与 Flash Player 或承载 Flash Player 的程序（如浏览器）进行通信。在独立播放器命令下拉列表中包括 fullscreen、allowscale、showmenu、trapallkeys 等命令
	getURL( )	将来自特定 URL 的文件加载到窗口中，或将变量传递到位于所定义的 URL 的另一个应用程序
	loadMovieNum( )	在播放 Flash 动画时，可以将 SWF、JPEG、GIF、PNG 等文件加载到该动画指定的影片剪辑中
	loadVariablesNum( )	用于从外部文件中读取数据，并修改目标影片剪辑中变量的值
影片剪辑控制	duplicateMovieClip( )	对目标影片剪辑进行复制，从而在影片中得到新的影片剪辑实例。使用 removeMovieClip( )可以删除该影片剪辑实例
	setProperty( )	用于更改影片剪辑的大小、位置、角度、透明度等属性值
	on( )	添加在按钮元件上，通过鼠标事件或按钮触发该函数中的内容
	onClipEvent( )	添加在影片剪辑上，用于触发为特定影片剪辑实例定义的动作
	startDrag( )	使影片剪辑在影片播放过程中可以被鼠标拖曳
	stopDrag( )	使影片剪辑在影片播放过程中停止被鼠标拖曳